図形と数の並びで学ぶ
プログラミング基礎

―考え方と表現の仕方を身に付ける―

竹中要一／熊野ヘネ 著

技術評論社

教育者・指導者の皆様へ

本書を手に取った教育者・指導者の皆様に、
本書の指導・教育方針を巻末に記しています。
本書の利用を検討する際、一読いただければ幸いです。

はじめに

どんなに小さいことであっても、新しいことを始めるのは大変です。新しい知識を得ようと本を読み始めるということもそうです。知らない場所にいくこともそうです。行ったことのない店先ですてきな服を見つけたとき、どれだけの人がスッとお店に入っていけるでしょう。私なら店先を何度もいったりきたりして、それなのにお店に入れずに家に帰ってしまうと思います。コンピュータのことをもっと詳しく知りたい、プログラミングが上手になりたい。そう思いたったとしても、「コンピュータを理解するには数学が必要」「プログラミング能力を身につけるためにも数学が必要」などと言われてしまうと、学び始めるためのハードルはとても高いものになってしまいます。特に数学が苦手な人にとっては、頭が理解を拒んでしまっても不思議ではありません。

では、数学ではなく小学校で学んだ「算数」ならいかがでしょうか？新しいことを始めるための心理的な抵抗がずいぶんと減りませんか？コンピュータを知り、プログラミングを理解するには「算数」で十分です。

もちろん、数学が全く不要だとは言いません。コンピュータとプログラミングの専門分野を情報科学と言います。情報科学は、主に大学の理系学部で学ぶことができます。この情報科学を理解するには中学や高校の数学、さらに大学で新たに学ぶ数学も必要となります。しかし多くのことは、小学校で学んだ「算数」で説明することができるのです。下の表にコンピュータとプログラミングの算数の位置付けをまとめました。コンピュータの数学（情報科学）を知るには数学も必要ですが、小学校の算数で済む部分もとても大きな場所を占めます。それどころか幼稚園や保育園で習う「ちえ」や「かず」から学べる部分もたくさんあるのです。実際、本書は園児用プリント「ちえ」の問題を解くところから始めています。

さて、みなさん！中学校で数学を学ぶ前に小学校で算数を習ったように、コンピュータやプログラミングの基礎を算数で学びはじめませんか？

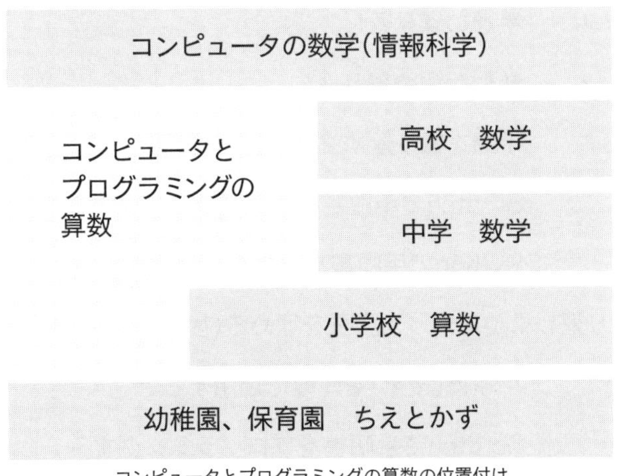

コンピュータとプログラミングの算数の位置付け

竹中要一・熊野ヘネ

目次

第1章

図形の並び

みなさんは小学生になる前のことを覚えていますか。ほとんどの方は、幼稚園や保育園に通っていたと思います。私はバス通園が嬉しかったことを覚えていますが、お勉強をした記憶はありません。一方、最近の園児さんは様々なプリント学習に取り組んでいるようです。園児さんのプリントで小学校の算数にあたる科目は「ちえ」と「すうじ」です。ひらがなで書かれているのがかわいいですね。

さて、コンピュータとプログラミングの基礎は、園児用プリントの「ちえ」から始めたいと思います。

1・1 □（空欄）にはいる形はなあに？

1・1・1 解答の根拠を考える

早速ですが、次の問題を解いてみましょう。

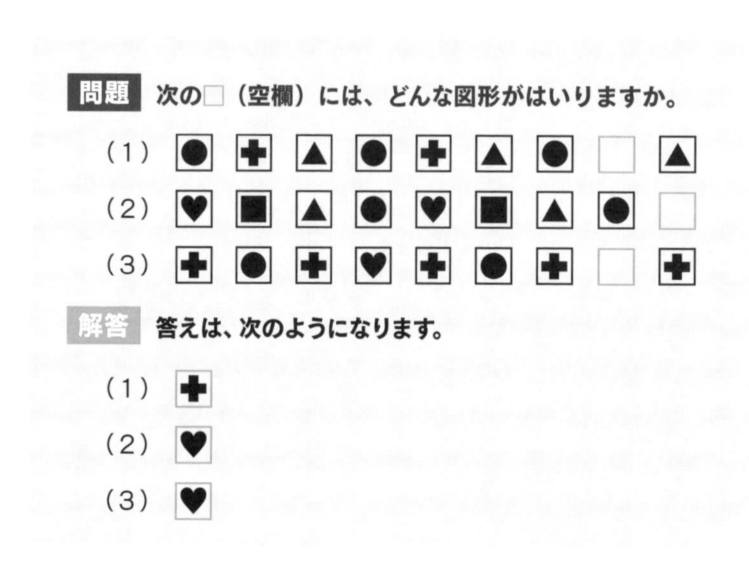

園児さんを対象とした問題ですから、みなさんなら簡単に解くことができますね。園児さんが解けるということは、この問題は人間が得意とする問題なのだと思います。

では、皆さんはこの問題に対して、どのようにして解答を導いたでしょうか。その根拠を答えてみましょう。

解答の根拠は、複数個存在しますが、ここではそのうち2つの根拠を紹介します。
まず、空欄前の図形に注目して解答を導く例です。

解答の根拠－空欄前の図形－

問題（1）の空欄は、●の後ろにあります。図形の並びの前方を見ると、●の後ろの図形は✚だとわかります。だから、空欄に入る図形は✚です。

次に、図形の繰り返しに注目して解答を導く例です。

解答の根拠－図形の繰り返し－

問題（2）は、♥■▲●という4つの図形の並びが、繰り返し出現します。そして、空欄の前の図形は●です。繰り返し単位♥■▲●で●の次に出てくる図形は♥ですから、空欄には♥が入ります。

問題(3)の根拠は「空欄前の図形」「図形の繰り返し」のどちらでしょう。それとも別の根拠がありますか。実はココ、重要なポイントです。考えてみましょう。

1·1·2 空欄前の図形を利用する解法(アルゴリズム)

1 [解答の根拠－空欄前の図形－]を手順化する

先ほどの[解答の根拠－空欄前の図形－]を使って、他の問題も解くことができるように手順化してみましょう。[解答の根拠－空欄前の図形－]を再掲します。

解答の根拠－空欄前の図形－

問題（1）の空欄は、● の後ろにあります。図形の並びの前方を見ると、● の後ろの図形は ✚ だとわかります。だから、空欄に入る図形は ✚ です。

この解答の根拠を3つの手順に分けて、手順書としてまとめると次のようになります。

空欄前の図形を利用する解法の手順書

1. 空欄の前の図形を覚えておく。
2. 覚えた図形が他の場所にないか探す。
3. 探し出した場所の１つ後方の図形を答える。

2 手順書を問題(１)に適用する

この手順書の理解を兼ねて、問題(１)を解く過程を見ていきましょう。この手順書を「問題(１)」に適用すると次のようになります。

問題(１) ● ✚ ▲ ● ✚ ▲ ● □ ▲

1. 空欄の前の図形を覚えておく。

問題(１)の空欄の前の図形は ● です。

2. 覚えた図形が他の場所にないか探す。

問題(１)には ● が３つあります。最後の１つは、空欄の前なので、残り２つのどちらかになります。どちらでも良いのですが、ここでは、先頭の図形を選んでおくことにしましょう。

3. 探し出した図形の1つ後方の図形を答える。

先頭の図形 ● の１つ後方の図形は、✚ です。そのため、空欄に入る図形は ✚ になります。

手順書に添って考えることによって、正しい解答を導くことができました。
手順書の「2」において、もし先頭の ● ではなく、先頭から4番目の ● を選んだとしても、5番目の図形は ✚ のため、正しい解答を導くことができます。

3　手順書を問題(2)(3)に適用する

同様にこの手順書を使って問題(2)と(3)も解いてみましょう。次のように手順書の空欄(あ)～(え)に図形や順番を入れて考えてみましょう。

問題(2)       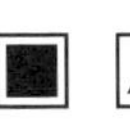

問題(3)        

空欄前の図形を利用する解法の手順書

1. 空欄の前の図形（あ）を覚えておく。
2. 覚えた図形（い）が他の場所にないか探す。
3. 探し出した場所（先頭から（う）番目）の1つ後方の図形（え）を答える。

解答は、次のようになります。

問題（2）：（あ）● （い）● （う）4 （え）♥
問題（3）：（あ）✚ （い）✚ （う）3 （え）♥

問題(3)の(う)の答えは1、3、5、9と複数の候補があります。(う)の答えによって、空欄に入る図形が変化してしまいます。
もし、先頭の ✚ を選び(う)に1と答えた場合、1つ後方の図形(え)は ● になります。問題(3)の答えは ♥ なので、間違ってしまったことになります。
手順書の「2」の図形(い)によって答えが変わってしまうあいまいさに対して、どのように対応するかが、第1章のテーマになります。

Scratchで手順書をプログラミングする

空欄を埋める手順書がでてきましたので、早速Scratchでプログラミングしてみましょう。Scratchを使ったことがない人は、ここでの解説を読む前に、巻末の付録A（238ページ）を読みましょう。

完成したScratchプログラムは、ページ上のQRコード先で確認することができます。ScratchではなくPythonのプログラムは、28ページに移動してください。プログラミングの実践は後回しにして、先に進んでも構いません。

1 図形の並びの扱い方

問題の図形の並びをScratchで扱う方法からはじめましょう。

ブロックパレットの[変数]にあるリストを使います。

問題（1）の図形の並びを題材として説明しますので、次の手順①～⑩の流れに従って、Scratchに入力してみましょう。

問題（1） ● ✚ ▲ ● ✚ ▲ ● □ ▲

① Scratchを起動します。

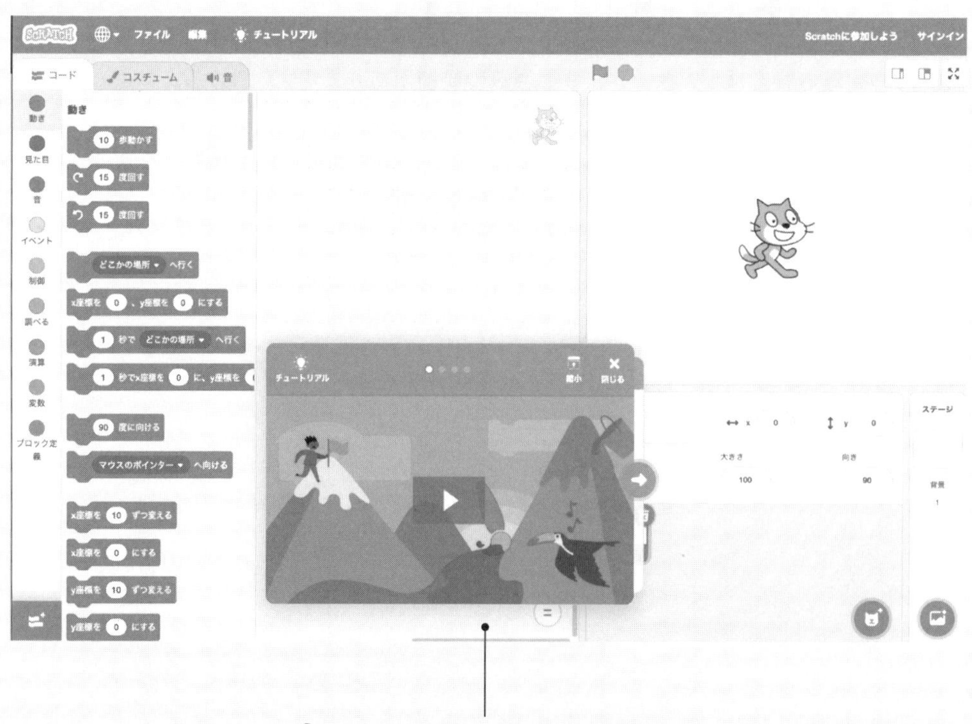

② [変数]をクリックします。
③ [リストを作る]をクリックします。

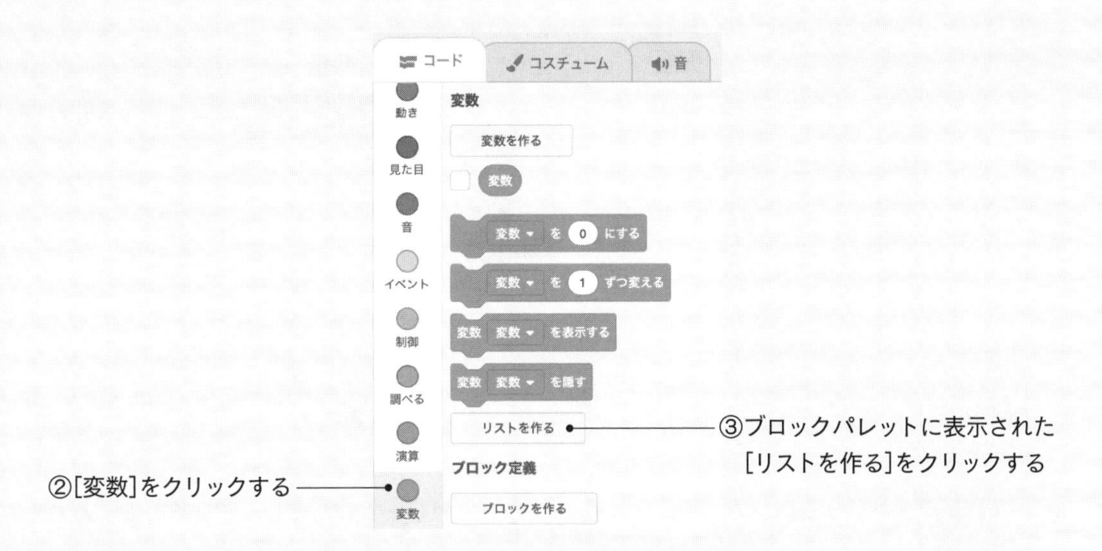

④ 表示されたウィンドウの[新しいリスト名]に「問題」と入力します。
⑤ [OK]ボタンをクリックします。

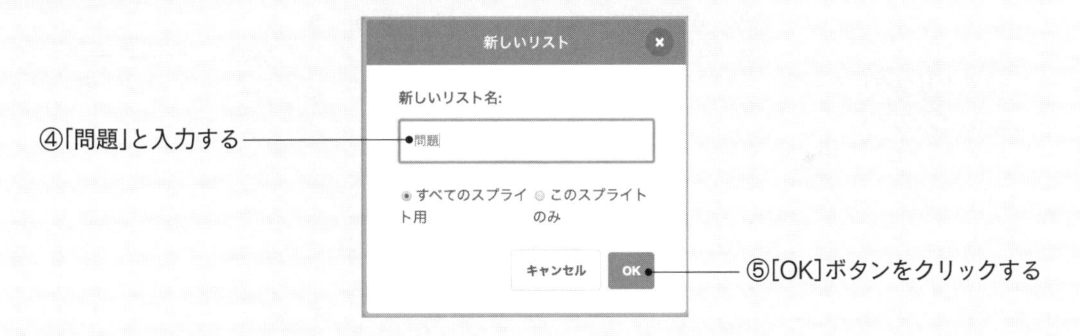

⑥ ステージに「問題」と名前の付いた四角が表示されます。

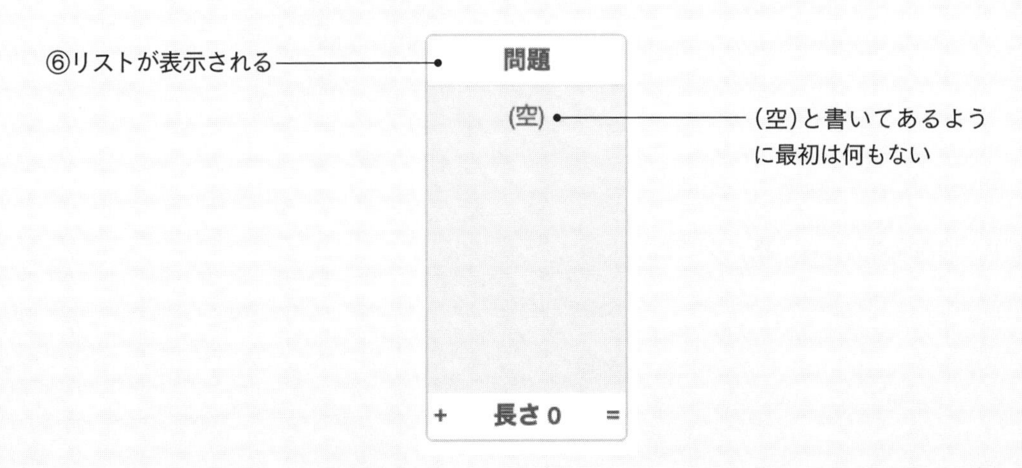

⑦ 「長さ0」の左にある[＋]をクリックします。

⑧ 1 [　　　] が表示されます。

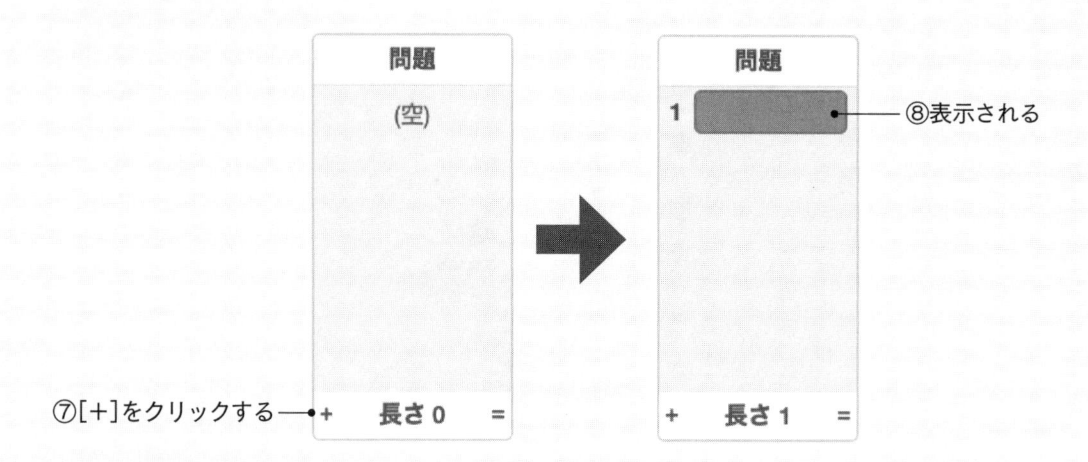

⑨ 1 [　　　] をクリックして、一番目の図形 ● を入力します。ただし、形をそのまま入力するのは難しいので、ここではひらがなを使います。

⑩ 問題文の図形を入力していきます。8番目は空欄のため何も入力せず、空っぽにしておきます。

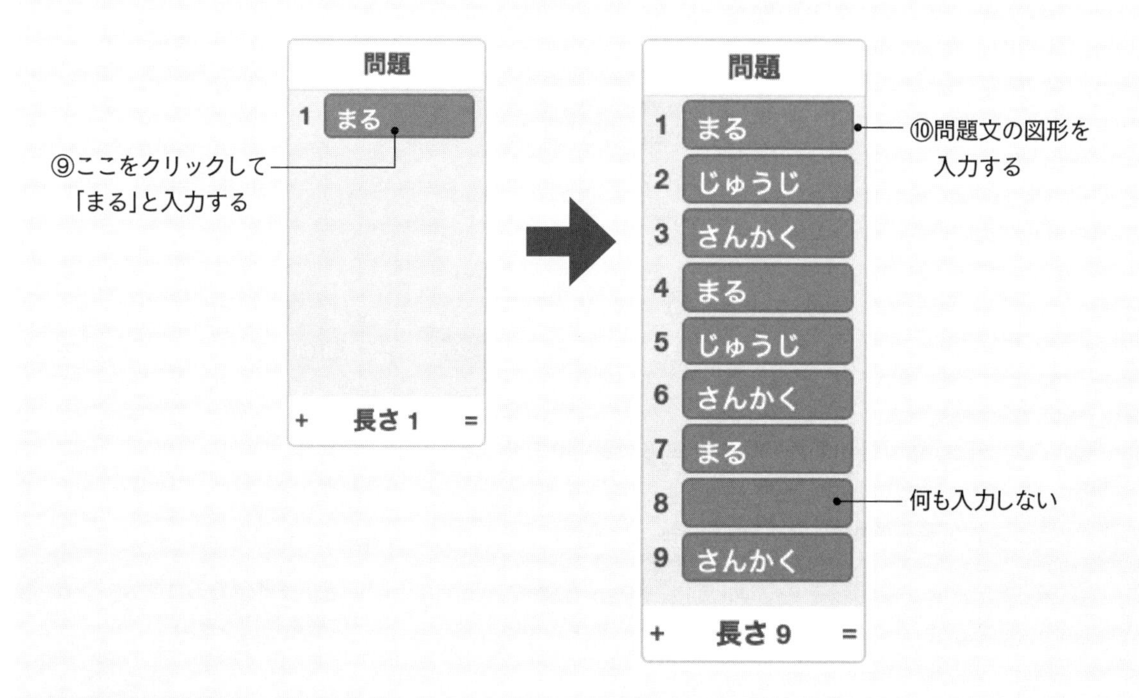

これで問題文の入力は、終わりです。

▶リスト表示の操作

リスト全体を表示したい場合には、右下の［=］をドラッグしてウィンドウを大きくすることができます。

また、不要になったリストは［×］をクリックして削除することができます。

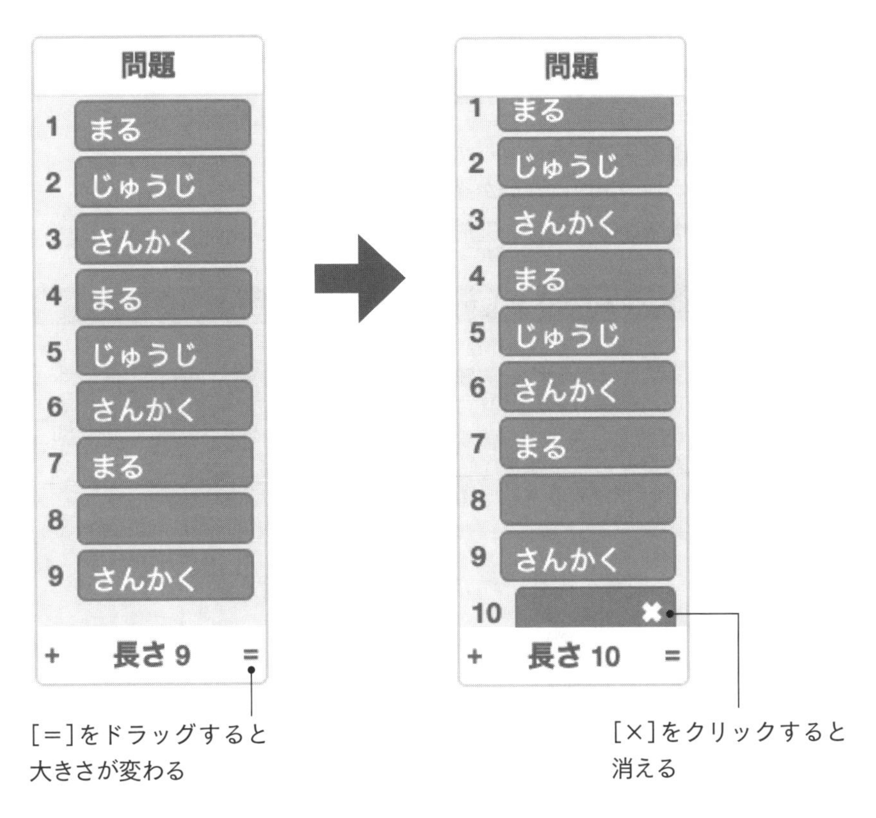

▶操作の取り消し

操作を間違えた場合には、スクリプトエリアで右クリックをすると表示されるメニューから［取り消し］をクリックすることで、操作を取り消すことができます。

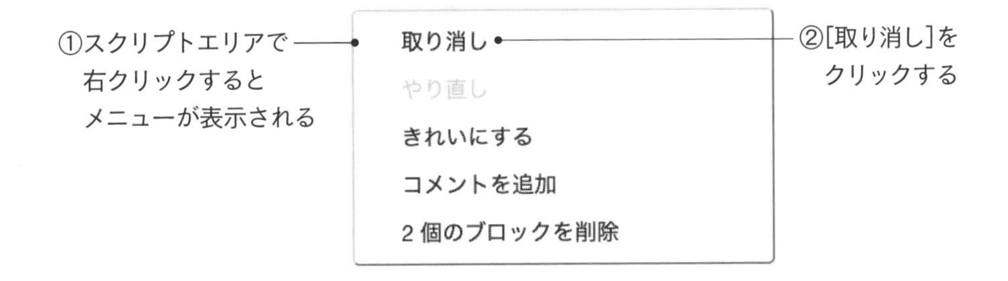

2 空欄前の図形を利用する手順書をもとにプログラムを作成する

空欄前の図形を利用する解法の手順書をScratch を使って実現してみましょう。

まずは、手順書と作成するScratchプログラムの全体像をお見せします。そののち、一歩ずつ作成していきましょう。

空欄前の図形を利用する解法の手順書

1. 空欄の前の図形を覚えておく。
2. 覚えた図形が他の場所にないか探す。
3. 探し出した場所の1つ後方の図形を答える。

作成するScratchプログラムの全体像

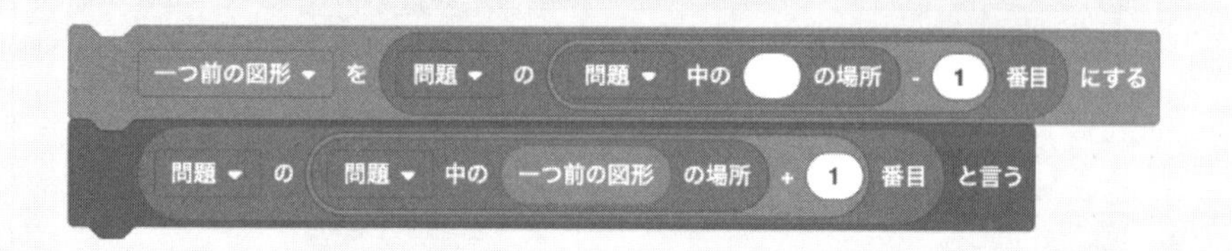

▶この手順書をScratchで扱うのは面倒です

最初に書いてしまいますが、この手順書をScratchで扱うのは面倒です。面倒ですが、人間がさりげなく行っていることが実はとても難しいことだと理解できると思います。ぜひ取り組んでください。

それでは、手順書に従って、1つずつプログラムを作成していきましょう。

1. 空欄前の図形を覚えておく。

この手順は、次の4ステップで実現することができます。

Step 1：空欄の場所(リストの何番目か)を探す。
Step 2：空欄の1つ前の場所を計算する。
Step 3：1つ前の図形を見つける。
Step 4：見つけた図形を覚えておく。

●Step 1：空欄の場所(リストの何番目か)を探す。

次の手順でプログラミングをはじめます。

① [変数]をクリックすると[問題の中のなにかの場所]が表示されます。
② [問題の中のなにかの場所]をスクリプトエリアにドラッグします。
③ 白まるの中の「なにか」という文字を消します。

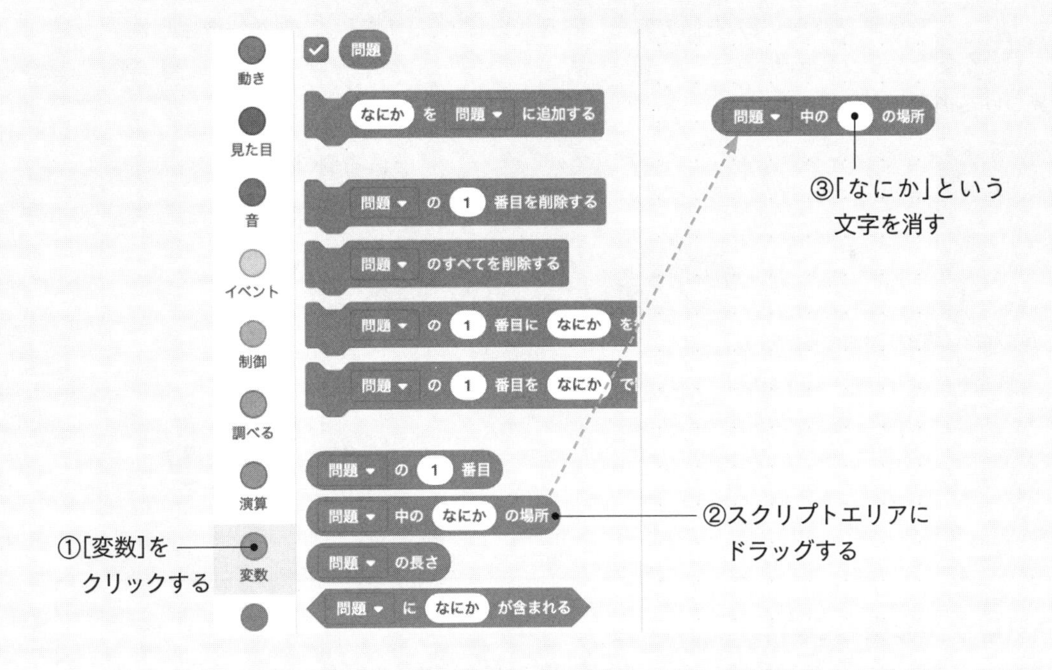

④ ブロックをクリックします。
⑤ 見つけた場所が表示されます。

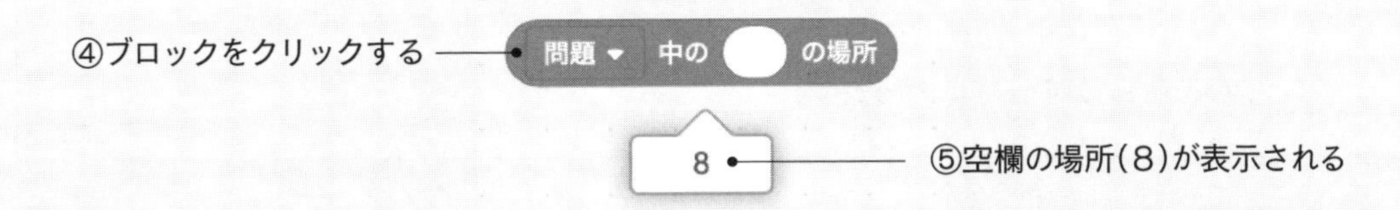

●Step 2：空欄の１つ前の場所を計算する。

覚えておくのは、空欄の１つ前なので、空欄の場所（８）から「１を引く」というプログラミングを行います。

① ［演算］をクリックすると表示される（ひき算ブロック）をスクリプトエリアにドラッグします。

② 問題 中の の場所 を（ひき算ブロック）の左側の穴にドラッグして重ねます。

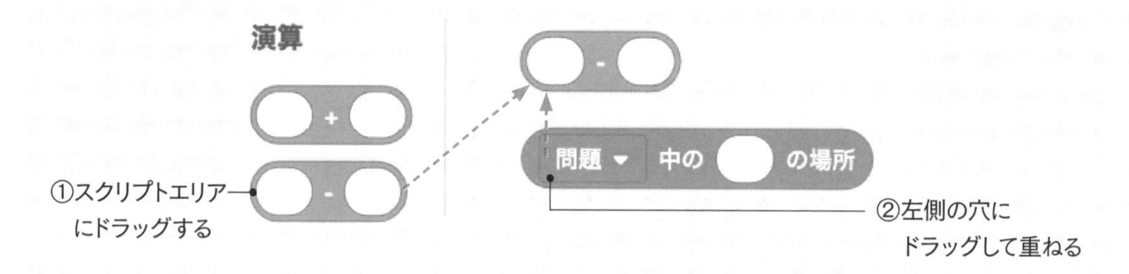

③ （ひき算ブロック）の右側の穴に「１」を入力して、「１を引く式」を完成させます。

④ ブロックをクリックします。

⑤ 見つけた場所が表示されます。

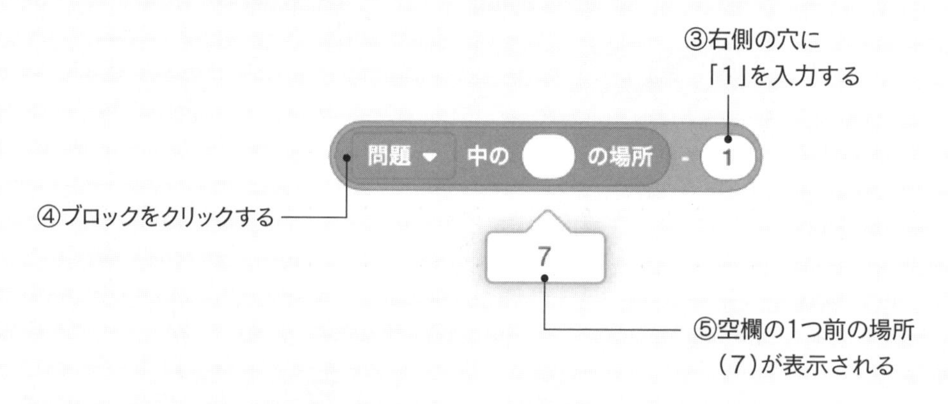

▶ブロックを重ねるコツ

ブロックを穴にドラッグするとき、ブロックの左端を入れたい穴にあわせると上手く重なります。

●Step 3：1つ前の図形を見つける。

計算で見つけた空欄の1つ前の場所(7)の図形は、[問題▼ の 1 番目]を使って見つけます。だんだんブロックを重ねることが難しくなってきましたが、重ねるブロックの左端を穴に合わせることを意識して乗り越えましょう。

① [変数]をクリックして、[問題▼ の 1 番目]をスクリプトエリアにドラッグします。
② [問題▼ 中の ( ) の場所 - 1]の緑色の部分を、1番目と書かれた「1」の穴にドラッグして重ねます。

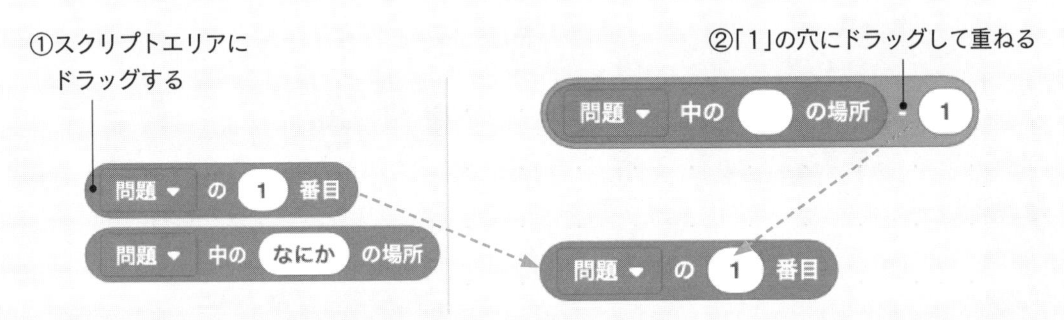

③ ブロックをクリックします。
④ 空欄の1つ前の図形が表示されます。

●Step 4：見つけた図形を覚えておく。

数字や図形など、何かをメモして覚えておく場所のことをプログラムでは変数と言います。「一つ前の図形」という名前の変数を作り、図形の形を覚えてもらいましょう。

① [変数]を選択し、[変数を作る]をクリックします。
② 表示されたウィンドウの[新しい変数名]に「一つ前の図形」と入力します。
③ [OK]ボタンをクリックします。

この操作で変数ができますが、作りたての変数は中身が「0」です。

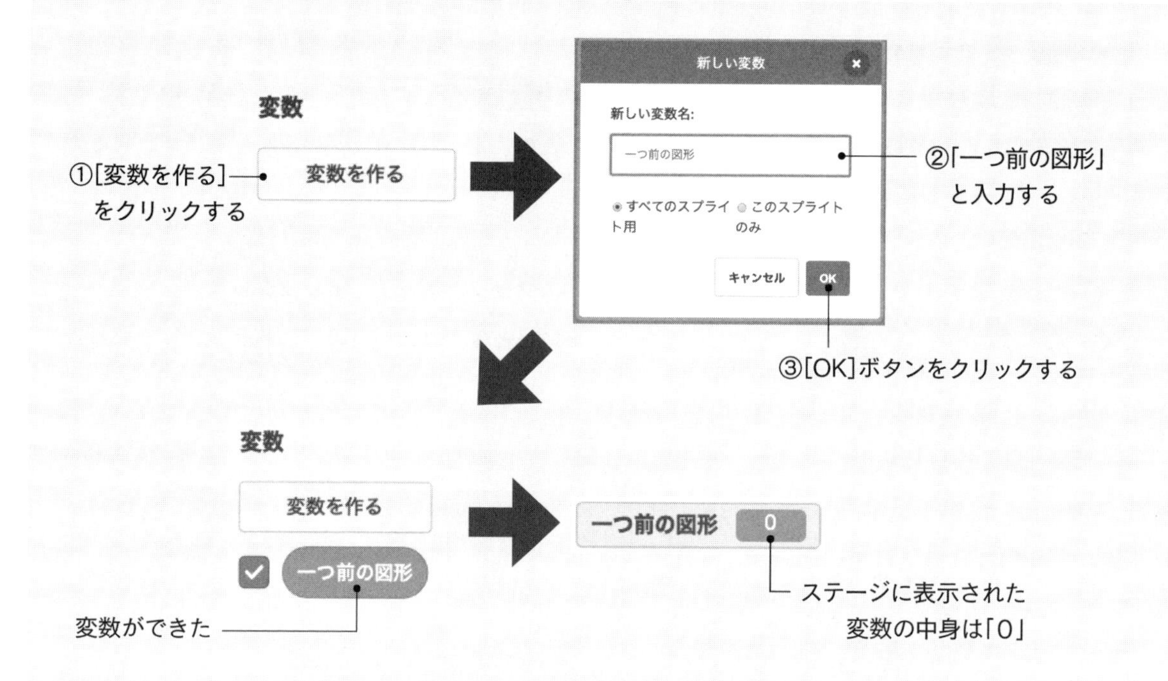

④ 変数の中身を入れ替えるブロック［一つ前の図形 を 0 にする］をスクリプトエリアにドラッグします。
⑤ Step 3で作ったブロックをドラッグして、「0」の穴に重ねます。

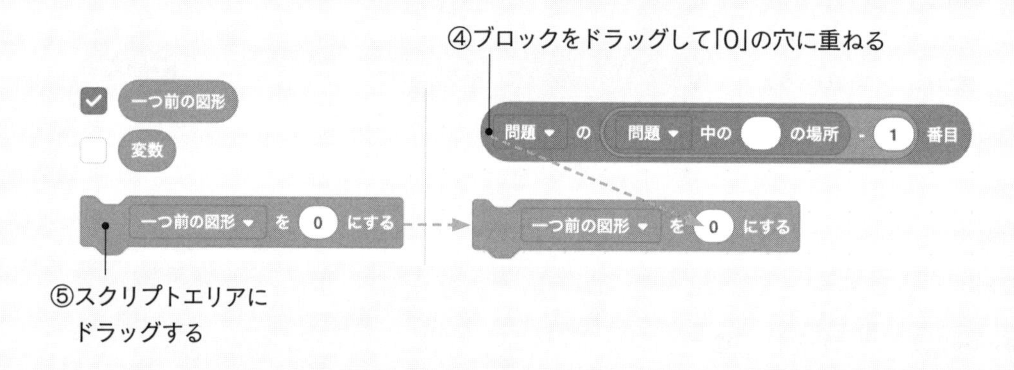

⑥ ブロックをクリックします。
⑦ 変数[一つ前の図形]の中身が「まる」になります。

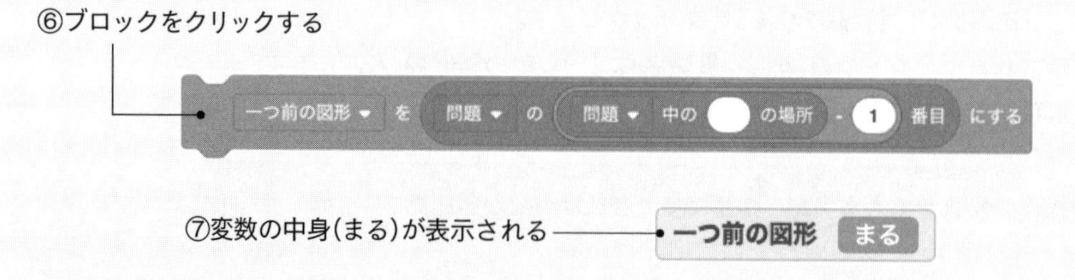

これでようやく空欄前の図形を利用する解法の手順書の「1. 空欄の前の図形を覚えておく。」の部分のプログラムが完成しました。

2. 覚えた図形が他の場所にないか探す。

この手順は、1ステップで実現することができます。

●Step 1：リストから「一つ前の図形」をさがす。

リストから図形を探すには 問題▼ 中の なにか の場所 を使います。

このブロックは手順書の「1」の「Step 1」で一度使いました。今回は「なにか」に手順書の「1」の「Step 4」で作った変数「一つ前の図形」を入れます。

① 問題▼ 中の なにか の場所 をスクリプトエリアにドラッグします。

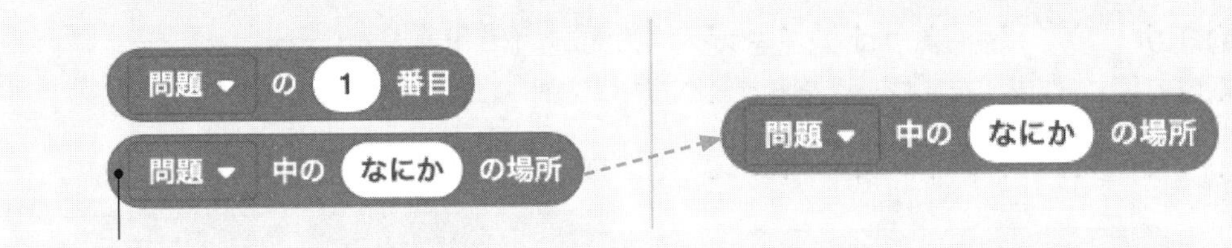

② 変数「一つ前の図形」をドラッグし、「なにか」の穴に重ねます。

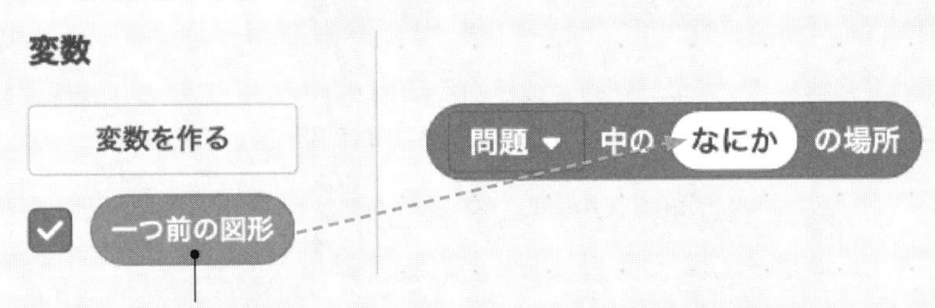

③ ブロックをクリックします。

④ 「まる」の場所である(1)と表示されます。

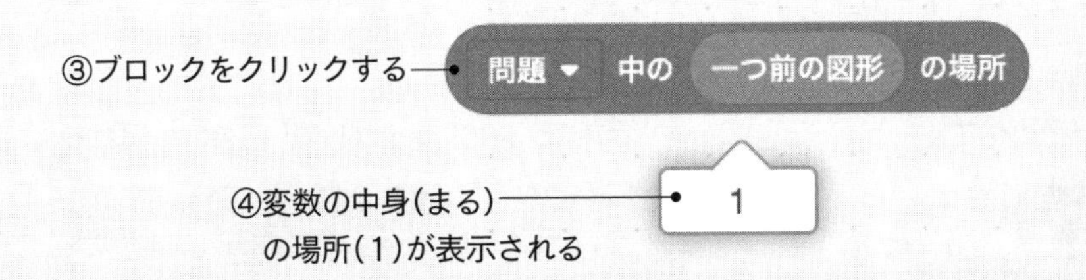

「まる」はリストの1番目、4番目、7番目と3つありますが、一番最初に「まる」が現れた場所である1番目を表示します。

3. 探し出した場所の1つ後方の図形を答える。

この手順は、３ステップで実現することができます。

Step １：探し出した場所の１つ後ろを計算する。
Step ２：計算した場所の図形を見つける。
Step ３：ネコに答えを言ってもらう。

●Step １：探し出した場所の１つ後ろを計算する。

手順書の「2」で作成したプログラムで探し出した場所（1）に「1」を足し、1つ後ろを計算します。

① ［演算］の（＋）（たし算ブロック）をスクリプトエリアにドラッグします。
② 手順書の「2」で作成したブロックをドラッグして、左側の穴に重ねます。

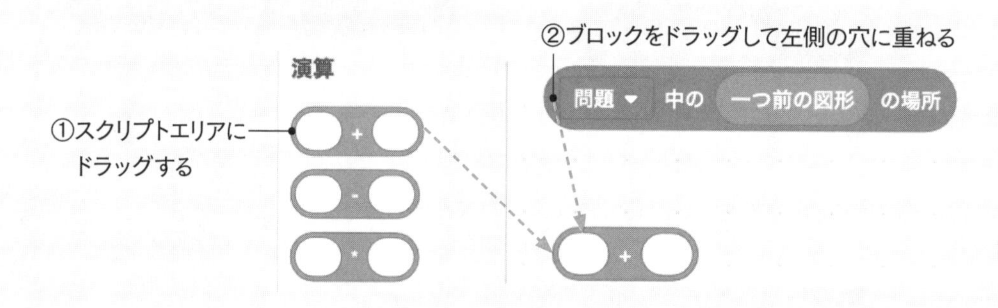

③ 右側の穴に「1」を入力して、「1を足す式」を完成させます。

問題 中の 一つ前の図形 の場所 ＋ 1 ―③右側の穴に「1」を入力する

●Step ２：計算した場所の図形を見つける。

（問題 の 1 番目）を使い、Step 1で計算した場所の図形を見つけます。

① （問題 の 1 番目）をスクリプトエリアにドラッグします。
② Step 1で作成したブロックをドラッグして、「1」の穴に重ねます。

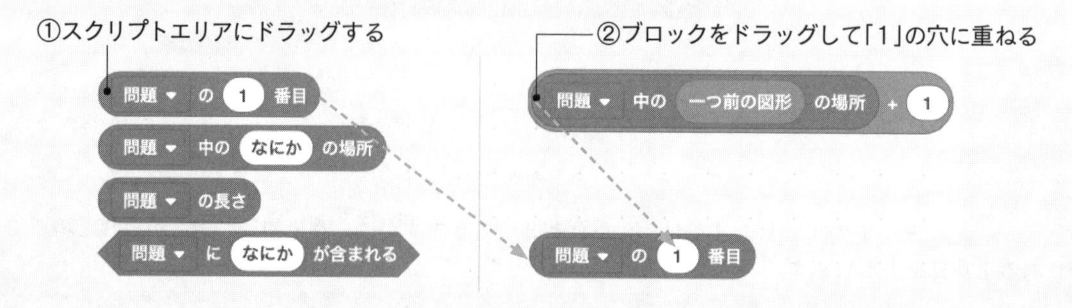

③　ブロックをクリックします。

④　２番目の図形である(じゅうじ)が表示されます。

●Step 3：ネコに答えを言ってもらう。

最後です。Step 2で得られた図形(じゅうじ)をネコに答えてもらうようにします。

①　[見た目]から こんにちは! と言う をスクリプトエリアにドラッグします。

②　Step 2で作成したブロックをドラッグして、「こんにちは！」の穴に重ねます。

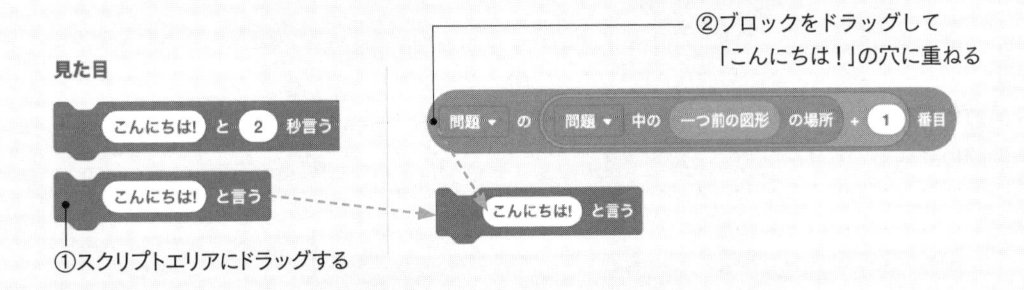

③　作成したブロックをクリックします。

④　ネコが２番目の図形(じゅうじ)を答えます。

⑤　２つの大きなブロックをつなげて、Scratchのプログラムを完成させます。

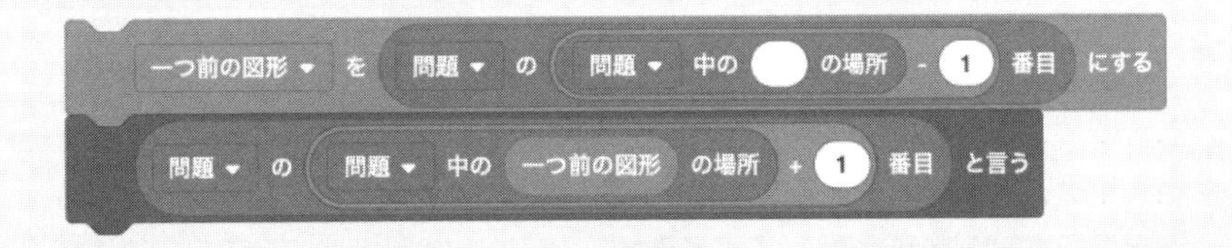

3 問題(2)(3)を解く

問題のリストを変更して問題(2)(3)を解いてみましょう。

問題(2)を解く

問題(2) 

手順は次のとおりです。

① 問題のリストを問題(2)の図形列に変更します。

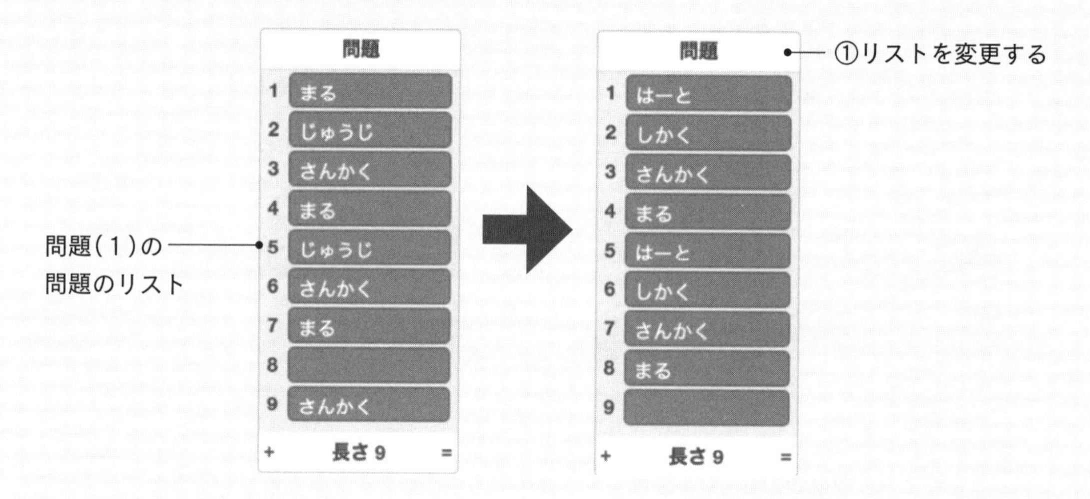

② ブロックをクリックします。

③ ネコが5番目の図形(はーと)を答えます。

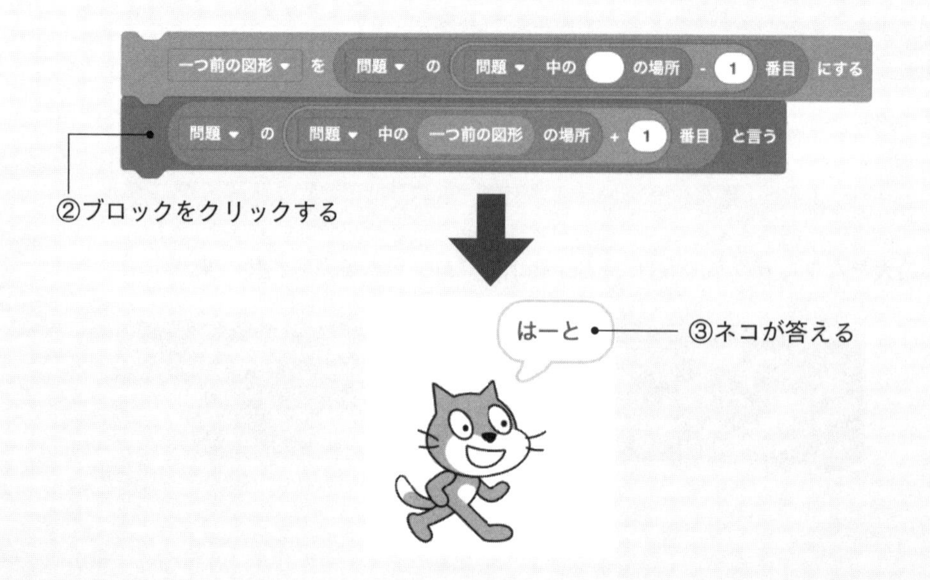

問題(3)を解く

問題(3) 

手順は次のとおりです。

① 問題のリストを問題(3)の図形列に変更します。

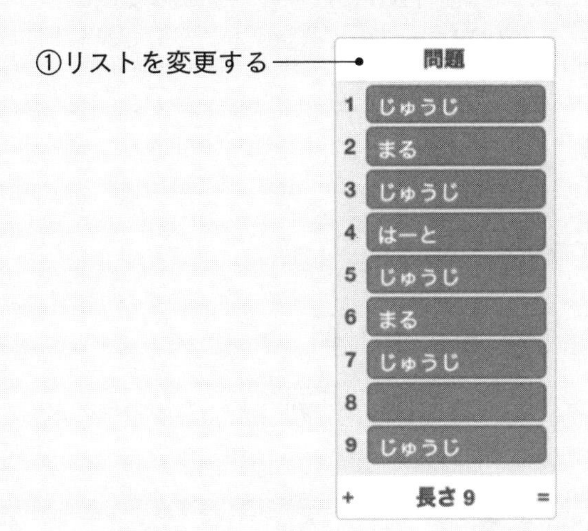

② ブロックをクリックします。
③ ネコが2番目の図形(まる)を答えます。

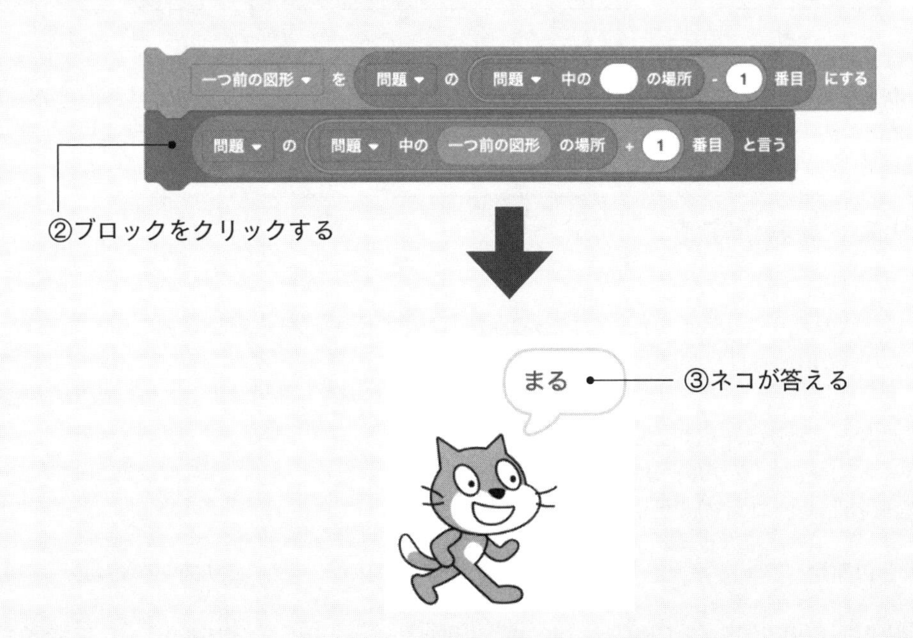

問題(3)の答えは「はーと」ですが、ネコは「まる」と答えます。ネコは、なぜ正しい答えを言ってくれないのでしょうか。 その理由は、「**1・1・3** 言葉のあいまいさ」(40ページ)で解説します。

で手順書を
プログラミングする

手順書をプログラミングする前に、問題の図形の並びの扱い方からはじめましょう。
本書でのPythonを使う環境については、巻末の付録B (244ページ)を読みましょう。
完成したPythonプログラムは、ページ上のQRコード先で確認することができます。

1 図形の並びの扱い方

問題(1)の図形の並びを題材として説明します。

問題(1) ● ✚ ▲ ● ✚ ▲ ● □ ▲

Pythonでは、かな漢字変換を使いたくないので、● や ✚ といった図形は次表のようにローマ字で記述することにします。

記号	●	✚	▲	□
よみ	まる	じゅうじ	さんかく	空欄
ローマ字	maru	jyuuji	sankaku	kuuran
Python	“maru”	“jyuuji”	“sankaku”	“kuuran”

Pythonでは、単語やローマ字のような文字列を扱う場合、ダブルクォーテーション「" "」で囲みます。日本語の文章では「こんにちは!」と、かぎカッコで囲むように、英語の文章では、かぎカッコに相当するダブルクォーテーションを使って “Hello!” のように囲むのだと考えてください。

2 リストを表示する

Pythonでは、次のようにリストを使って図形の並び(ローマ字の並び)を表します。
リストを入力する際に着目してほしいことを3つ示します。

1 リストの開始と終わりは、[ ](角カッコ)で囲む。
2 図形(ローマ字)を、" "(ダブルクォーテション)で囲む。
3 図形と図形の間は、,(コンマ)で区切る。

入力が終わったら ▶ をクリックして実行しましょう。縦向きにリストの内容が表示されます。

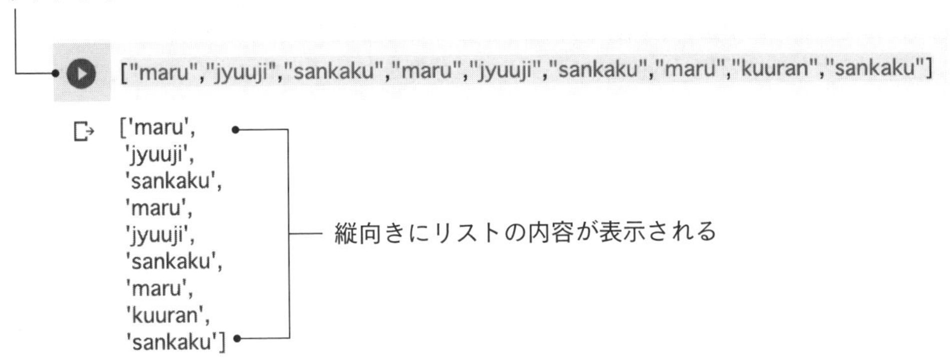

これで問題(1)の図形の並びを表すことができました。

3 問題をPythonに覚えさせる

次は、このリストに名前を付けてPythonに覚えておいてもらいましょう。名前は「mondai」(問題)とし、命名には「＝」(イコール：等号)を使います。上で書いたリストの左側に「mondai=」を追加し、▶ をクリックしましょう。

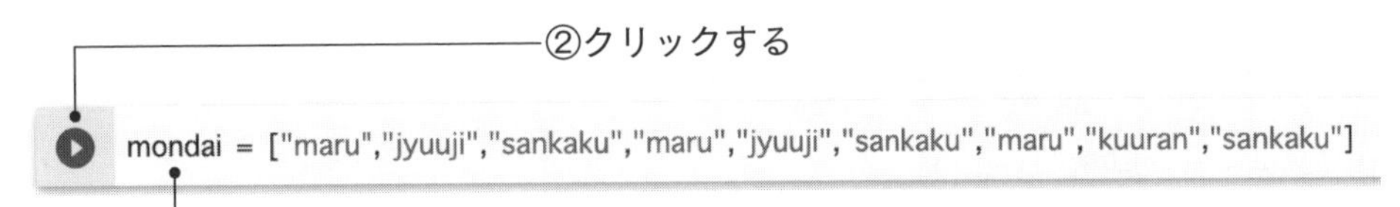

図形の並びにmondai (問題)と命名し、▶ をクリックしても画面に何の変化もありません。これでは、本当に実行されたか不安になってしまいますね。

名付けが成功していることを確認したい場合は、名付けの次行に「mondai」とだけ書いたプログラムを追加し、▶ をクリックします。すると、中身が画面に表示されます。これで一安心ですね。

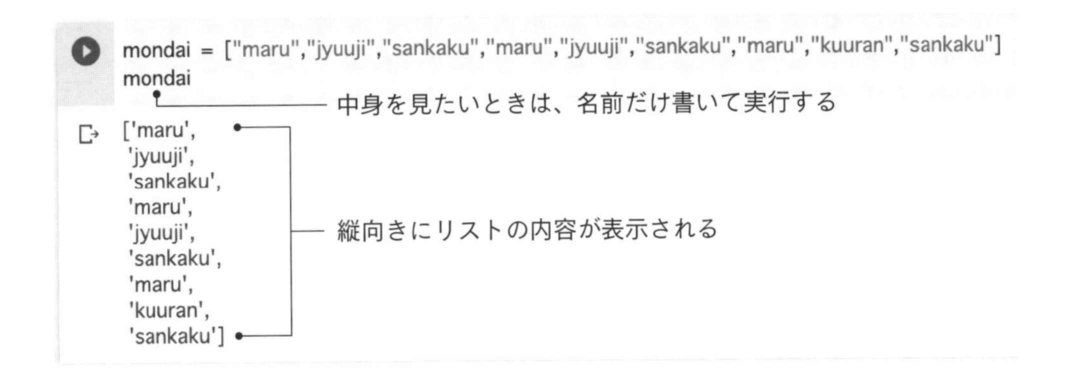

4　空欄前の図形を利用する手順書をもとにプログラムを作成する

空欄前の図形を利用する解法の手順書をPythonを使って実現してみましょう。

まずは、手順書と作成するPythonのプログラムの全体像をお見せします。そののち、一歩ずつ作成していきましょう。

問題(1)       

空欄前の図形を利用する解法の手順書

1. 空欄の前の図形を覚えておく。
2. 覚えた図形が他の場所にないか探す。
3. 探し出した場所の１つ後方の図形を答える。

作成するPythonプログラムの全体像

```
[1]  mondai = ["maru","jyuuji","sankaku","maru","jyuuji","sankaku","maru","kuuran","sankaku"]

[2]  kuuran_mae = mondai.index("kuuran")-1
     kuuran_mae_zukei = mondai[kuuran_mae]

[3]  mitsuketa = mondai.index(kuuran_mae_zukei)

[4]  kotae = mondai[mitsuketa+1]
     print(kotae)

     jyuuji
```

プログラムの最初は、図形の並びから始まっています。これはもう入力が終わっています。手順書の各手順を１つのセルで書いています。問題から手順３まで実行すると、空欄に入る答えであるjyuuji (じゅうじ)が表示されます。

Pythonに慣れていない人にもわかるよう丁寧に説明していきたいと思います。

それでは、手順書の「1」からプログラミングをしていきましょう。

1. 空欄の前の図形を覚えておく。

この手順は、次の３ステップで作成します。

Step 1 ：mondai (問題) からkuuran (空欄) の場所を探す。
Step 2 ：空欄１つ前の場所を計算する。
Step 3 ：空欄１つ前の場所にある図形をkuuran_mae_zukeiと名付けて覚えておく。

この３ステップを順にプログラムしていきましょう。

●Step 1：mondai（問題）からkuurann（空欄）の場所を探す。

リストに入っている中身を探すには、「.index ()」を使います。使い方は、次のようにリスト名の後ろに「.index」と記し、かっこ()の中に探したいものを記入します。

mondai.index（探したいもの）

これを実行すると探したい文字がリストの何番目にあるかを教えてくれます。それでは、kuuran（空欄）の場所を探してみましょう。

実行すると「７」と出力（表示）されます。これは、kuuranがリストの７番目だということを表した結果です。

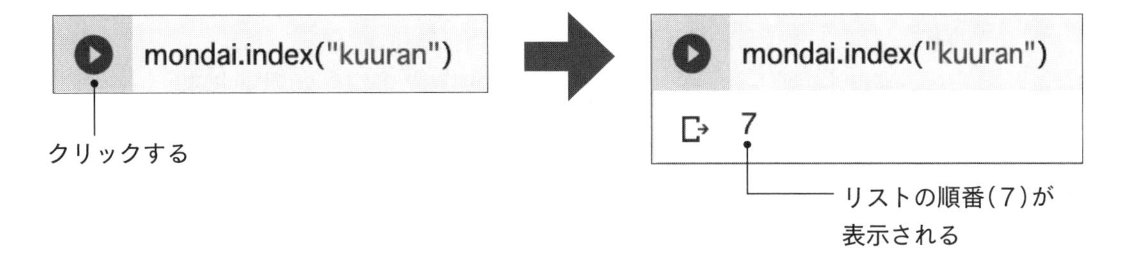

indexを英和辞典で調べると「本の索引」という意味が出てきます。英語を知っているとプログラミングの役にも立つんですね。

▶Pythonの数え方

上のプログラムを実行すると、空欄の場所は7番目だという結果が返ってきました。「あれ?空欄の場所は8番目じゃなかったっけ?」と思った人、その通りです。ひとは1番目、2番目、3番目… と数えます。一方、Pythonを含む多くのプログラミング言語は0番目、1番目、2番目 … と、0番目から数えます。

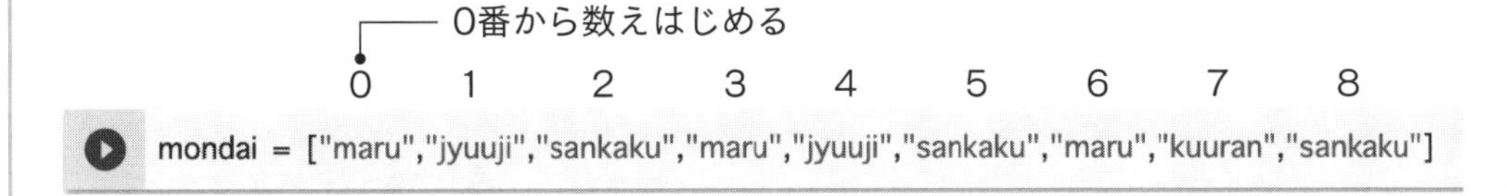

なんとややこしいのでしょう！　私もそう思います。もちろん0番目から数え始める理由はあるのですが、説明にはコンピュータについての知識が必要です。ここでは省略させてください。

▶よく発生するエラーの例

プログラミングと切っても切れないのがエラーです。エラーというのは英語のスペルミスや文法間違いのようなものです。スペルミスや文法を間違っていると、Pythonは「このプログラムは理解できないよ。」と教えてくれます。これがエラーです。

人間は間違える生き物なので、プログラムを書いていても頻繁にスペルミスや文法間違いを起こします。Pythonはどんな風にスペルミスや文法間違いを教えてくれるのかを見ていきましょう。

エラー例1：「名前を教えてもらっていないよ。」というエラー

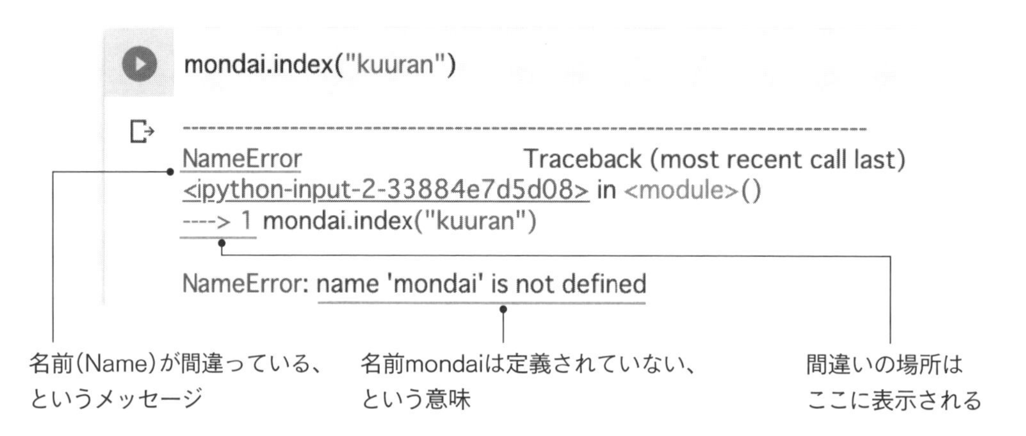

最初の手順でありがちなエラーである"NameError"です。エラーがでたときはあせらず、日本語に訳してみてください。どんな間違いなのかのヒントが隠されています。

今回のエラーには「名前mondaiは定義されていない」と書かれています。「定義」って難しい言葉が使われています。簡単に言うと、Python君が「僕mondaiなんて名前、知らないよ。」って教えてくれています。このmondaiというのは問題文のリストのはずですが、なぜ定義されていない（知らない）と言われてしまうのでしょうか？

次の２つの点を確認してください。

1）mondai.index ("kuuran")を実行する前に、問題文(１）のリストmondaiを作るプログラムを実行していませんか？
2）mondai (問題)をmonda (もんだ)のようにスペルミスをしていませんか？

エラーがおきてしまった人は、もう一度見直してみてください。幸いにもエラーが起きなかった人は、今のうちにエラーを体験しておきましょう。

先ほどmondai.index ("kuuran") と書いていたところをわざとスペルミスしてください。

A) monda.index ("kuuran")　　mondai (問題)をmonda (もんだ)とスペルミス
B) mondai.indekkusu ("kuuran")　　index をindekkusu (ローマ字表記)とスペルミス
C) mondai.index ("kuu")　　kuurann (空欄)をkuu (くう)とスペルミス

A) は「mondaという名前は知らないよ。」という"NameError"になります。

続いてB）とC）のエラーについても詳しく見ていきましょう。

エラー例２：「属性がないよ。」というエラー

B）mondai.indekkusu（""）は、AttributeErrorというエラーになります。Attributeを訳すと「属性」になります。

「属性が間違っている」と言われても「属性ってなに？」という方がほとんどかと思います。国語辞典で「属性」を調べると「その物に備わっている性質」とあります。まだわかりにくいので具体例を示したいと思います。「人間には、身長や体重、年齢といった属性があります。」

上記プログラムの場合、リストにはindex（索引）という属性はありますが、スペルミスのindekkusu はありません、という意味になります。

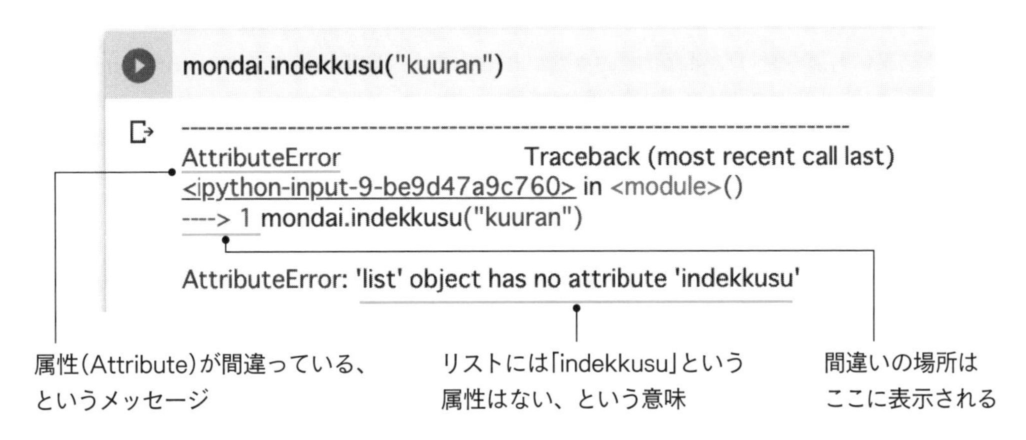

エラー例３　「リストの中にないよ。」というエラー

C) mondai.index ("kuu") と探すもののスペルミスをすると「kuuはリストにないよ。」と教えてくれます。

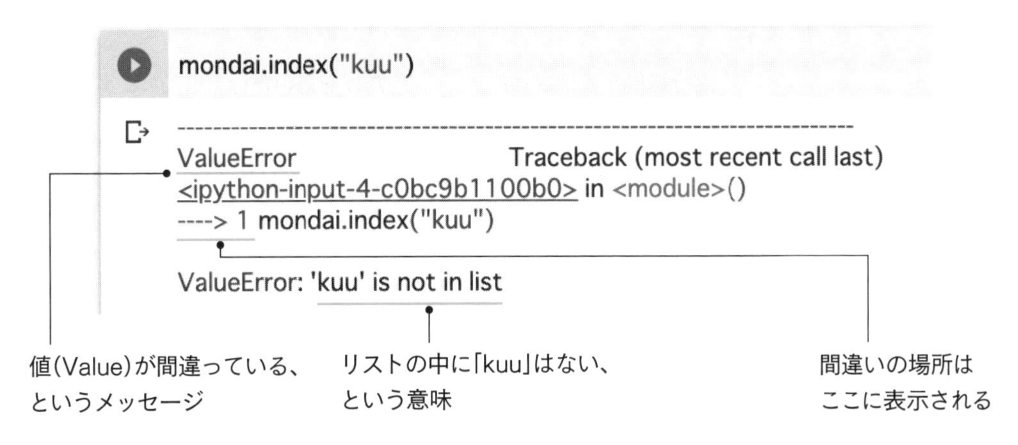

長々とエラーについて述べてしまいました。エラーにならなかった人には退屈に思えたかもしれませんが、このような機会を通じてプログラム学習につきもののエラーに対する耐性をつけておくと後々、とっても楽になりますよ。プログラミング上達の一歩です。

●Step 2：空欄1つ前の場所を計算する。

さきほどのStep 1で空欄の場所（7番目）がわかりました。7番目の1つ前は6番目ですね。つまりStep 1で探した場所から1を引く計算をします。

Step 1で書いたプログラムの後ろに「－1」を追加して実行しましょう。

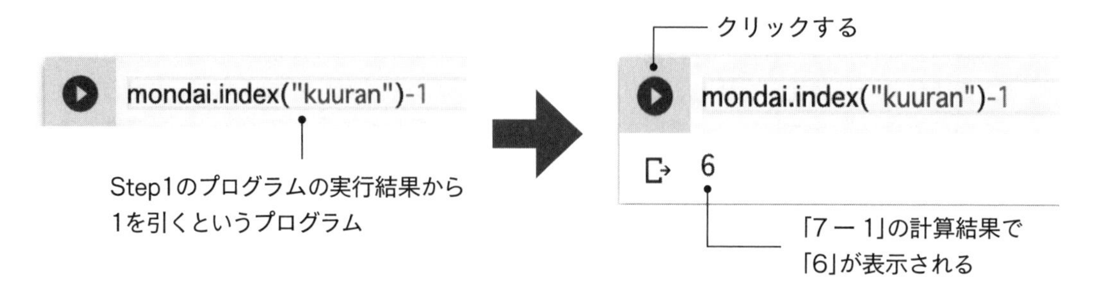

この計算結果に名前を付けて保存しておきたいと思います。空欄の前なので「kuuran_mae」と名付けます。命名には「＝」（イコール：等号）を使います。

では、プログラムの前に「kuuran_mae =」を追加して実行しましょう。

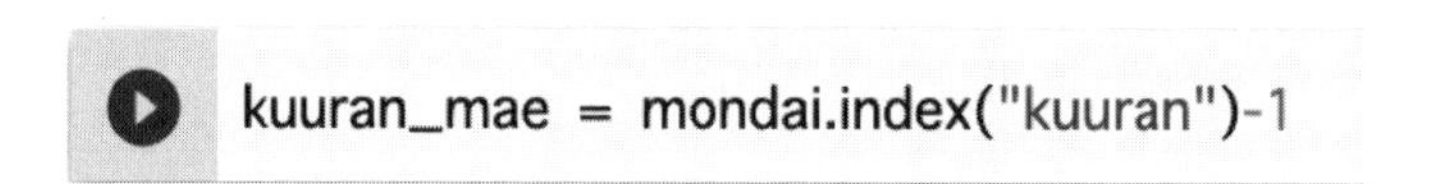

実行しても何も出力されないのが不安な人は、名前だけを書いた行を追加して実行しましょう。そうすると、中身を出力してくれます。

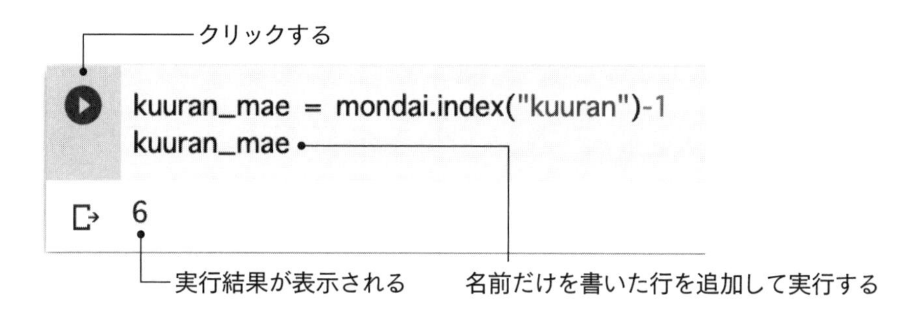

「＝」（イコール：等号）を使った命名や中身の確認は、問題（1）の図形の並びにmondai（問題）と命名したときにも出てきましたね。

●Step 3：1つ前の場所の図形をkuuran_mae_zukei（空欄前図形）という名前で覚える。

空欄前の場所が6番目だとわかりましたので、リストの6番目の図形を調べましょう。リストの中身は、リスト名の後ろに角かっこ[ ]を書き、かっこの中に数字を書くと調べられます。

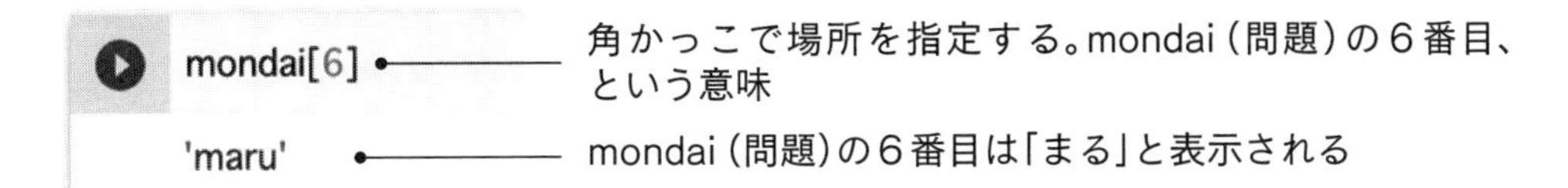

6番目は、「まる」でしたね。Mondaiの中身をPythonの数え方と一緒に再掲します。

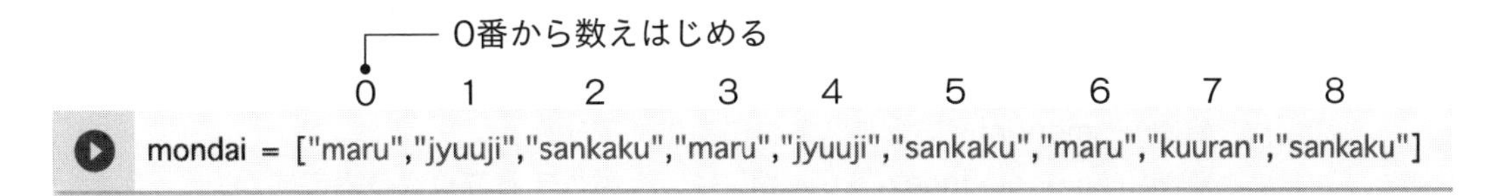

Pythonの数え方を確認しておきましょう。mondai（問題）の0番目と3番目、8番目の中身を出力するプログラムを書き、実行してみました。

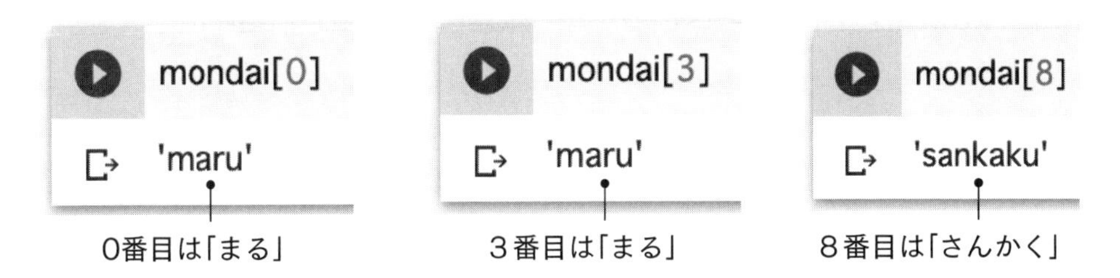

それでは手順のプログラミングに戻りましょう。
mondai（問題）の角かっこの中に数字ではなく、Step 2の計算結果であるkuuran_maeと書きます。
まずは、mondai［kuuran_mae］が6番目の図形である「まる」であることを確かめておきます。

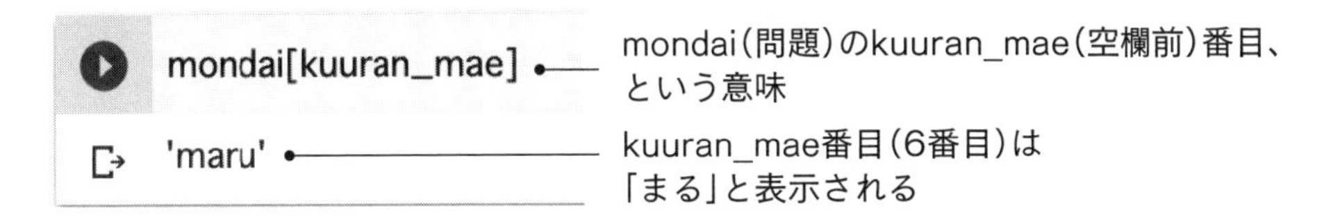

上の結果maru（まる）をkuuran_mae_zukei（空欄前図形）として覚えておきましょう。覚えておくには、「＝」（イコール：等号）を使うのでしたね。「＝」で命名しただけでは中身が表示されません。
そこで、後ろの行にkuuran_mae_zukeiだけ書き、中身を表示しておきましょう。

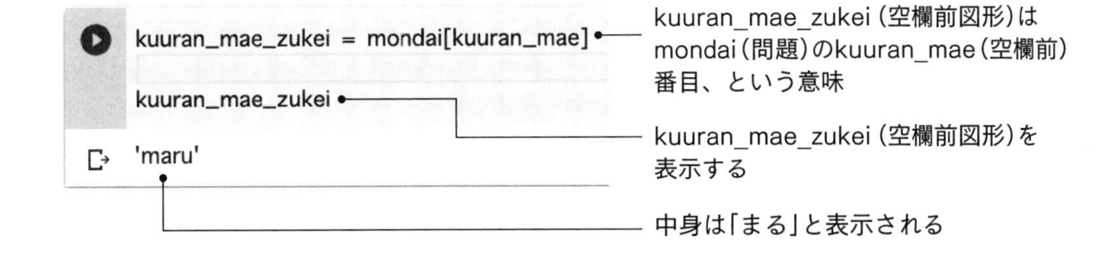

手順書の「1」で作成したプログラムをまとめます。

```
[1]  mondai = ["maru","jyuuji","sankaku","maru","jyuuji","sankaku","maru","kuuran","sankaku"]

[2]  kuuran_mae = mondai.index("kuuran")-1
     kuuran_mae_zukei = mondai[kuuran_mae]
```

練習問題 プログラムの各行について次の質問に答えましょう。

```
kuuran_mae = mondai.index("kuuran")-1
```

質問1　mondaiというリストの中身は何ですか。
質問2　mondai.index("kuuran")は何を実行するプログラムですか。
質問3　mondai.index("kuuran")-1の実行結果は何ですか。

```
kuuran_mae_zukei = mondai[kuuran_mae]
```

質問4　mondaiの後にある角かっこの役割は何ですか。
質問5　mondai[kuuran_mae]の値は何ですか。
質問6　このプログラムを実行した結果、kuuran_mae_zukeiの中身は何ですか。

答えがわからない人は、手順書の「1」のプログラムを再度実行し、説明を読み返してください。答えがそのまま書かれています。

2. 覚えた図形が他の場所にないか探す。

この手順は、次の２ステップで作成します。

Step １：mondai（問題）から手順書の「1」で見つけたkuuran_mae_zukei（空欄前図形）を探す。
Step ２：Step １で見つけた場所をmitsuketaと名付けて覚えておく。

この２ステップを順にプログラムしていきましょう。

●Step １：mondai（問題）から手順書の「1」で見つけたkuuran_mae_zukei（空欄前図形）を探す。

手順書の「1」で見つけたkuuran_mae_zukei（空欄前図形：中身は「まる」）をmondai（問題）から探しましょう。Pythonでリストの中を探すには「.index」（索引）という属性を使うのでしたね。「.index」の後のかっこ内に探したい図形(kuuran_mae_zukei)を書きます。

まずは、再度、kuuran_mae_zukei（空欄前図形）の中身を確認しておきましょう。

```
kuuran_mae_zukei
'maru'
```

中身は「まる」と表示される

確認が終わったら「.index」（索引）を使ってkuuran_mae_zukei（空欄前図形）がmondai（問題）の何番目にあるか探しましょう。

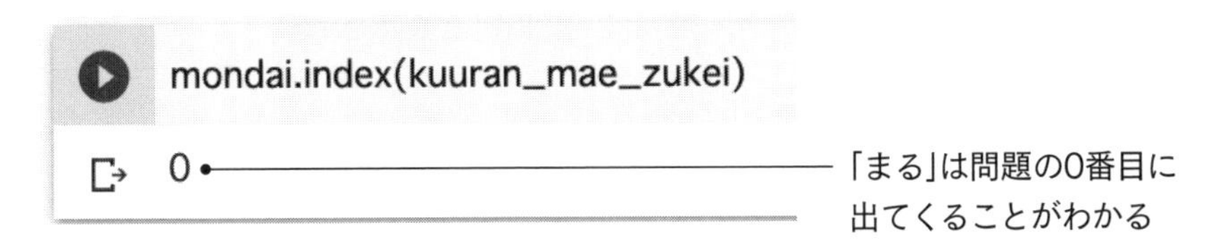

結果は「0」でした。mondai（問題）の図形の並びを再掲します。「まる」はどこにありますか？

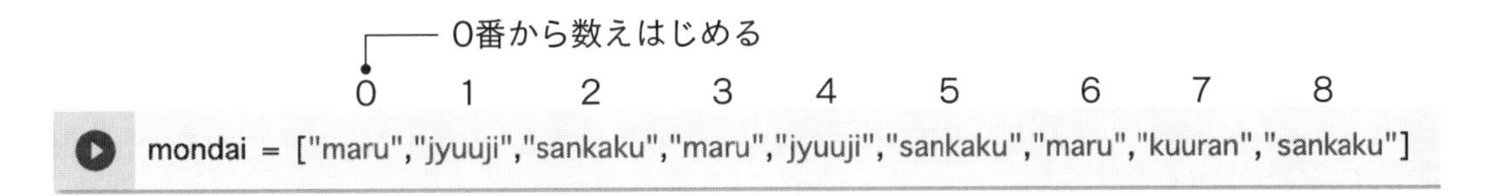

「まる」は0番目、3番目、6番目にあります。「.index」（索引）は、リストの先頭（0番目）から探しはじめ、一番最初に発見した場所を答えます。そのため「まる」は0番目にあると、答えています。

●Step 2：Step 1で見つけた場所をmitsuketaと名付けて覚えておく。

先ほど見つけた「まる」の場所（0番目）をmitsuketa（見つけた場所）という名前で覚えておきます。「＝」を付けて命名したのち、中身を確認しておきましょう。

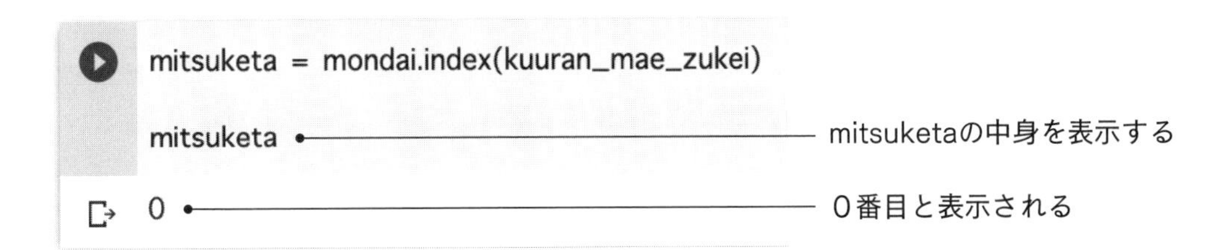

3. 探し出した場所の1つ後方の図形を答える。

この手順は、次の3ステップで作成します。

Step 1：手順書の「2」で探し出した場所の1つ後ろを計算する。
Step 2：計算した場所にkotaeと名付けて覚えておく。
Step 3：kotaeを表示する。

この3ステップを順にプログラムしていきましょう。

●Step 1：手順書の「2」で探し出した場所の1つ後ろを計算する。

手順書の「2」で探し出した場所の１つ後ろは、１を加えることで計算できます。計算式は、「mitsuketa＋１」(見つけた場所＋１)ですね。
そして、見つけた場所＋１にある図形は、mondai [mitsuketa＋１]となります。

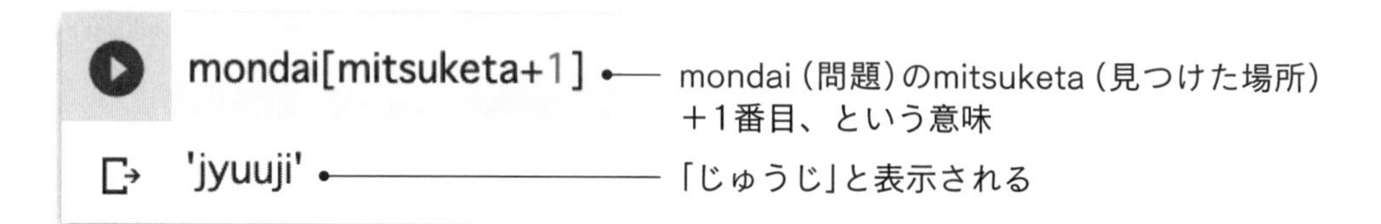

結果はjyuuji (じゅうじ)になりました。問題に正しく答えられたことを確認しておきましょう。

問題(1)

●Step 2：計算した場所にkotaeと名付けて覚えておく。

見つけ出した解答にkotaeと名前を付けます。

●Step 3：kotaeを表示する。

最後は、kotae (答え)を表示すれば手順書の「3」の完成です。ここでは表示するのに「print」(印刷しろ)という命令を使っています。

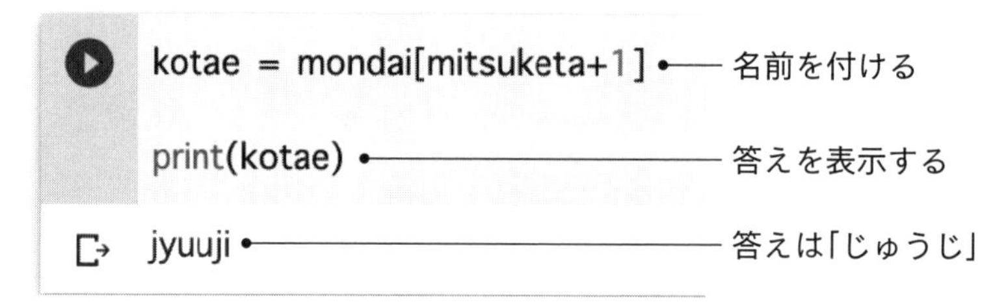

最後に全手順のプログラムを再掲します。全体像を確認しておいてくださいね。

問題

```
[1] mondai = ["maru","jyuuji","sankaku","maru","jyuuji","sankaku","maru","kuuran","sankaku"]
```

手順書の「1」

```
[2] kuuran_mae = mondai.index("kuuran")-1
    kuuran_mae_zukei = mondai[kuuran_mae]
```

手順書の「2」

```
[3] mitsuketa = mondai.index(kuuran_mae_zukei)
```

手順書の「3」

```
[4] kotae = mondai[mitsuketa+1]
    print(kotae)
```

解答

```
jyuuji
```

5　問題(2)(3)を解く

作成したプログラムを使って問題(2)(3)を解いてみましょう。

問題(2)

問題(3)

手順書の最初に書いたmondai(問題)を書き換え、上から順に実行すれば解くことができます。

① mondaiを問題(2)の内容に書き換えます。
② 上から順に実行します。

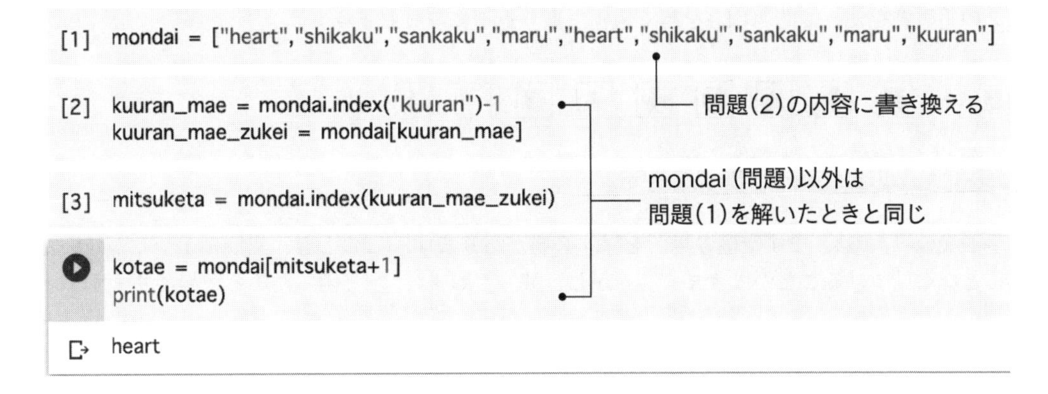

問題(3)は自分で解いてみましょう。そして、正しい答えが求められないことを確かめましょう。

▶かな漢字変換のコメント

本書の付録B　Pythonの動作環境(244ページ)で、かな漢字変換を使ってはいけないと強く書きました。そしてエラーになることも示しました。しかし、本当はPythonで全角文字を使うことができるのです。たとえば次のようにプログラムを書けます。

```
問題 = ["丸","十字","三角","丸","十字","三角","丸","空欄","三角"]
空欄前 = 問題.index("空欄")-1
空欄前図形 = 問題[空欄前]
見つけた場所 = 問題.index(空欄前図形)
答 = 問題[見つけた場所+1]
print(答)
```

```
十字
```

このような日本語を使ったプログラムの方が、英語やローマ字ばかりで書かれたプログラムよりも読みやすいかと思います。しかし、全角と半角を見分ける能力に長けた人以外はお勧めしません。お勧めはしませんが、一度試してみるのもよいと思いますよ。かな漢字変換を使ってはいけないと書いた理由をきっと実感できると思います。

1-1-3 言葉のあいまいさ

手順書では、空欄の「前の」図形とか、探し出した場所の「後方」の図形とか、随分と面倒な書き方をしていました。特定の図形を文章で正しく指定するのは、実は大変なのです。

空欄前の図形を利用する解法の手順書

1. 空欄の前の図形を覚えておく。
2. 覚えた図形が他の場所にないか探す。
3. 探し出した場所の１つ後方の図形を答える。

この手順書を使って問題(1)を解く過程を振り返ってみましょう。

問題(1)        

1. 空欄の前の図形を覚えておく。

手順書の「1」では、まず空欄の場所を探す必要があります。このとき、空欄は1つしかないため迷うことなく見つけることができます。しかし、続く手順書の「2」で困ったことが起こります。

2. 覚えた図形が他の場所にないか探す。

手順書の「2」では、空欄の前の図形 ● を問題中の図形列で探します。しかし、図形列に ● は3つあります。どの ● を選べばよいのでしょうか。最終的に答えを1つに絞り込むためには、3つのうち1つに絞り込まなければなりません。そのため、あいまいな部分があると困ってしまいます。あいまいなまま計算するプログラミング方法もあるのですが、初学者向きではないので、ここでは割愛させてください。

手順書を言葉で書くとどうしてもあいまいなところがでてきます。あいまいというのは、受け取る人によって意味が少しずつ違ってくるということです。俳句や短歌は、このあいまい性を最大限に生かして豊かな想像をかき立てます。しかし、プログラミングがあいまいでは困ります。あいまいさをなくすために「数字」を使います。数学でも算数でもなく、前から何番目とか後ろから何番目という数字です。

本書のScratchやPythonのプログラミングを実行した方は、既に体験していますね。この後も「何番目」は何度も出てきます。出てきたら、面倒だけどあいまいさをなくすために使っているのだと思い出してもらえると嬉しいです。

1·1·4 答えが絞り込めない(あいまいさの排除)

次の手順書を使って問題(3)を解くと、手順書の「2」で選んだ図形によって正解だったり、不正解だったりします。

空欄前の図形を利用する解法の手順書

1. 空欄の前の図形を覚えておく。
2. 覚えた図形が他の場所にないか探す。
3. 探し出した場所の1つ後方の図形を答える。

手順書を問題(3)へ適用してみましょう。

問題(3) 

1. 空欄の前の図形を覚えておく。

空欄 □ の前の図形 ✚ を覚えておきます。

2. 覚えた図形が他の場所にないか探す。

覚えた図形 ✚ は、問題(3)に5つあります。5つの ✚ のうち、どれを選ぶか悩むところですが、ひとまず問題(3)先頭の ✚ を選ぶことにします。

3. 探し出した場所の1つ後方の図形を答える。

探し出した場所(先頭)の後ろの図形 ● を答えます。

問題(3)の正解は ♥ ですが、この方法で導き出された答えは ● でした。間違えてしまいましたね。

間違えてしまった理由は手順書の「2」にあります。5つある ✚ の中から先頭の ✚ を選んだことです。もし、先頭から3番目にある2つ目の ✚ を選んでいれば、手順書の「3」で ♥ を答えることができました。

さらには一番後ろの ✚ を選んだ場合、手順書の「3」で困ることになります。最後の図形の後ろには図形がないためです。

状況をまとめます。この手順書では、手順書の「2」でどこを選ぶかによって正解したり間違えたり、答えられなかったりすることがわかりました。

空欄前の図形を頼りにして解答するためには、あいまいさを取り除く工夫が必要なのです。

1・2 手順の重要性

園児さん向けの問題(1)～(3)を解く手順について考えてきましたが、前節で紹介した手順書では問題(1)や(2)を解くことができても、問題(3)が解けないことがわかりました。

では、なぜこんな役に立たない手順書を詳しく説明しているのでしょうか。それは、人間が得意とすることと、コンピュータが得意とすることが何かを理解してもらうためです。

コンピュータの一種であるスマホを使って前述の問題を解くことを考えます。問題をスマホのカメラで写真をとり、マイクに向かって「写真にうつった問題を解いて」と言っても、答えてくれません。少なくとも現時点(2022年2月)では解いてくれませんでした。

では、どうすれば良いでしょうか？

ここでプログラムが登場することになります。プログラムとは、コンピュータに何かをしてもらうときの手順が書かれたメモ(手順書)です。そして手順書というのは、例えば園児さんがお家に帰ってきたとき、洗面台で手を洗ってもらうためにお母さんが言う言葉みたいなものです。年長さんともなれば、お母さんが「お外から帰ってきたら手を洗ってね」と一言で済みますが、年少さんだとそうはいきません。

それでは年少さん用の手洗いの手順書を考えてみましょう。

手洗いの手順書

1. 洗面台の前に行ってね。
2. 次にそでをまくってね。
3. 手に石鹸をつけてね。
4. じゃあ蛇口をひねってお水をだすよ。
5. 手をごしごしして泥を落としてね。
6. まだまだ汚れがおちるまでごしごしするの！
7. 水を止めてね。
8. こらー、タオルで手を拭くのをわすれてるよー(怒)。

年少さんの場合には、このように細かく言ってあげないといけません。

プログラムとは、コンピュータに何かをしてもらうための手順書です。そしてプログラミングとは、コンピュータが理解できる言葉を使ってこの手順書を作る作業のことを言います。

園児さんの知っている言葉の数は、個人差が大きいものの、年少さんで1,000語、年長さんだと3,000語はあります。そのため園児さん向けの手順書では、たくさんの言葉を使うことができます。それに比べるとコンピュータがわかる言葉、つまりプログラム(手順書)で使うことができる言葉の数はとても少ないのです。単純なコンピュータで6語。最新のコンピュータでも629語と年少さんにも負けています。それもたし算、ひき算、かけ算、わり算といった算数の言葉や数字をメモして覚えておくといった言葉に偏っており、「手を洗う」といった私たちが使っている言葉は理解できません。

そのため、写真にうつった図形を見て「これは三角形ですか？」という簡単な質問に答えるプログラムを書くことですらとても大変なことなのです。コンピュータに何かしてもらうには、あかちゃんに優しく教えるように、とってもとっても詳しく順を追って教えてあげる必要があるのです。

ただ、人間のあかちゃんと違うのは、コンピュータに誰かが教えてあげた知恵や知識は、他のコンピュータでも使うことができるという点です。何も知らないコンピュータも一瞬のうちに、専門家の知識を持つ「エキスパートなコンピュータ」に成長させることができます。みなさんが持っているスマホやパソコンでも同じです。天井の明かりは壁のスイッチを入れればすぐに明るくなりますが、スマホやパソコンは電源を入れてから使えるようになるまで大分待たされますよね。これは、生まれたばかり(電源を入れたばかり)のスマホやパソコンが超高速で知識の勉強をしている時間なのです。

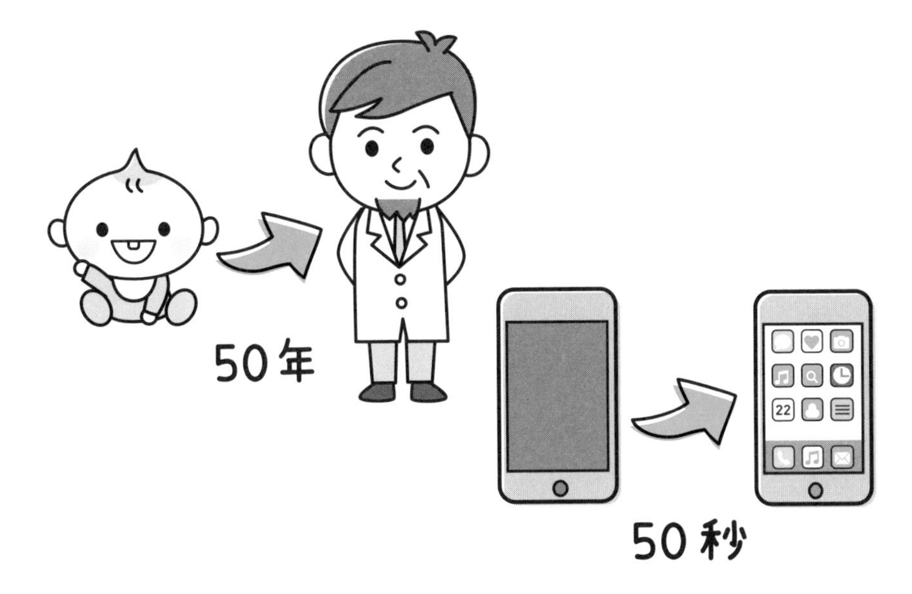

ただし、エキスパートなコンピュータを上手に使うためには、使う側にもコンピュータやプログラミングの基本的な知識が必要です。

これ以降では、基本知識を学ぶため、過去の知識をたくさん高速学習したコンピュータではなく、電源入れたてのあかちゃんコンピュータを理解するための算数について学んでいきます。

まとめ

- プログラミングは、コンピュータの手順書
- コンピュータには、とても細かく書いた手順書が必要
- 細かい手順書は、プログラミングを理解するには欠かせない

1・3 繰り返し単位を見つける（前半）

1・3・1 同じ図形の出現

1 手順書を前半と後半に分ける

問題（再掲） 次の□（空欄）には、どんな図形がはいりますか。

（1） ● ✚ ▲ ● ✚ ▲ ● □ ▲

（2） ♥ ■ ▲ ● ♥ ■ ▲ ● □

（3） ✚ ● ✚ ♥ ✚ ● ✚ □ ✚

解答 答えは、次のようになります。

（1） ✚

（2） ♥

（3） ♥

「1.1 □(空欄)に入るの形はなあに？」(10ページ)で紹介した[解答の根拠－図形の繰り返し－]を使って問題を解く手順書を考えましょう。

解答の根拠－図形の繰り返し－

問題（2）は、♥ ■ ▲ ● という４つの図形の並びが繰り返し出現します。そして、空欄の前の図形は ● です。繰り返し単位 ♥■▲● で ● の次に出てくる図形は ♥ ですから、空欄には ♥ が入ります。

この[解答の根拠－図形の繰り返し－]を使った手順書は、繰り返し単位を見つける前半部分と繰り返し単位を使って空欄に入る図形を決定する後半部分に分けることができます。

前半 繰り返し単位を見つける。

後半 繰り返し単位を使って空欄に入る図形を答える。

2　前半の手順書を作成する

ここでは、まず前半部分の繰り返し単位を見つける手順書を作りましょう。

繰り返しの規則性を見つけることは園児さんもできるため簡単そうに見えます。しかし、電源を入れたてのコンピュータは「図形の繰り返しを見つけてね。」といった複雑な文章は、理解できません。

では、どうすれば繰り返し単位を見つけられるでしょう。一緒に考えていきましょう。

まずは、繰り返し単位を見つけるための方針を立てます。

方針ーその1ー

先頭の図形と４番目の図形が同じなら、繰り返し単位は先頭から３番目の図形。
先頭の図形と５番目の図形が同じなら、繰り返し単位は先頭から４番目の図形。

この［方針－その１－］を使って問題（１）の繰り返し単位を見つけましょう。

問題（1）　● ✚ ▲ ● ✚ ▲ ● □ ▲

次の順で考えます。

① 先頭の図形は ● である。
② 先頭と同じ図形は４番目に現れる。
③ その前までの図形列 ● ✚ ▲ が繰り返し単位である。

繰り返し単位を見つけることができました。この［方針－その１－］に基づいて手順書を作成すると次のようになります。

繰り返し単位を求める手順書（方針ーその1ー）

1. 先頭の図形と４番目の図形が同じなら、
   (1) 先頭から３番目までの図形列を繰り返し単位として答える。
   (2) 手順書を終える。
2. 先頭の図形と５番目の図形が同じなら、
   (1) 先頭から４番目までの図形列を繰り返し単位として答える。
   (2) 手順書を終える。

この手順書について２つの注意点があります。

１つ目は、手順に上下関係があることです。「1」や「2」が上位で、(1)(2)が下位になります。そして、上位の手順の条件を満たすときだけ、下位の手順を実行します。

２つ目は、手順書を中途で終了する場合、「手順書を終える。」と明示していることです。

では、ScratchとPythonで、この手順書を使って問題（１）～（３）の繰り返し単位を求めてみましょう。

Scratchで手順書をプログラミングする

1 手順書とプログラムの全体像を確認する

先ほどの手順書をScratchでプログラミングしてみましょう。手順書とScratchプログラムの全体像をお見せします。

完成したScratchプログラムは、ページ上のQRコード先で確認することができます。ScratchではなくPythonのプログラムは、50ページに移動してください。

繰り返し単位を求める手順書(方針ーその1ー)

1. 先頭の図形と４番目の図形が同じなら、
   (1) 先頭から３番目までの図形列を繰り返し単位として答える。
   (2) 手順書を終える。
2. 先頭の図形と５番目の図形が同じなら、
   (1) 先頭から４番目までの図形列を繰り返し単位として答える。
   (2) 手順書を終える。

作成するScratchプログラムの全体像

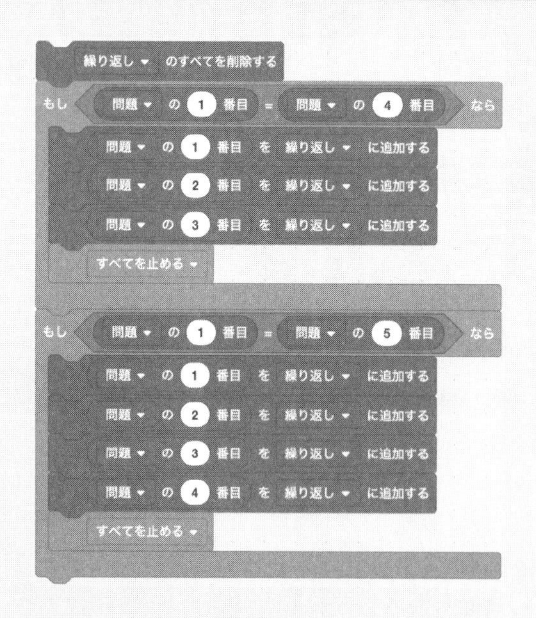

ここでは、問題(1)を「問題」という名前のリストで入力しています。実行すると、繰り返し単位「まる」「じゅうじ」「さんかく」を「繰り返し」という名前のリストに入れて答えてくれます。

手順書と違い、Scratchでは最初に「繰り返し」リストの中身すべてを削除しています。このブロックがないと、Scratchの実行を行うたびに「繰り返し」リストが長くなってしまいます。

2 手順書をもとにプログラムを作成する

Scratchの全体像を見せられても、慣れないとどうやって作るのかわからないと思います。そこでScratchプログラムをどのようにして作成するのか、その過程を示します。

●Step 1：問題のリストを作成する。

問題のリストを作成し、問題(1)を書き込みます。リストの作り方は、「図形の並びの扱い方」(14ページ)を参照してください。

●Step 2：手順書の「1」と「2」の実行条件を作成する。

手順書の「1」と「2」は、それぞれ先頭の図形と4番目の図形、先頭の図形と5番目の図形が同じとき、下位手順(1)(2)を実行します。

まずは、この条件を作成します。同じかどうか調べるブロックは〈 ( ) = (50) 〉です。50という数字が入っているためわかりにくいですが、「＝」(イコール：等号)によって、『イコールの左と右が「同じ」かどうか調べる』ことを表しています。

あとは、問題の1番目、4番目、5番目を表すブロックを当てはめれば完成です。

問題のリストを作成し、問題(1)を書き込みます。

手順書の「1」を実行する条件

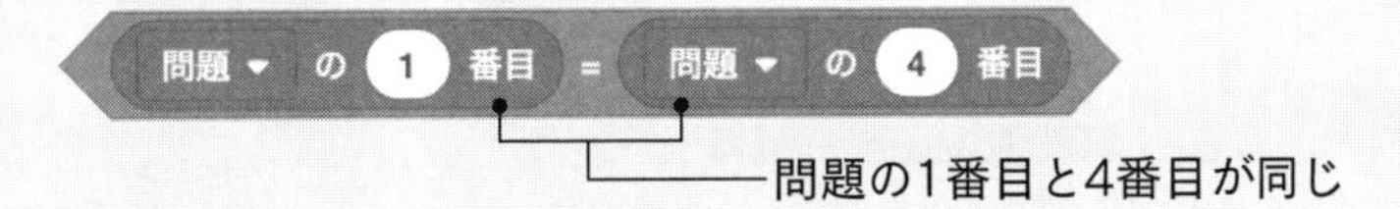

手順書の「2」を実行する条件

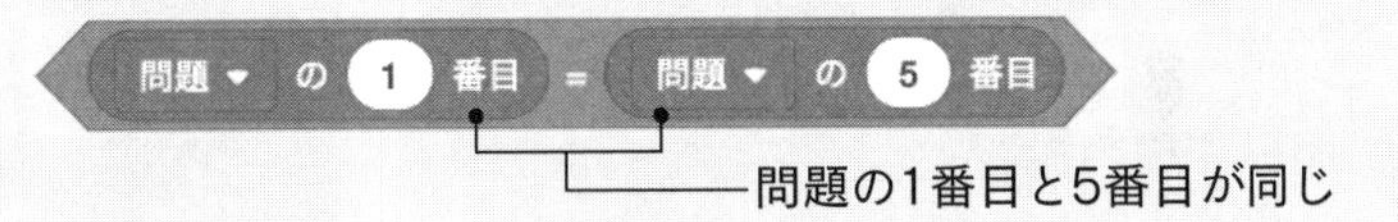

●Step 3：実行条件を制御するブロックを作成する。

組み立てた手順書の「1」、手順書の「2」を実行する条件を、制御ブロックにはめ込みます。使用するブロックは[制御]にある [もし〜なら] (「もし〜なら」ブロック)です。

手順書の「1」の制御ブロック

手順書の「2」の制御ブロック

●Step 4：「繰り返し」リストを作成する。

Scratchのプログラムが答えを入れる場所として、「繰り返し」リストを作成します。

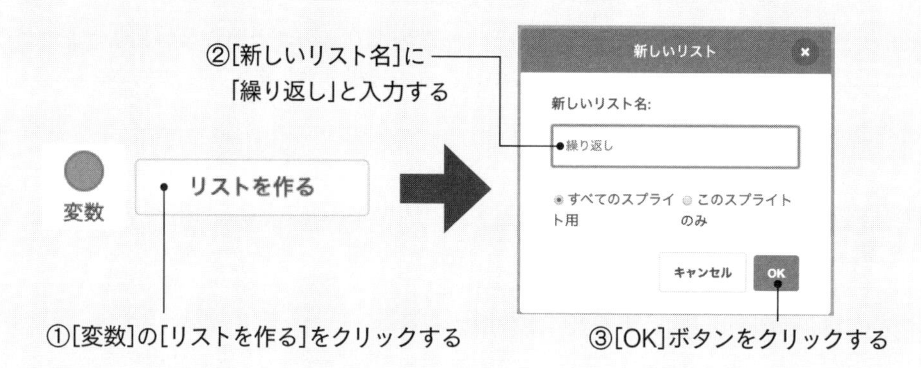

●Step 5：「繰り返し」リストに中身を入れる。

手順書の「1」の『先頭から3番目までを「繰り返し」リストに入れる』ブロックを作成します。同様に手順書の「2」の『先頭から4番目までを「繰り返し」リストに入れる』ブロックも作成します。

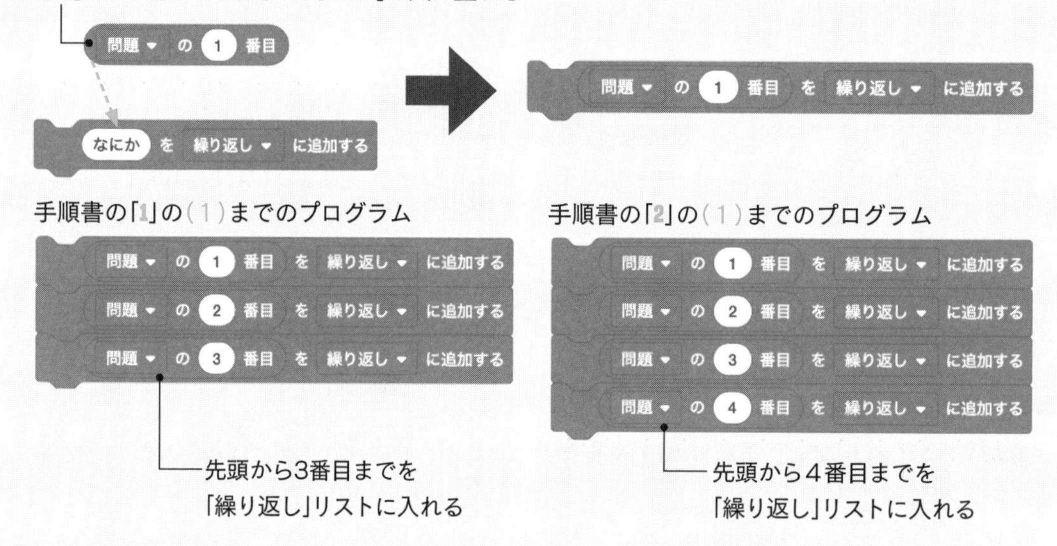

●Step 6：手順書を終えるブロックを加える。

手順書の「1」、「2」の（2）「手順書を終える。」に対応するブロック すべてを止める を追加します。

手順書の「1」の（1）（2）までのプログラム

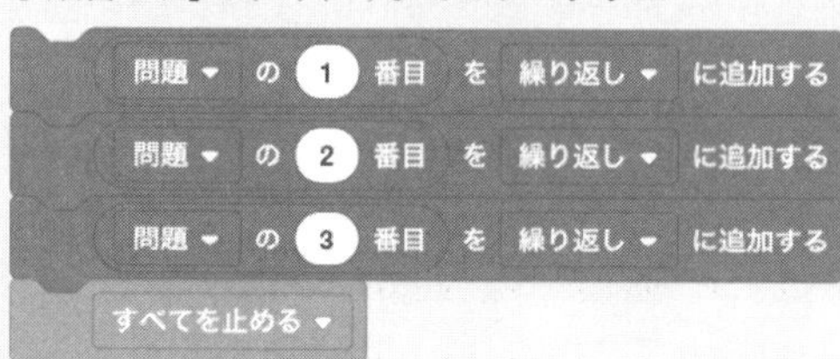

手順書の「2」の（1）（2）までのプログラム

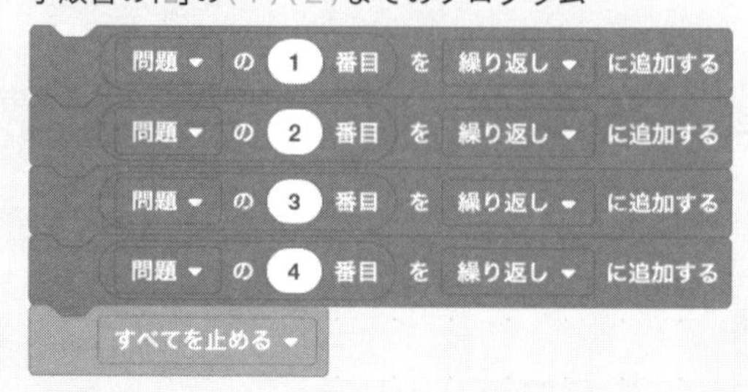

●Step 7：制御ブロックと結合する。

手順書の中身ができたので、Step 3で作成した制御ブロックに入れます。

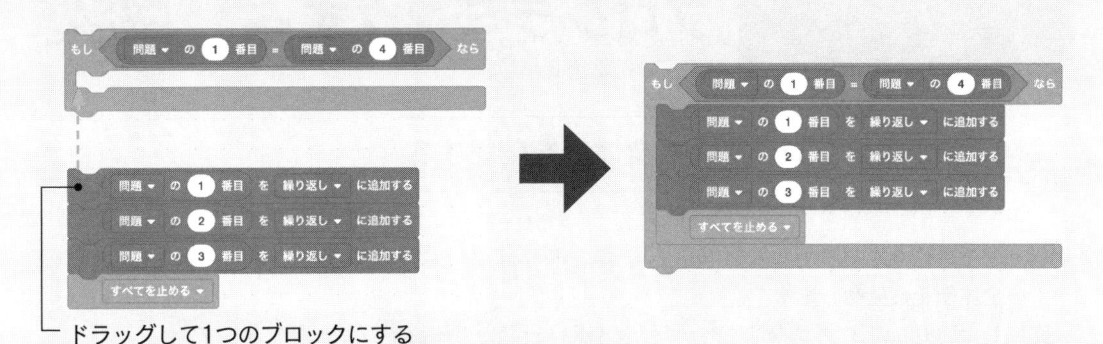

●Step 8：手順書の「1」と「2」のブロックを上下に繋げ、「繰り返し」の中身を消去する。

「繰り返し」の中身を消すブロックを先頭に追加して完成です。

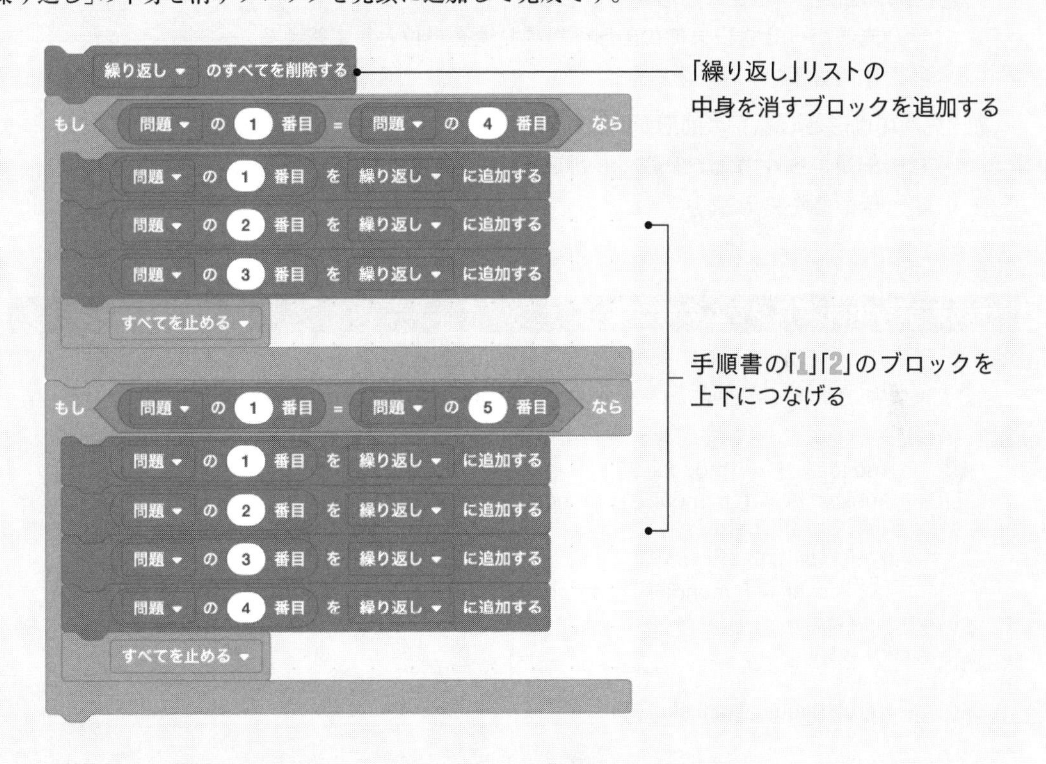

練習問題 作成したScratchプログラムを使って、問題(2)と(3)の繰り返し単位を求めましょう。

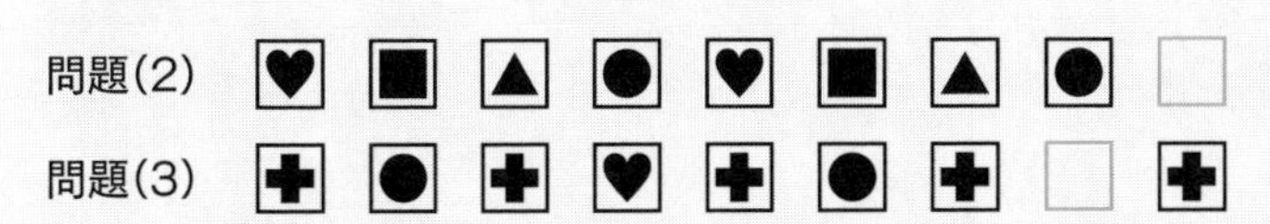

※解答は省略します。

Pythonで手順書をプログラミングする

1　手順書とプログラムの全体像を確認する

繰り返し単位を求める手順書をPythonでプログラミングしてみましょう。手順書とPythonプログラムの全体像をお見せします。

完成したPythonプログラムは、ページ上のQRコード先で確認することができます。

繰り返し単位を求める手順書(方針－その1－)

1. 先頭の図形と４番目の図形が同じなら、
   (1) 先頭から３番目までの図形列を繰り返し単位として答える。
   (2) 手順書を終える。
2. 先頭の図形と５番目の図形が同じなら、
   (1) 先頭から４番目までの図形列を繰り返し単位として答える。
   (2) 手順書を終える。

作成するPythonプログラムの全体像

```
[1] mondai = ["maru","jyuuji","sankaku","maru","jyuuji","sankaku","maru","kuuran","sankaku"]
```

```
if mondai[0] == mondai[3] :
  kurikaeshi = [ mondai[0], mondai[1], mondai[2] ]

elif mondai[0] == mondai[4] :
  kurikaeshi = [ mondai[0], mondai[1], mondai[2], mondai[3] ]

kurikaeshi
```

```
['maru', 'jyuuji', 'sankaku']
```

2 手順書をもとにプログラムを作成する

それでは順番に作成していきましょう。

1. 先頭の図形と4番目の図形が同じなら、

この手順では先頭の図形と4番目の図形が同じ場合だけ(1)と(2)を実行します。このように、ある条件を満たす場合のみ実行することを条件分岐と呼びます。

Pythonでは「if」(もし…なら)を使って条件分岐を行います。

●Step 1：分岐条件を設定する。

それでは、ifを使って条件を設定します。問題の先頭の図形はmondai [0]、4番目の図形はmondai [3]ですね。Pythonでは0番目から数えるため番号がずれています。下にPythonの数え方を再掲しますので、思い出してください。

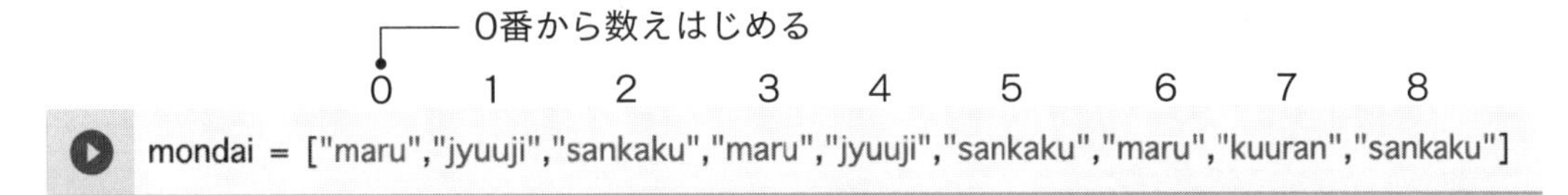

先頭の図形と4番目の図形が同じかを判断するプログラムは、次のように書きます。
次の点に注意してください。

注意点

- 同じか判断するには、「==」と「=」(イコール：等号)を2つ並べること
- 行の最後に「:」(コロン)を書くこと

```
if mondai[0] == mondai[3]:
```
←もし問題の0番目と問題の3番目が同じなら、という意味

●Step 2：条件が成立(先頭と4番目が同じ)の場合の動きを設定する(手順書の「1」ー(1))。

条件が成立したときは、先頭から3番目までの図形を繰り返しと答えます。先頭から3番目までの図形は、次のように書きます。

```
mondai[0],mondai[1],mondai[2]
```

さらに、繰り返しは図形の並びなので、[ ](角カッコ)を使ってリストとして表します。

```
[mondai[0],mondai[1],mondai[2]]
```
最初と最後を[ ]で囲む

あとは、繰り返しのリストに「kurikaeshi」(繰り返し)という名前を付ければ完成です。

```
kurikaeshi = [mondai[0],mondai[1],mondai[2]]
```
名前を付ける

このStep 2のプログラムは、Step 1で作成したif文の下位手順になります。ifに書かれた条件によって実行されるかどうかが左右されるからです。下位であることを表すため、字下げをします。

この字下げには、[Tab]キー(タブ)を使ってください。[Tab]キーはキーボードの[Q]キーの左側にあります。

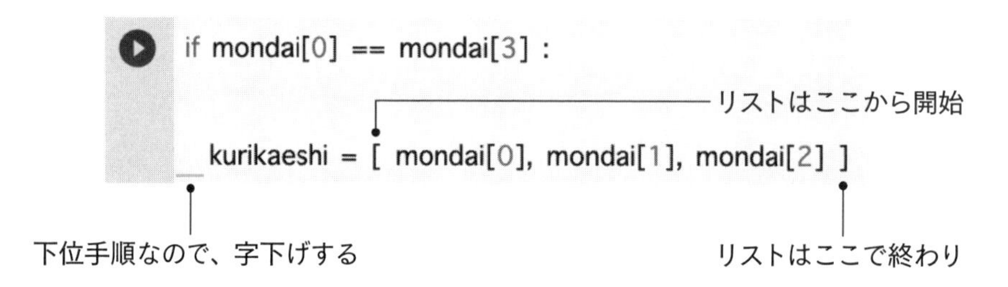

●Step 3:条件が成立(先頭と4番目が同じ)した場合の動作を設定する(手順書の「1」―(2))。

条件が成立したときの2つ目の動作は、「(2) 手順書を終える。」です。

この動作は「次の手順書の「2」を実行しない」ことを意味しているため、手順書の「2」を実行しないことで実現します。

2. 先頭の図形と5番目の図形が同じなら、

●Step 4:分岐条件を設定する。

手順書の「2」は、比較する場所が5番目の図形になっただけで、ほとんど手順書の「1」と同じです。そのため、if(もし…なら)を使って同じように書きたいところです。しかし、手順書の「1」の条件が満たされていると、手順書の「2」は実行されません。これがStep 2の意図するところでした。

前のif文の条件が満たされない場合だけ実行するには「elif」(else+ifの合成語)を使います。elifの意味は「そうではなく…ならば」といったところでしょうか。

次の点に注意してください。

注意点

- elifでは字下げしないこと
- kurikaeshiでは字下げを忘れないこと

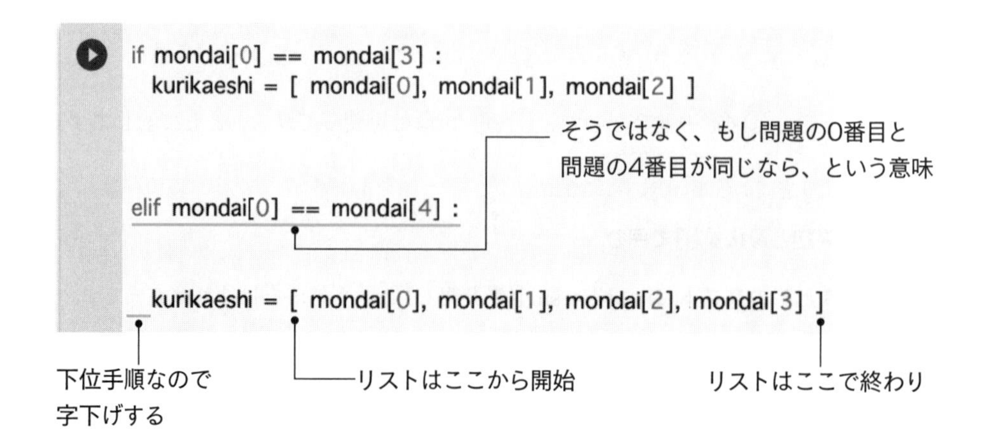

●Step 5：手順書のプログラムを実行する。

最後の行に「kurikaeshi」（繰り返し）を表示する行を追加して、プログラムを実行し、「まる」「じゅうじ」「さんかく」という繰り返し単位が表示されることを確認しましょう。

```
[1]  mondai = ["maru","jyuuji","sankaku","maru","jyuuji","sankaku","maru","kuuran","sankaku"]

     if mondai[0] == mondai[3] :
       kurikaeshi = [ mondai[0], mondai[1], mondai[2] ]

     elif mondai[0] == mondai[4] :
       kurikaeshi = [ mondai[0], mondai[1], mondai[2], mondai[3] ]

     kurikaeshi

     ['maru', 'jyuuji', 'sankaku']
```

練習問題 作成したプログラムを使って、問題（2）の繰り返し単位を求めましょう。

問題(2) ♥ ■ ▲ ● ♥ ■ ▲ ● □

練習問題の解答

mondaiの中身を問題（2）に変更する

```
[1]  mondai = ["heart","shikaku","sankaku","maru","heart","shikaku","sankaku","maru","kuuran"]

     if mondai[0] == mondai[3] :
       kurikaeshi = [ mondai[0], mondai[1], mondai[2] ]
     elif mondai[0] == mondai[4] :
       kurikaeshi = [ mondai[0], mondai[1], mondai[2], mondai[3] ]
     kurikaeshi

     ['heart', 'shikaku', 'sankaku', 'maru']
```

mondai (問題)以外は問題（1）と同じ

繰り返し単位が求まる

1・3・2 長い繰り返し単位

［方針－その１－］の手順書では次の問題(4)(5)の繰り返し単位を求めることはできません。そのことを確認するとともに、理由を考えていきましょう。

問題 **次の□（空欄）には、どんな図形がはいりますか。**

（4） ● ✚ ▲ ■ ♥ ● ✚ ▲ ■ ♥ ● ✚ □ ■

（5） ★ ■ ♥ ● ▲ ✚ ★ ■ ♥ ● ▲ ✚ ★ □

解答 **答えは、次のようになります。**

（4） ▲

（5） ■

［繰り返し単位を求める手順書(方針－その１－)］をもう一度確認しておきましょう。

繰り返し単位を求める手順書(方針－その１－)

1. 先頭の図形と４番目の図形が同じなら、
   (1) 先頭から３番目までの図形列を繰り返し単位として答える。
   (2) 手順書を終える。
2. 先頭の図形と５番目の図形が同じなら、
   (1) 先頭から４番目までの図形列を繰り返し単位として答える。
   (2) 手順書を終える。

［方針－その１－］は、繰り返し単位の長さが３と４しか想定していませんでした。しかし、問題(4)の繰り返し単位は ● ✚ ▲ ■ ♥ で長さは５、問題(5)の繰り返し単位は ★ ■ ♥ ● ▲ ✚ で長さは６です。そのため問題(4)と(5)の繰り返し単位を求めることができません。

では、どうすればよいでしょうか。

場当たり的ですが、次のような方針が一番簡単かと思います。

方針－その２－

先頭の図形と６番目の図形が同じなら、繰り返し単位は先頭から５番目の図形。
先頭の図形と７番目の図形が同じなら、繰り返し単位は先頭から６番目の図形。

この[方針－その２－]を使って手順書を書き直してみましょう。

次に示す手順書の(あ)～(え)に入る数字や文を答えましょう。そして、問題(４)(５)の繰り返し順が求まることを確認してください。

繰り返し単位を求める手順書(方針ーその２ー)

1. 先頭の図形と４番目の図形が同じなら、
   (1) 先頭から３番目までの図形列を繰り返し単位として答える。
   (2) 手順書を終える。
2. 先頭の図形と５番目の図形が同じなら、
   (1) 先頭から４番目までの図形列を繰り返し単位として答える。
   (2) 手順書を終える。
3. 先頭の図形と６番目の図形が同じなら、
   (1) 先頭から(あ)番目までの図形列を繰り返し単位として答える。
   (2) (い)
4. 先頭の図形と(う)番目の図形が同じなら、
   (1) 先頭から(え)番目までの図形列を繰り返し単位として答える。
   (2) 手順書を終える。

解答は、(あ)５、(い)手順書を終える。、(う)７、(え)６となります。

練習問題 上の手順書に問題(４)と(５)を適用した際、手順書が終わる場所は、手順書の「1」～「4」のどれになるか考えてみましょう。

練習問題の解答 問題（4）手順書の「3」　問題（5）手順書の「4」

1·3·3 もっと長い繰り返し単位（コピペは非推奨）

［繰り返し単位を求める手順書（方針－その２－）］を使って次の問題（６）の繰り返し単位を求めることはできません。そのことを確認するとともに、理由を考えてみましょう。

問題（６） ♦ ■ ✚ ★ ♥ ● ▲ ♦ ■ ✚ ★ ♥ ● ▲ □

問題（６）の繰り返し単位は ♦ ■ ✚ ★ ♥ ● ▲ の長さ７です。しかし、［方針－その２－］は、繰り返し単位の長さが６までの問題しか想定していませんでした。そのため、問題（６）を解くことができないのです。

さらに、問題（６）よりも長い繰り返し単位を持つ問題があるかもしれません。とても長い繰り返し単位を持つ問題にも対応する手順書を作るにはどうすればよいか、方針を考えてみましょう。

まずは、好ましくない［方針－その３－］について説明したいと思います。

方針－その3－

長い繰り返し単位に対応するため、可能な限り手順を増やす。

［方針－その３－］に従った手順書は次のとおりです。好ましくない理由を考えてみましょう。

繰り返し単位を求める手順書（方針－その3－）

1. 先頭の図形と４番目の図形が同じなら、
   (1) 先頭から３番目までの図形列を繰り返し単位として答える。
   (2) 手順書を終える。
2. 先頭の図形と５番目の図形が同じなら、
   (1) 先頭から４番目までの図形列を繰り返し単位として答える。
   (2) 手順書を終える。
3. 先頭の図形と６番目の図形が同じなら、
   (1) 先頭から５番目までの図形列を繰り返し単位として答える。
   (2) 手順書を終える。
4. 先頭の図形と７番目の図形が同じなら、
   (1) 先頭から６番目までの図形列を繰り返し単位として答える。
   (2) 手順書を終える。
5. 先頭の図形と８番目の図形が同じなら、
   (1) 先頭から７番目までの図形列を繰り返し単位として答える。
   (2) 手順書を終える。

6. 先頭の図形と９番目の図形が同じなら、
　(1) 先頭から８番目までの図形列を繰り返し単位として答える。
　(2) 手順書を終える。
7. 先頭の図形と 10 番目の図形が同じなら、
　(1) 先頭から９番目までの図形列を繰り返し単位として答える。
　(2) 手順書を終える。
8. 先頭の図形と 11 番目の図形が同じなら、
　(1) 先頭から 10 番目までの図形列を繰り返し単位として答える。
　(2) 手順書を終える。

この[繰り返し単位を求める手順書(方針－その３－)]を使えば、長さ10の繰り返し単位まで対応できます。そしてより長い繰り返し単位を持つ問題が出てきたら、そのときに手順を追加することになります。

[方針－その３－]に基づいて作成した手順書はとても長くなります。そして、数字が違うだけの同じような手順がたくさん並んでいます。これを美しいとみるか、無駄だと感じるかは人によって異なるかもしれません。３行ごとに同じ長さの文が連続しており、太字で書かれた手順書の番号が１つずつ増えていくので、美術的な意味での見た目は悪くないのかもしれません。しかし、プログラムとしての見方は異なります。もっと長い繰り返し単位を見つけることができる、短く簡潔な手順書の書き方があるのです。だから同じような文が何度も並んでいる手順書(プログラム)は、見た目が悪く、好ましくないと感じます。

算数で例えてみましょう。

たし算　５＋５＋５＋５＋５＋５＋５＋５＋５＋５＋５＝５０

かけ算　５×１０＝５０

「５×１０＝５０」のほうが、スッキリしていると感じませんか。これと同じです。もちろん、どちらも ５を10回たすことを表す数式であることは同じです。しかし、人間にとって見やすいということは重要な意味を持ちます。式の内容を理解しやすくなることに加え、間違いを防ぐことができます。例えば、たし算の式でうっかり＋５を１回多く書きすぎてしまっても間違いに気づきにくいのです。実は上のたし算の式は、５が11回足されています。ほとんどの人は答えの50を見て、５が10個並んでいると思いこみ、間違いに気づかなかったと思います。

手順書でも同じです。短く簡潔にかける方法を知っていれば、同じような文が並ぶ手順書は間違いを見つけにくいため、好ましくないと感じるのです。

1・3・4 手順の繰り返し

では、手順書を短くする方法を考えていきましょう。

前ページの手順書から何度も繰り返されている類似手順を抜き出してきました。２つの類似手順の異なる部分に下線を引いてください。

類似手順(－その１－)

1. 先頭の図形と４番目の図形が同じなら、
   (1) 先頭から３番目までの図形列を繰り返し単位として答える。
   (2) 手順書を終える。

類似手順(－その２－)

2. 先頭の図形と５番目の図形が同じなら、
   (1) 先頭から４番目までの図形列を繰り返し単位として答える。
   (2) 手順書を終える。

２つの類似手順の異なる部分に下線を引きました。手順番号も違いますが、これは通し番号なので除外しましたが、下線を引いていても間違いではありません。

類似手順(－その１－)

1. 先頭の図形と４番目の図形が同じなら、
   (1) 先頭から３番目までの図形列を繰り返し単位として答える。
   (2) 手順書を終える。

類似手順(－その２－)

2. 先頭の図形と５番目の図形が同じなら、
   (1) 先頭から４番目までの図形列を繰り返し単位として答える。
   (2) 手順書を終える。

異なる部分は数字だけです。そしてこの数字には法則性があります。どのような法則性があるのか見ていく前に、数字に A と B というように名前を付けたいと思います。手順番号は「何かの数字が入る」という意味で「?」と書いておきます。

類似手順

?. 先頭の図形と A 番目の図形が同じなら、
(1) 先頭から B 番目までの図形列を繰り返し単位として答える。
(2) 手順書を終える。

それでは、A と B の法則性を考えましょう。法則といってもとっても簡単です。

法則1 B は A よりも1小さい。
法則2 手順番号が1つ増えるたびに A と B は1ずつ増えていく。

この法則を使うと手順書を短くすることができるのです。

1·3·5 類似手順の繰り返し

手順書を短くするヒントは「すごろく」にあります。すごろくには「2つすすむ」とか「スタートに戻る」のような意地悪なマスがありました。この考えを手順書に導入します。より具体的には「ある手順に戻る」という手順を使います。これによって類似手順を何度も繰り返すことができるようになります。

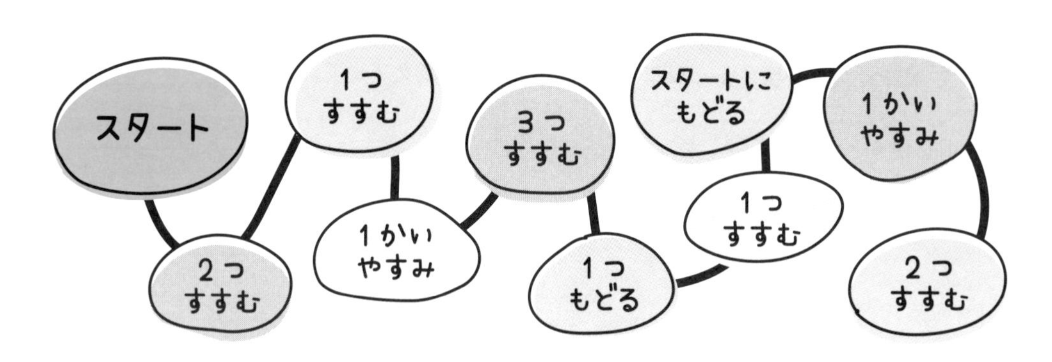

1 前に戻る手順を追加する

さっそく「前に戻る」という手順を追加してみましょう。

類似手順の繰り返し実行の手順書

1. 先頭の図形と A 番目の図形が同じなら、
   (1) 先頭から B 番目までの図形列を繰り返し単位として答える。
   (2) 手順書を終える。
2. 1 に戻る。

手順書の「2」を追加することにより、手順書の「1」の(1)と(2)が繰り返し実行されることになります。あとは、A と B の数字を決めることができれば、短い手順書が完成します。

2 法則1を利用して手順書を作成する

法則1を使って B の数を A で表します。これによって値を決める数を減らします。

法則1 B は A よりも1小さい。

法則1の関係を数式で表すと次のようになります。

B = A − 1

この法則を先ほどの手順書に反映させ、B をなくしてみます。

類似手順の繰り返し実行の手順書(B をなくす)

1. 先頭の図形と A 番目の図形が同じなら、
   (1) 先頭から A − 1番目までの図形列を繰り返し単位として答える。
   (2) 手順書を終える。
2. 1に戻る。

3 手順開始時の A の値を決定する

今の手順書では A がどのような数なのかわかりません。

まずは、手順を開始したときの A の値を決めましょう。56ページの［繰り返し単位を求める手順書（方針－その3－）］を確認してください。次のような手順から始まっており、A に対応する部分に下線を引いています。

繰り返し単位を求める手順書(方針ーその3ー)

1. 先頭の図形と 4 番目の図形が同じなら、
   (1) 先頭から3番目までの図形列を繰り返し単位として答える。
   (2) 手順書を終える。
2. 先頭の図形と5番目の図形が同じなら、

   ・
   ・
   ・

   (以下、略)

この手順書を見ると、A は4から始まっていることがわかります。

では、先頭に A を4とする手順を追加しましょう。手順番号は「0」とします。

類似手順の繰り返し実行の手順書(A の最初の値を設定)

0. A を4にする。
1. 先頭の図形と A 番目の図形が同じなら、
   (1) 先頭から A − 1番目までの図形列を繰り返し単位として答える。
   (2) 手順書を終える。
2. 1に戻る。

4 | 法則２を利用して手順書を作成する

この手順書のままでは、A はいつまでたっても４のままです。そこで、法則２が成り立つように手順を変更しましょう。

法則２ 手順番号が１つ増える（類似手順を繰り返す）たびに A と B は１ずつ増えていく。

これを手順書に反映させます。追加する場所は、手順書の「1」と手順書の「2」の間です。

図形の繰り返し単位を見つける手順書（Aを１ずつ増やす）

0. A を４にする。
1. 先頭の図形と A 番目の図形が同じなら、
   (1) 先頭から A －１番目までの図形列を繰り返し単位として答える。
   (2) 手順書を終える。
2. A に１を加える。
3. 1 に戻る。

手順書の「2」として「 A に１を加える。」が追加されたことにより、「1に戻る。」が手順書の「3」になっています。この結果「1」と「2」が繰り返されることになりました。つまり、繰り返しごとに A が１増え、「法則２」が満たされることになります。

5 | 手順番号を整理する

手順書が「0」から始まっているのは違和感があるので、手順番号を変更しておきます。その際、新しい手順書の「4」では「2に戻る。」と、移動先の手順番号を変更していることに注意してください。

図形の繰り返し単位を見つける手順書（完成）

1. A を４にする。
2. 先頭の図形と A 番目の図形が同じなら、
   (1) 先頭から A －１番目までの図形列を繰り返し単位として答える。
   (2) 手順書を終える。
3. A に１を加える。
4. 2 に戻る。

6 動作をチェックする

完成した手順書を問題(2)に適用し、[A] や繰り返しの挙動を確認しましょう。

使った手順を順番に見ていき、それぞれの手順でわかったことを右側に書いています。また、実行しない手順は取り消し線を引いています。

問題(2) [♥] [■] [▲] [●] [♥] [■] [▲] [●] [ ]

図形の繰り返し単位を見つける手順書の挙動(問題(2))

1. [A] を4にする。 ……………………………………………… [A] の値：4
2. 先頭の図形（[♥]）と [A] 番目（4番目）の図形（[●]）が同じなら、……… 異なる
   (1) ~~先頭から [A] －1番目までの図形列を繰り返し単位として答える。~~
   (2) ~~手順書を終える。~~
3. [A] に1を加える。 ……………………………………………… [A] の値：5
4. 2 に戻る。
2. 先頭の図形（[♥]）と [A] 番目（5番目）の図形（[♥]）が同じなら、………… 同じ
   (1) 先頭から [A] －1番目（4番目）までの図形列
   （[♥] [■] [▲] [●]）を繰り返し単位として答える。
   (2) 手順書を終える。

練習問題 手順書を問題(4)に適用した際の挙動を調べましょう。

前ページの動作チェック例を参考にして(あ)～(そ)を適切な数、語句で埋めてください。ただし、実行しない手順に含まれる場合「×」と答えましょう。

問題(4) ● ✚ ▲ ■ ♥ ● ✚ ▲ ■ ♥ ● ✚ □ ■

図形の繰り返し単位を見つける手順書の挙動(問題(4))

1. A を4にする。 ……………… A の値：(あ)
2. 先頭の図形（●）と A 番目（(あ) 番目）の図形（い）が同じなら、…… (う)
   (1) 先頭から A －1番目（(え) 番目）までの図形列（お）を繰り返し単位として答える。
   (2) 手順書を終える。
3. A に1を加える。 ……………… A の値：(か)
4. 2 に戻る。
2. 先頭の図形（●）と A 番目（(か) 番目）の図形（き）が同じなら、…… (く)
   (1) 先頭から A －1番目（(け) 番目）までの図形列（こ）を繰り返し単位として答える。
   (2) 手順書を終える。
3. A に1を加える。 ……………… A の値：(さ)
4. 2 に戻る。
2. 先頭の図形（●）と A 番目（(さ) 番目）の図形（し）が同じなら、…… (す)
   (1) 先頭から A －1番目（(せ) 番目）までの図形列（そ）を繰り返し単位として答える。
   (2) 手順書を終える。

練習問題の解答

(あ) 4　(い) ■　(う) 異なる　(え) ×　(お) ×

(か) 5　(き) ♥　(く) 異なる　(け) ×　(こ) ×

(さ) 6　(し) ●　(す) 同じ　(せ) 5　(そ) ● ✚ ▲ ■ ♥

1·3·6 手順を繰り返す2つの方法(発展)

繰り返し実行する手順を簡潔に書く方法は２種類あります。

・すごろくの「前のマスに戻る」仕組みを利用する
・音楽の繰り返し記号𝄆 𝄇のように一定の区間を繰り返す仕組みを利用する

前ページでは、すごろくの仕組みを使いましたが、プログラミングでは、音楽のリピート記号のような一定の区間を繰り返す方が好まれます。

すごろくの場合、どのマスにでも飛んでいくことができます。すごろくの仕組みを手順書に使った場合、手順書の「2」の次に手順書の「8」、そして手順書の「3」、手順書の「7」のようにあっちコッチへ飛んでいくことができます。そして、飛んでいく目的が繰り返しなのか、面白半分にあっちコッチへ移動するだけなのか分かりません。そのため理解することが難しい手順書(＝プログラム)になってしまいます。

一方、音楽の繰り返し記号の仕組みを手順書に使った場合、一定の区間を繰り返すことが分かっているため手順書の理解が容易なのです。参考として一定区間を繰り返す仕組みを使って書いた手順書を記します。

一定区間を繰り返す仕組みを使った手順書

1. Ａを４にする。
2. 条件を満たすまで、下位手順（1）を実行し続ける。
   条件　先頭の図形とＡ番目の図形が同じ
   （1）　Ａに１を加える。
3. 先頭からＡ－１番目までの図形列を繰り返し単位として答える。
4. 手順書を終える。

この手順書では、繰り返し実行される区間が手順書の「2」の下位手順(1)に限定されています。また、最後の手順で手順書が終了するため、すっきりとしています。ただし、繰り返しの仕組みを組み込んだ手順書の「2」が少し複雑になっています。

Scratchで手順書をプログラミングする

1　手順書とプログラムの全体像を確認する

先ほどの一定区間を繰り返す仕組みを使って書いた手順書をScratchでプログラミングしてみましょう。手順書とScratchプログラムの全体像をお見せします。

完成したScratchプログラムは、ページ上のQRコード先で確認することができます。ScratchではなくPythonのプログラムは、71ページに移動してください。

一定区間を繰り返す仕組みを使った手順書

1. A を4にする。
2. 条件を満たすまで、下位手順（1）を実行し続ける。
   条件　先頭の図形と A 番目の図形が同じ
   （1）　A に1を加える。
3. 先頭から A －1番目までの図形列を繰り返し単位として答える。
4. 手順書を終える。

作成するScratchプログラムの全体像

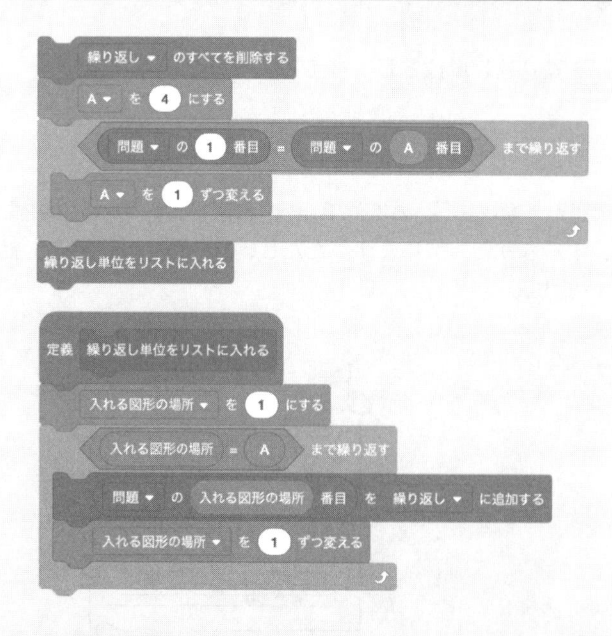

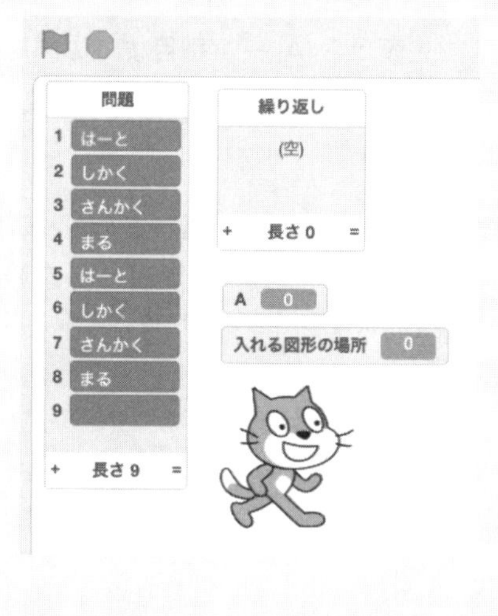

このScratchを実行すると問題(2)の繰り返し単位がリスト「繰り返し」に入ります。

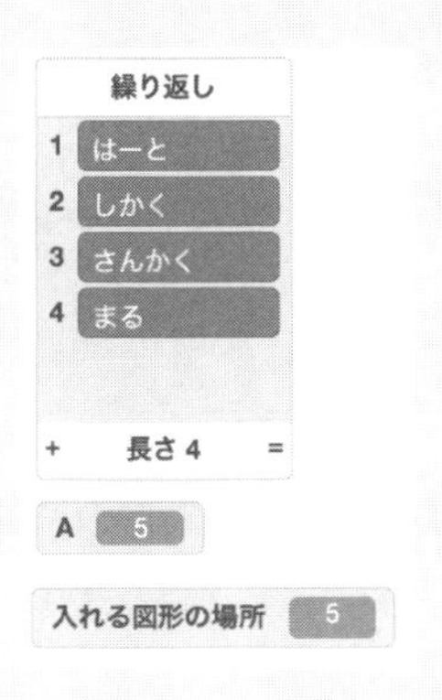

2 手順書をもとにプログラムを作成する

それでは順番にScratchプログラムを作っていきましょう。

●Step 1：リストを作成する。

問題の図形の並びを入れるリストと、繰り返しをいれるリストを作成しましょう。作成方法がわからない人は、「図形の並びの扱い方」(14ページ)を参照してください。

●Step 2：変数を作成する。

次に変数を2つ作成します。名前は「A」と「入れる図形の場所」にします。

① [変数]をクリックします。

② [変数を作る]をクリックします。

③ 表示されたウィンドウの[新しい変数名]に「入れる図形の場所」と入力します。

④ 同様の手順で新しい変数「A」を作成します。

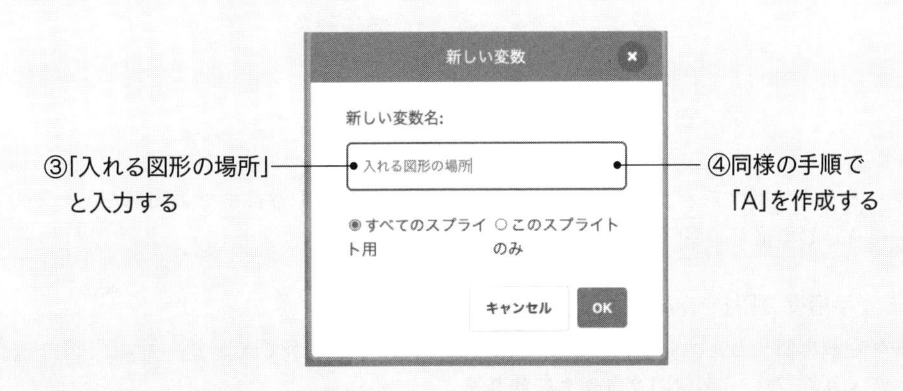

長い名前ですが、『繰り返しリストに「入れる図形の場所」』という意味で使っています。

●Step 3：リストと変数の中身を整える。

「問題」リストに繰り返し単位を求めたい図形の並びを入れ(ここでは問題(2)を入れています)、「繰り返し」リストの中身を空っぽにします。

●Step 4：手順書の「1」を作成する。

変数「A」を4にします。

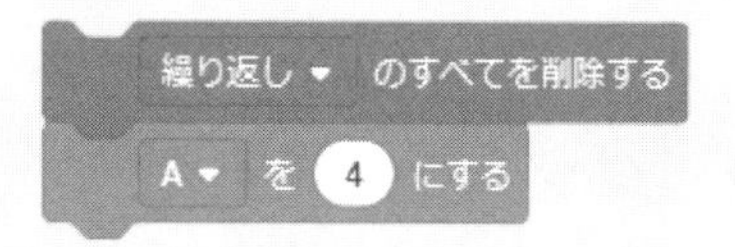

●Step 5：手順書の「2」を作成する。

① 「先頭の図形とA番目の図形が同じ」という繰り返しの条件を作成します。

② 「繰り返す」ブロックに条件を当てはめます。

③ 「繰り返す」中身を入れます。

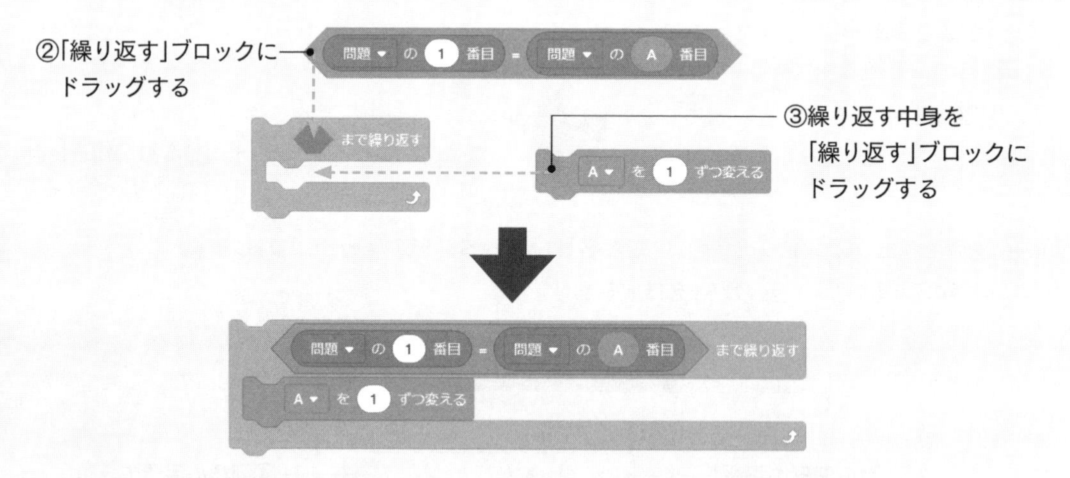

このブロックを実行すると、繰り返し単位が1番目からA－1番目までの図形だとわかります。あとは、繰り返し単位を「繰り返し」リストに入れれば完成です。

●Step 6：手順書の「3」を作成する。

ブロック定義を使うと、ブロックの集まりに名前を付けることができます。まず、「繰り返し単位をリストに入れる」という名前のブロックを作ります。

① [ブロック定義]をクリックします。
② [ブロックを作る]をクリックします。

③ 「繰り返し単位をリストに入れる」と入力します。
④ [OK]ボタンをクリックします。

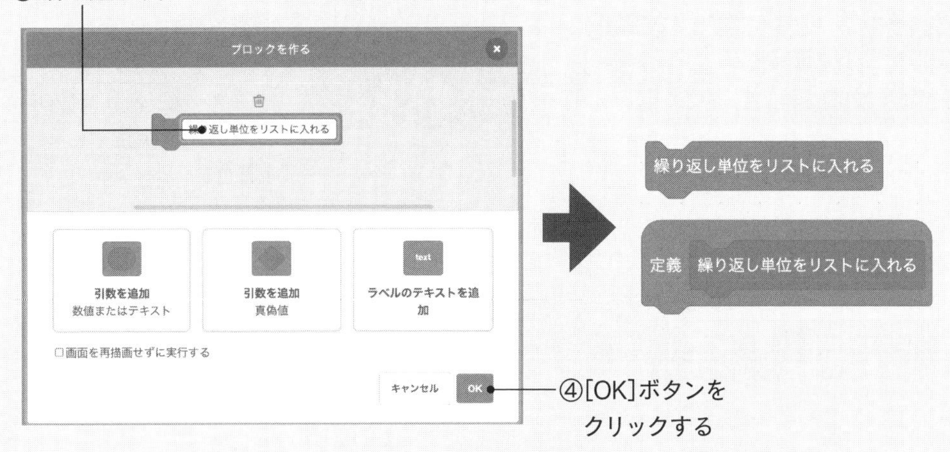

⑤ 上の辺がくぼんでいるブロックをここまでに作成したブロックとつなげます。

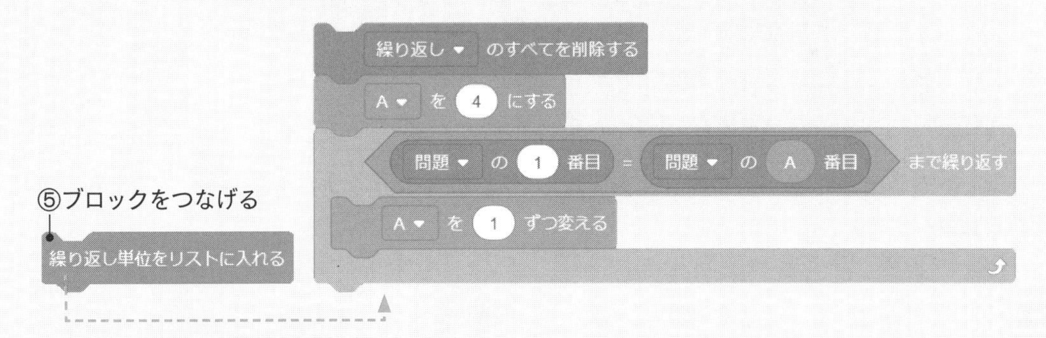

●Step 7：「繰り返し単位をリストに入れる」の中身を作る。

「図形」リストの1番目からA－1番目まで、図形を1つずつ「繰り返し」リストにコピーします。中身は「定義」と書かれているブロックにつなげていきます。

①変数「入れる図形の場所」を1にします。

② 1番目からA－1番目まで繰り返すブロックを作ります。
③ 問題「リスト」の「入れる図形の場所」の図形を「繰り返し」リストに追加します。
④ 「入れる場所の図形」を１増やします。

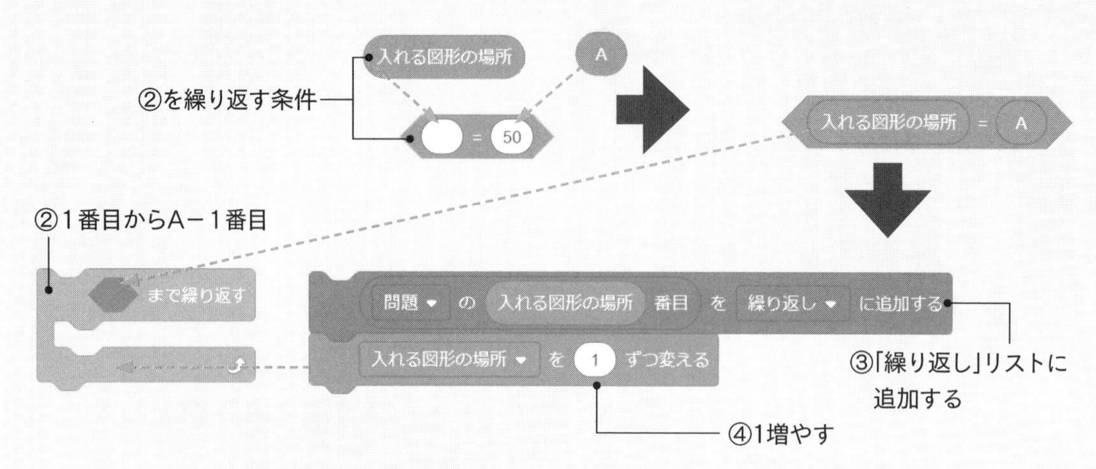

⑤ ここまでに作成したブロックとつなげます。

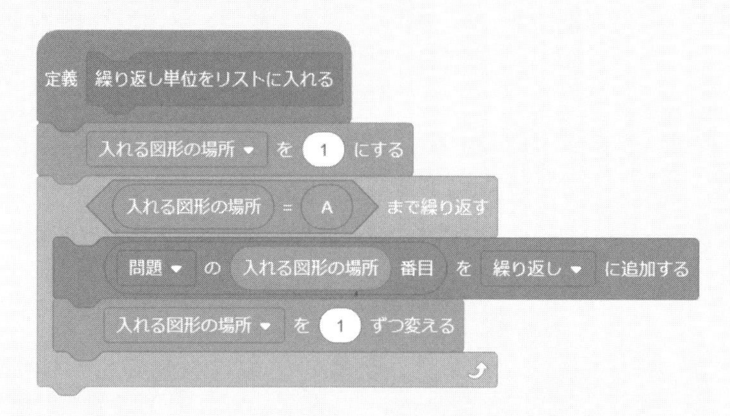

完成したら手順書の「1」のブロック 繰り返し のすべてを削除する をクリックしましょう。すると繰り返し単位が見つかります。

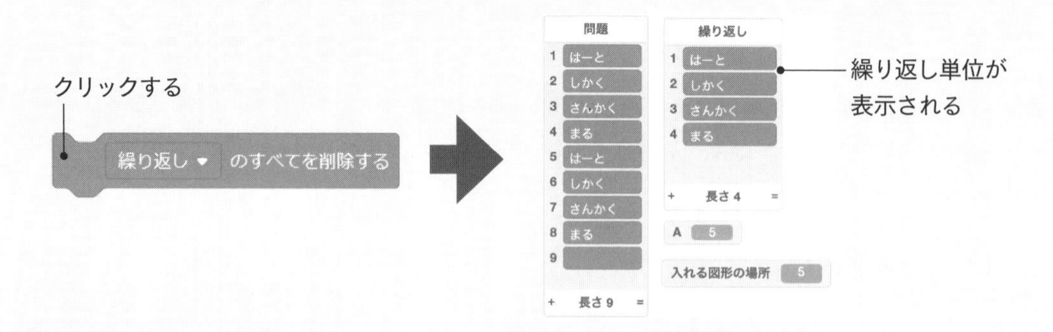

練習問題 このScratchのプログラムで問題(４)の繰り返し単位を求めてみましょう。

問題(4) ● ✚ ▲ ■ ♥ ● ✚ ▲ ■ ♥ ● ✚ □ ■

※解答は省略します。

Pythonで手順書をプログラミングする

1　手順書とプログラムの全体像を確認する

先ほどの一定区間を繰り返す仕組みを使って書いた手順書をPythonでプログラミングしてみましょう。[一定区間を繰り返す仕組みを使った手順書]と問題(2)を解くPythonプログラムの全体像は、次のようになります。

完成したPythonプログラムは、ページ上のQRコード先で確認することができます。

問題(2) 

一定区間を繰り返す仕組みを使った手順書

1. A を4にする。
2. 条件を満たすまで、下位手順（1）を実行し続ける。
   条件　先頭の図形と A 番目の図形が同じ
   （1）　A に1を加える。
3. 先頭から A －1番目までの図形列を繰り返し単位として答える。
4. 手順書を終える。

作成するPythonプログラムの全体像

```
[1]  mondai = ["heart","shikaku","sankaku","maru","heart","shikaku","sankaku","maru","kuuran"]

[2]  A=3

[3]  while mondai[0] != mondai[A]:
       A += 1

[4]  kotae = mondai[:A]

[5]  kotae
     ['heart', 'shikaku', 'sankaku', 'maru']
```

※[1]～[5]の番号は説明のための通し番号です。プログラムの一部ではありません。

2　手順書をもとにプログラムを作成しよう

それでは、順番にPythonプログラムを作っていきましょう。

●Step 1：問題文をリストに入れる。

プログラミングの準備として、問題文をリスト(mondai)に入れます。

```
[1]  mondai = ["heart","shikaku","sankaku","maru","heart",
               "shikaku","sankaku","maru","kuuran"]
```

問題文(紙面の都合上、2行に分けて書いています)

●Step 2：Aを4にする。

手順書の「1」では「Aを4にする。」と書いています。このAは、図形の並びのA番目を表すために使います。一方、Pythonのリストは0番目から数え始めます。つまり図形の並びの4番目はPythonでは リスト[3] と表現することになります。そのため手順書の「1」で変数Aを3にしています。Pythonでの順番の数え方に不安があれば31ページを読み返してみましょう。

```
[2]  A=3
```

Aを3にする

●Step 3：下記条件を満たすまで、下位手順を実行し続ける。

Pythonで条件を満たすまで繰り返すには「while」を用います。whileは「～する間」という意味の英単語です。whileの後ろに条件を書きます。「先頭の図形mondai[0]とA番目の図形mondai[A]が違う間」という条件が書かれています。

Aに1を加える下位手順は「A += 1」です。そして下位手順の前は字下げがあります。下位手順を字下げするのは50ページで解説したif文と同じです。

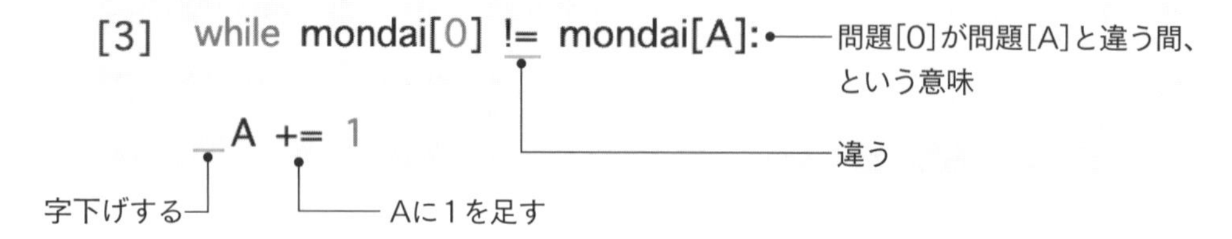

●Step 4：先頭からA －1番目までの図形列を繰り返し単位として答える。

繰り返し単位は0番目からA－1番目までのA個の図形です。Pythonのリストで先頭からA個の図形を取り出すには、mondai[:A] と書きます。

```
[4]  kotae = mondai[:A]
```

答えは問題リストの先頭からA個の図形、という意味

●Step 5：答えを表示する。

プログラムを実行して答えを表示します。

```
[5]  kotae
```

kotae を表示する、という意味

```
['heart', 'shikaku', 'sankaku', 'maru']
```

練習問題 このPythonのプログラムで問題(4)の繰り返し単位を求めてみましょう。

問題(4) ● ✚ ▲ ■ ♥ ● ✚ ▲ ■ ♥ ● ✚ □ ■

※解答は省略します。

1・4 繰り返し単位を使って空欄を埋める（後半）

1・4・1 手順書（後半）を問題に適用する

1 後半の手順を考える

空欄に入る図形を求める手順書は前半と後半に分かれていました。ここからは後半の手順書に進みます。まずは、前半と後半に分けた手順書を確認しましょう。

前半 繰り返し単位を見つける。

後半 繰り返し単位を使って空欄に入る図形を答える。

では、繰り返し単位を使ってどうやって空欄に入る図形を見つければ良いのでしょうか。「1.1 □（空欄）に入るの形はなあに？」（10ページ）で紹介した［解答の根拠－図形の繰り返し－］を使って考えましょう。この根拠は、図形の繰り返しに注目して空欄に入る図形を見つけます。問題（2）を例におさらいしておきましょう。

問題（2）        ● 

解答の根拠－図形の繰り返し－

問題（2）は、♥■▲●という4つの図形の並びが、繰り返し出現します。そして、空欄の前の図形は●です。繰り返し単位♥■▲●で●の次に出てくる図形は♥ですから、空欄には♥が入ります。

解答の根拠の後半部分を簡単にまとめると、空欄の前の図形をヒントにする、ということですね。後半の手順書は、次のようになります。

繰り返し単位を使って空欄に入る図形を答える手順書（後半）

1. 図形列で、空欄の前の図形を調べる。
2. 繰り返し単位から調べた図形を探す。
3. 見つかった位置の後ろの図形を答える。

2　手順書を確認する

後半の手順書を適用して問題(1)(2)を解いてみましょう。なお、前半の手順書を使って繰り返し単位は得られているという前提とします。

問題(1)への適用

まずは、問題(1)に適用してみます。

問題(1)　● ✚ ▲ ● ✚ ▲ ● □ ▲

前半の手順書で得られた繰り返し単位：● ✚ ▲

手順書(後半)を問題(1)に適用

1. 図形列で、空欄の前の図形を調べる。…………………………… 結果：●
2. 繰り返し単位から調べた図形を探す。……………… 結果：繰り返し単位の1番目
3. 見つかった位置の後ろの図形を答える。………………………… 解答：✚

空欄に入る図形として手順書から返ってきた答えは ✚ 。正しい答えが返ってきました。

問題(2)への適用

続いて、問題(2)に適用してみます。次に示す後半の手順書の(あ)～(う)に入る図形や数字を答えましょう。

問題(2)　♥ ■ ▲ ● ♥ ■ ▲ ● □

前半の手順書で得られた繰り返し単位：♥ ■ ▲ ●

手順書(後半)を問題(2)に適用

1. 図形列で、空欄の前の図形を調べる。…………………………… 結果：(あ)
2. 繰り返し単位から調べた図形を探す。……………… 結果：繰り返し単位の（い）番目
3. 見つかった位置の後ろの図形を答える。………………………… 解答：(う)

解答は（あ）●　（い）4　（う）♥ になります。

（い）の場所は繰り返し単位の一番後ろになります。一番後ろなのに、手順書の「3」では、さらに後ろの図形を答えなければなりません。

繰り返し単位ではその名の通り、一番後ろの図形の次は一番最初の図形に戻ってきます。そのため、一番後ろのさらに後ろは、先頭の図形になります。そのため(う)は繰り返し単位の先頭の図形 ♥ が答えになります。

Scratchで手順書をプログラミングする

1 手順書とプログラムの全体像を確認する

［繰り返し単位を使って空欄に入る図形を答える手順書(後半)］を問題(１)を使ってScratchでプログラミングしてみましょう。手順書とScratchプログラムの全体像をお見せします。

完成したScratchプログラムは、ページ上のQRコード先で確認することができます。ScratchではなくPythonのプログラムは、79ページに移動してください。

繰り返し単位を使って空欄に入る図形を答える手順書(後半)

1. 図形列で、空欄の前の図形を調べる。
2. 繰り返し単位から調べた図形を探す。
3. 見つかった位置の後ろの図形を答える。

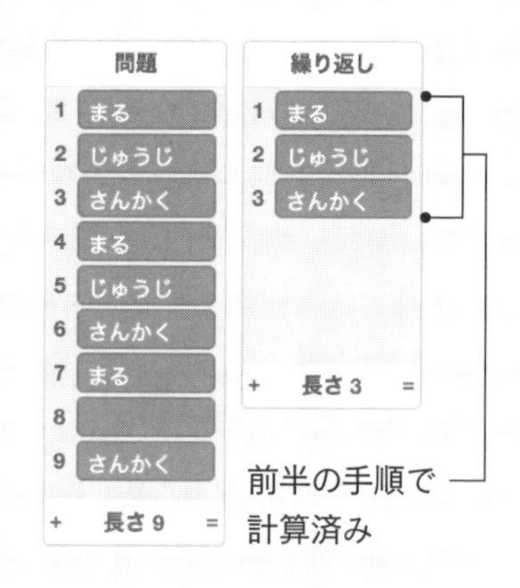

後半の手順書は、前半の手順書で「繰り返し」リストが得られているという前提ではじめます。右図に必要とする情報である「問題」リストと「繰り返し」リストを記します。

作成するScratchプログラムの全体像

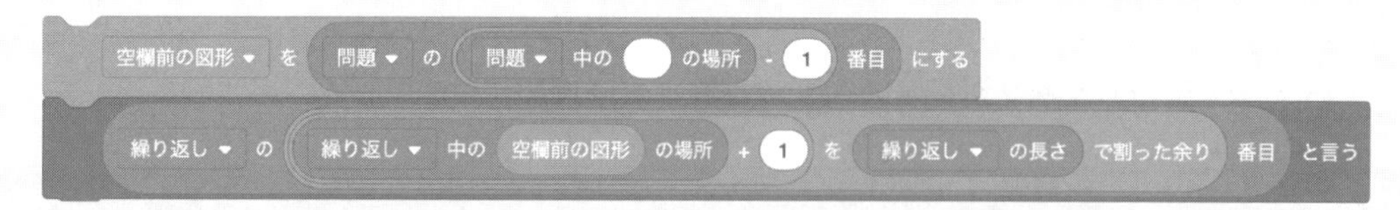

2 手順書をもとにプログラムを作成する

それでは順番にScratchプログラムを作っていきましょう。

●Step 1：変数を作成する。

手順書の「1」で調べる「空欄の前の図形」を入れる変数を作成します。作成方法がわからない人は、14ページを参照してください。

●Step 2：手順書の「1」を作成する。

全部で4つのブロックを順に入れていきます。

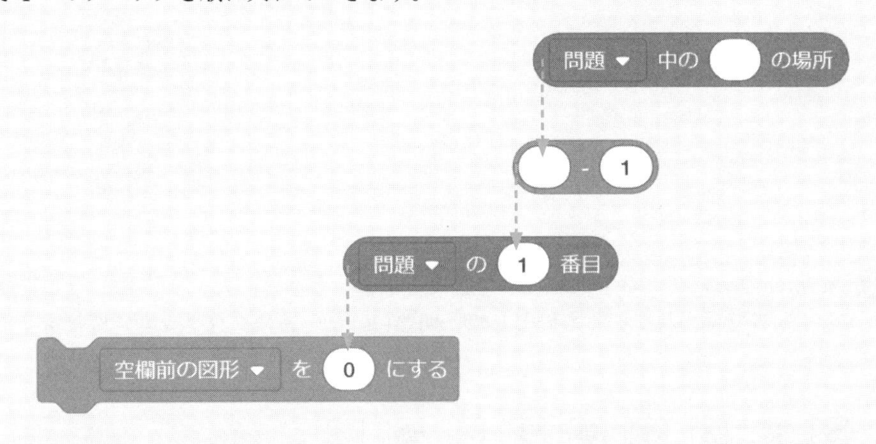

●Step 3：手順書の「2」を作成する。

繰り返し単位から調べた図形を探します。

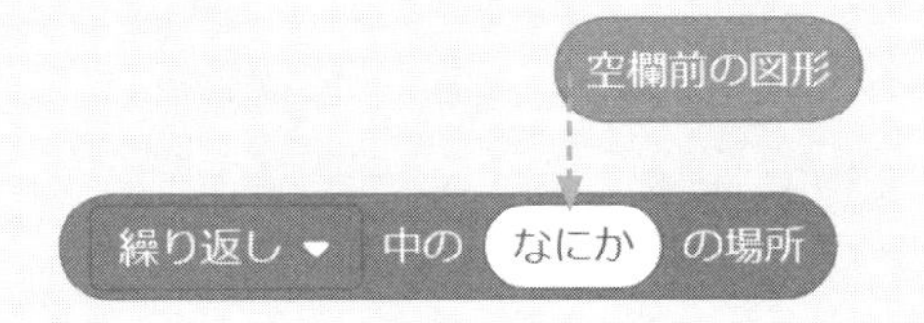

●Step 4：手順書の「3」を作成する。

見つかった位置の後ろの図形を答えます。「繰り返し」リストの最後と最初がつながっているため、リストの長さで割った余りを計算しています。

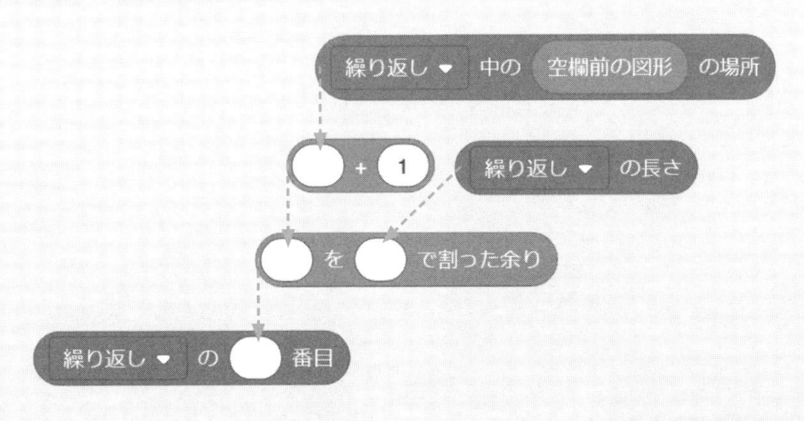

●Step 5：結果を表示する。

ネコに答えてもらうブロックは[見た目]に入っています。作成したブロックをクリックするとネコが答えます。

練習問題 Scratchのプログラムで問題(2)の答えを求めましょう。ただし、繰り返し単位は前半の手順書で得られているものとして、問題(2)と一緒にプログラムに直接書くこととします。

前半の手順書で得られた繰り返し単位：♥■▲●

※解答は省略します。

Python で手順書をプログラミングする

1 手順書とプログラムの全体像を確認する

［繰り返し単位を使って空欄に入る図形を答える手順書(後半)］を問題(1)を使ってPythonでプログラミングしてみましょう。Pythonプログラムの全体像は、次のようになります。

完成したPythonプログラムは、ページ上のQRコード先で確認することができます。

繰り返し単位を使って空欄に入る図形を答える手順書(後半)

1. 図形列で、空欄の前の図形を調べる。
2. 繰り返し単位から調べた図形を探す。
3. 見つかった位置の後ろの図形を答える。

作成するPythonプログラムの全体像

```
[1]  mondai = ["maru","jyuuji","sankaku","maru","jyuuji","sankaku","maru","kuuran","sankaku"]
     kurikaeshi = ["maru","jyuuji","sankaku"]

[2]  kuuran_mae = mondai.index("kuuran")-1
     kuuran_mae_zukei = mondai[kuuran_mae]

[3]  mitsuketa = kurikaeshi.index(kuuran_mae_zukei)

[4]  kotae_basyo = (mitsuketa + 1) % len(kurikaeshi)
     kotae = kurikaeshi[kotae_basyo]

[5]  kotae
     'jyuuji'
```

※[1]～[5]の番号は説明のための通し番号です。プログラムの一部ではありません。

2 手順書をもとにプログラムを作成しよう

それでは、順番にPythonプログラムを作っていきましょう。

●Step 1：問題文をリストに入れる。

問題文をリスト(mondai)に入れ、前半の手順書で得られた繰り返し単位をリスト(kurikaeshi)に入れています。

```
[1]  mondai = ["maru","jyuuji","sankaku","maru","jyuuji","sankaku","maru","kuuran","sankaku"]
     kurikaeshi = ["maru","jyuuji","sankaku"]
```

手順書(前半)で得られた繰り返し単位　　問題(1)の図形の並び

●Step 2：空欄の前の図形を調べる。

まず、空欄の場所を「mondai.index ("kuuran")」で調べ、1つ前の場所を計算します。その結果を使って、空欄の前の図形を見つけています。

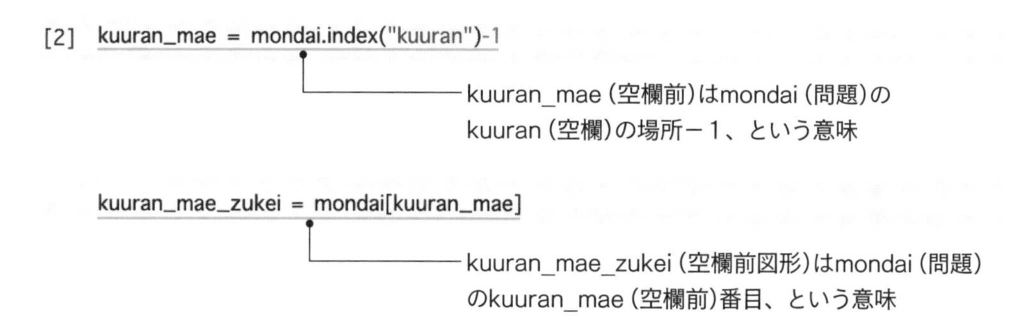

●Step 3：繰り返し単位から調べた図形を探す。

調べた図形(kuuran_mae_zukei) を 繰り返しリスト(kurikaeshi)から探します。

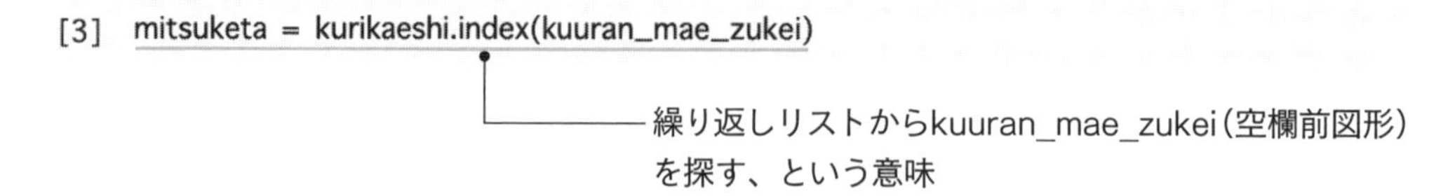

●Step 4：見つかった位置の後ろの図形を答える

まず、1つ後ろの図形の場所を「mitsuketa + 1」で計算します。ただし、繰り返しリストの最後と最初をつなげるため、リストの長さで割った余りを計算します。余りは「%」で計算します。また、リストの長さは「len ( )」という関数で計算します。「len」は 長さを表す英単語「length」の最初の3文字です。計算結果は、kotae_basyo (答えの場所)という名前の変数に入れています。

次に、繰り返しリストより、答えの場所の図形を取り出します。

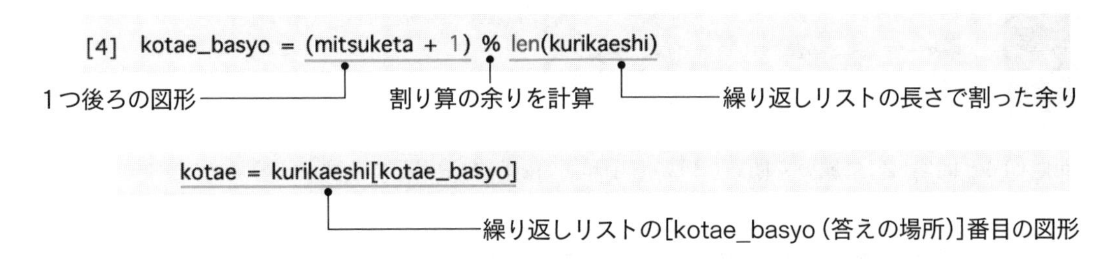

●Step 5：答えを表示する。

プログラムを実行して答えを表示します。

```
[5] kotae

'jyuuji'
```

練習問題 Pythonのプログラムで問題(2)の答えを求めましょう。ただし、繰り返し単位は前半の手順書で得られているものとして、問題(2)と一緒にプログラムに直接書くこととします。

問題(2) ♥ ■ ▲ ● ♥ ■ ▲ ● □

前半の手順書で得られた繰り返し単位：♥ ■ ▲ ●

※解答は省略します。

1・4・2 答えが絞り込めない

問題(1)、問題(2)に続いて問題(3)にも手順書(後半)を適用してみましょう。

1 手順書(後半)を問題(3)に適用する

問題(3) 

前半の手順書で得られた繰り返し単位：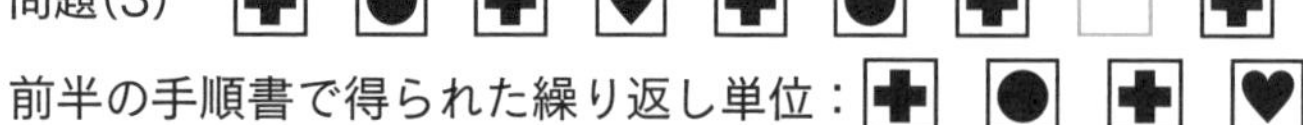

手順書(後半)を問題(3)へ適用

1. 図形列で、空欄の前の図形を調べる。……………………………………………… 結果：✚
2. 繰り返し単位から調べた図形を探す。………… 結果：繰り返し単位の1番目と3番目
3. 見つかった位置の後ろの図形を答える。……………………………………… 解答：●と♥

繰り返し単位に ✚ が2つ含まれているため、手順書の「2」で ✚ の場所が2か所見つかります。その結果、解答を1つに絞り込むことができませんでした。

「1.1.4 答えが絞り込めない(あいまいさの排除)」(41ページ)でも同じような状況が発生していました。「1.1.4 答えが絞り込めない(あいまいさの排除)」の場合には、✚ が5つ見つかりましたが、今回は2つまで絞り込めています。状況は少し改善されていますが、どのようにして解答を1つに特定すればよいでしょうか。

2 図形を2つ使って特定する

空欄周辺の図形を2つ使って対象となる図形を特定する方針を考えてみましょう。
次の2種類の方針が考えられます。

方針A 空欄の前方2つの図形を使って空欄に入る図形を特定する。
方針B 空欄の前後の図形を使って特定する

方針A(空欄の前方2つの図形)を使って、対象となる図形を特定するように手順書を修正しました。

繰り返し単位を使って空欄に入る図形を答える手順書(後半：修正版)

1. 図形列で、空欄の前の図形を調べる。
2. 図形列で、空欄の2つ前の図形を調べる。
3. 繰り返し単位から、手順書の「2」で調べた空欄の2つ前の図形、
   手順書の「1」で調べた空欄の前の図形の順で並んでいる場所を探す。
4. 見つかった位置の後ろの図形を答える。

3　修正した手順書(後半)を問題(3)に適用する

修正した手順書を問題(3)に適用し、動作確認をしましょう。

問題(3)　✚ ● ✚ ♥ ✚ ● ✚ □ ✚

前半の手順書で得られた繰り返し単位：✚ ● ✚ ♥

修正した手順書(後半)を問題(3)へ適用

1. 図形列で、空欄の前の図形を調べる。……………………………… 結果：✚
2. 図形列で、空欄の2つ前の図形を調べる。………………………… 結果：●
3. 繰り返し単位から、手順書の「2」で調べた空欄の2つ前の図形、手順書の「1」で調べた空欄の前の図形の順で並んでいる場所を探す。……………………………… 並び順：● ✚(※)
場所：2番目～3番目
4. 見つかった場所の後ろの図形を答える。…………………………… 解答：♥

※ ✚ ● ではありません。

今度は正解することができました。

1・4・3 命名による記述の簡略化（変数）

「1.1.4　答えが絞り込めない（あいまいさの排除）」（41ページ）の解説で、言葉はあいまいだと述べました。あいまいにならないように書くと、文が長くなってしまいます。長くなってしまった例が「1・4・2　答えが絞り込めない」（82ページ）記載の手順書（修正版）の「3」です。この手順書（修正版）の「3」を詳しく見ていきます。

1　情報の簡略化

2種類の情報

手順書の「3」では、1つの図形ごとに「①どの手順で調べた（下線部）」「②どのような図形なのか（波線部）」という2種類の情報が記されています。

3．繰り返し単位から、①手順書の「2」で調べた②空欄の２つ前の図形、①手順書の「1」で調べた②空欄の前の図形の順で並んでいる場所を探す。

2種類の情報を含むため一文が長くなっているのがわかります。

なくても良い情報の削除

簡略化するために、「②どのような図形なのか（波線部）」を削り、「①どの手順で調べた（下線部）」に絞って書いてみます。

3．繰り返し単位から、①手順書の「2」で調べた図形、①手順書の「1」で調べた図形の順で並んでいる場所を探す。

短くなったことで手順書の「2」で調べた図形が、手順書の「1」で調べた図形の前にあることがわかりやすくなりました。

2　命名による簡略化

次の対象は「①どの手順で調べた（下線部）」です。手順書の「1」や手順書の「2」といった「どこで調べたのか」という情報を短く記述するため、これらの図形に名前を付けます。命名は「1・3・5　類似手順の繰り返し」（60ページ）でも行っています。

命名は、その図形が最初に出てきたときに行います。最初に出てくるのは手順書の「1」、手順書の「2」です。今回は大文字の「A」「B」を名前として使います。

1. 図形列で、空欄の前の図形 A を調べる。
2. 図形列で、空欄の 2 つ前の図形 B を調べる。

命名の方法は「図形」の後ろに単に名前を書いただけです。もちろん、「図形列で、空欄の前の図形を調べ、その図形をAと命名する」と書いても構いません。しかし、記述を減らそうとしていますので、理解できる範囲内で短く書いています。

図形に付けた名前「A」「B」を使うことにより、次のように手順書(修正版)の「3」を1行で書けるようになります。

3. 繰り返し単位から、BA の順で並んでいる場所を探す。

書いてある内容は全く変わっていませんが、修正前よりも簡潔に書くことができました。また、繰り返し単位から探す図形列の順序がABではなく、BAであることが把握しやすくなりました。

3 簡略化の重要性

図形に名前を付けることで手順を簡略化することができました。下に簡略化前(修正版)と簡略化後の手順書(簡略版)を記します。手順書の「3」を比べると大分スッキリしたことがわかります。

簡略化前：繰り返し単位を使って空欄に入る図形を答える手順書(後半：修正版)

1. 図形列で、空欄の前の図形を調べる。
2. 図形列で、空欄の 2 つ前の図形を調べる。
3. 繰り返し単位から、手順書の「2」で調べた空欄の 2 つ前の図形、手順書の「1」で調べた空欄の前の図形の順で並んでいる場所を探す。
4. 見つかった位置の後ろの図形を答える。

簡略化後：繰り返し単位を使って空欄に入る図形を答える手順書(後半：簡略版)

1. 図形列で、空欄の前の図形 A を調べる。
2. 図形列で、空欄の 2 つ前の図形 B を調べる。
3. 繰り返し単位から、BA の順で並んでいる場所を探す。
4. 見つかった位置の後ろの図形を答える。

スッキリと簡略化できましたが、その代償としてAとかBが出てきます。AやBが何を意味するのかを覚えておかなければ、手順書の「3」が何を書いているのかさっぱり理解できません。「Bってなんだっけ？」と思ったら手順書を読み直し、Bがどんな図形だったか思い出さなければいけません。とても面倒に感じるかもしれませんが、AやBに慣れることで得られる相応のメリットがあるのです。

例えば次の２点のようなメリットが挙げられます。

メリット

・簡潔に書けるため、読む人が手順の中身に集中することができるようになる。
・それによって結果的に内容を間違って理解する誤読がしにくくなる。

重要なことですのでもう一度、かけ算を使って説明します。

問題 **みかんを5こずつ9人に配ります。みかんは何個必要でしょう。**

もちろん答えは45ですが、計算式はどちらがよいと思いますか。

たし算　5＋5＋5＋5＋5＋5＋5＋5＋5＋5
かけ算　5×9

たし算の方は５が何個並んでいるか数えないと計算できないので面倒です。５の数を間違えると答えも違ってきます。実際、上の式では５が10個並んでいますが、気づきにくいです。かけ算の方が短くスッキリとしていますし、間違いも減ることでしょう。ただし、かけ算で答えられるのは九九を覚えた小学校２年生以上です。そして、小学校２年生は半年くらい時間をかけて九九の勉強をします。

この問題は九九を覚えていなくても、たし算だけで答えを出すことができます。しかし、九九を使った方が簡略な式で書くことができます。これが半年かけて九九を覚えるデメリットを上回るメリットなのです。

プログラミングでAやBという名前を使うことも同じです。現時点では簡潔に書けるメリットが小さく見えますが、プログラミングを習うにあたり大きなメリットになります。AやBといった記号に慣れるには時間がかかりますし、計算ドリルを解くような地道な努力が必要です。しかし、AやBといった記号に慣れることが、プログラミングには不可欠なことですので、徐々に慣れていきましょう。

練習問題　簡略版の手順書に問題(１)(２)(３)を適用した場合、「A」「B」に対応する図形、図形列「BA」は何になるかを考えてみましょう

問題(1)	●	✚	▲	●	✚	▲	●		▲
問題(2)	♥	■	▲	●	♥	■	▲	●	
問題(3)	✚	●	✚	♥	✚	●	✚		✚

練習問題の解答

	A	B	BA
問題（１）	●	▲	▲ ●
問題（２）	●	▲	▲ ●
問題（３）	✚	●	● ✚

1・5 解けない問題

1・5・1 ここまでのまとめ

ここまで行ったことをまとめておきましょう。

手順書の作成にあたって、繰り返し単位を見つける前半部分と繰り返し単位を使って空欄に入る図形を決定する後半部分に分割し、構築してきました。

図形の繰り返し単位を見つける手順書(前半)

1. A を4にする。
2. 先頭の図形と A 番目の図形が同じなら、
   (1) 先頭から A －1番目までの図形列を繰り返し単位として答える。
   (2) 手順書を終える。
3. A に1を加える。
4. 2に戻る。

繰り返し単位を使って空欄に入る図形を答える手順書(後半:簡略版)

1. 図形列で、空欄の前の図形Aを調べる。
2. 図形列で、空欄の2つ前の図形Bを調べる。
3. 繰り返し単位から、BAの順で並んでいる場所を探す。
4. 見つかった位置の後ろの図形を答える。

この手順書を適用することで、問題(1)～(3)は解くことができます。しかし、解くことができない問題もあります。

次は、解くことができない問題について考えてみましょう。

1·5·2 前半の手順書で繰り返し単位を求められない問題

1 手順書(前半)を問題(7)に適用する

次の問題(7)の繰り返し単位を求めてみましょう。

問題(7) ● ✚ ▲ ● ● ✚ ▲ ● ● ✚ □

繰り返し単位の境界に線を引くとよくわかります。繰り返し単位は ● ✚ ▲ ● ですね。● ✚ ▲ でないことに注意しましょう。

次に問題(7)に前半の手順書を適用してみましょう。

1. [A] を4にする。 ………………………………………………………… [A] の値：4
2. 先頭の図形 ● と [A] 番目（4番目）の図形 ● が同じなら、…………… 同じ
   (1) 先頭から [A] －1番目（3番目）までの図形列 ● ✚ ▲ を
   繰り返し単位として答える。
   (2) 手順書を終える。

手順書に適用して導かれた答えは ● ✚ ▲ となり、問題(7)の繰り返し単位 ● ✚ ▲ ● を見つけられませんでした。間違った理由を考えてみましょう。

この手順書は、先頭と同じ図形が出てきたら、新しい繰り返しが始まると判断します。しかし、問題(7)は、繰り返し単位に同じ図形 ● が2回出現するため、間違った判断をしてしまいました。

2 違う理由で解けない問題

手順書で次の問題(8)(9)の繰り返し単位を正しく求められるでしょうか。求められない場合、理由も答えてください。

問題(8) ● ✚ ▲ □ ✚ ▲ ● ✚ ▲ ● ✚ ▲

問題(9) □ ✚ ▲ ● ✚ ▲ ● ✚ ▲ ● ✚ ▲

解答は、次のとおりです。

問題(8)は正しく求められません。先頭の図形 ● と同じ図形が最初に出てくるのは、7番目になるため、得られる繰り返し単位は、● ✚ ▲ □ ✚ ▲ となります。

問題(9)は求められません。最初の図形が □ (空欄)であり、□ (空欄)は一度しか出てこないため、繰り返し単位が得られません。

1・5・3 後半の手順書で空欄に図形を入れられない問題

正しい繰り返し単位が与えられても、後半の手順書では空欄に図形を入れられない問題もあります。

次の問題(10)の繰り返し単位と空欄に入る図形を求めてみましょう。

問題(１０) ▲ ▲ ▲ ● ▲ ▲ ▲ ● ▲ ▲ ▲ □

繰り返し単位は▲▲▲●、そして空欄に入る図形は●ですね。

次に、問題(10)に後半の手順書を適用してみましょう。

繰り返し単位を使って空欄に入る図形を答える手順書(後半：簡略版)

1. 図形列で、空欄の前の図形を調べる。……………………………… A は▲
2. 図形列で、空欄の２つ前の図形を調べる。 ……………………… B は▲
3. 繰り返し単位から、BA の順で並んでいる場所を探す。……BA は▲▲
4. 見つかった位置の後ろの図形を答える。………………………▲ または●

この手順書では答えを１つに決めることができませんでした。繰り返し単位で▲▲が並んでいる場所が[▲▲]▲●と▲[▲▲]●の２か所あります。そのため手順書の「4」では、答えを１つに決めることができなかったのです。

練習問題 この後半の手順書では問題(９)に対しても適切に動作しません。正しい繰り返し単位●✚▲が与えられたとき、後半の手順書の「どの手順で」、「どのような理由で」適切に動作しないのかを考えましょう。

問題(９) □ ✚ ▲ ● ✚ ▲ ● ✚ ▲ ● ✚ ▲

練習問題の解答

手順書の「1」において、空欄の前の図形を調べることができないため、動作しない。

1・6 解けると解けないの境界線(仕様)

1 明確にしておくこと

これまでに作成してきた手順書では解答することができない問題がたくさん存在することがわかりました。実の所、どのような問題に対しても正しく答えることの出来る手順書の作成は大変困難です。実質不可能と言っても良いくらいです。

そのため、手順書を使って正しく答えられる問題の種類、正しく答えられない問題の種類を、手順書を作るときに考えておくことがとても重要になります。

このことを言い換えると手順書を作成する際に次の点を明確にしておくことが必要だということです。

1) どのような問題が与えられるかを想定すること。
2) どのような状況を前提として問題を解く方針を考えたか、を明確にしておくこと。

想定内の問題は何で、想定外の問題は何なのかを把握することと言うこともできます。

2 融通がきかない年少さん

今回の手順書では問題(7)~(10)に対して正しく答えることができませんでした。しかし、正しく答えられないことが悪いのではなく、手順書が対応していない問題で答えを出そうとしたことが悪いのです。何が違うかを説明するため、例として年少さんの手洗い手順書を再掲します。

手洗いの手順書

1. 洗面台の前に行ってね。
2. 次にそでをまくってね。
3. 手に石鹸をつけてね。
4. じゃあ蛇口をひねってお水をだすよ。
5. 手をごしごしして泥を落としてね。
6. まだまだ汚れがおちるまでごしごしするの!
7. 水を止めてね。
8. こらー、タオルで手を拭くのをわすれてるよー(怒)。

まず、この「手洗いの手順書」で対応できない状況、すなわち想定外を考えてみましょう。

手順書の「1」では、園児さんに洗面台に行くようにと指示しています。しかし、洗面台がないお家だと、どこへいけばいいのでしょう。

手順書の「2」では、そでをまくるように言ってます。もし着ている服が半そでならそでをまくる必要はありませんね。

手順書の「4」では、蛇口をひねるように書いてあります。手をかざしたら水が出てくる蛇口(自動水栓)も増えてきました。蛇口をひねろうとしても、ひねる場所がありません。

対応できない状況はまだまだたくさんあります。みなさんも考えてみてください。

この手順書では対応できない状況がたくさんあります。もし、この手順書を読むのが大人なら自分の判断で行動できます。洗面台がなければ、台所の流しにいくでしょう。半そでの服を着ていたら、そでまくりせず次の手順に進みますし、自動水栓なら蛇口をひねる代わりに手をかざすでしょう。

しかし園児さん、とくに3歳児の年少さんに自己判断を求めることは可哀想です。洗面台を探してさまよったり、半そでのそでをいっしょうけんめいまくろうと頑張ったり、自動水栓の蛇口をひねったり、手順書そのままの行動をとろうとするでしょう。だって、「おかあさんがつくった手順書がまちがってるわけない」し、「お父さんのいいつけどおりにしないと、怒られる」から。

だから、みなさんがこの手順書を自宅で使おうとしたら、修正をする必要があります。そしてどこを修正する必要があるのかは、いちいち自宅に戻って自分で手順書の通り行動してみなくてもわかりますよね。

また、どのようなお家ならこの手順書通りに行動しても問題ないのか考えることができると思います。今回作成してきた手順書もこれと同じことなのです。

3 融通がきかないコンピュータ

ある問題を解く手順書があったら、どのような問題なら正しく答えられるのかを考えておく必要があります。そうでないと、解けない問題を解こうとしてしまいます。そして、この手順書は役立たずだ！って怒りだすことになりかねません。もちろん、怒るのは間違っています。

コンピュータは手順書の通りに動いてくれます。というよりも、手順書の通りにしか動いてくれません。融通はまったくきいてくれないのです。つまり、解けない問題を解こうとすることが間違っているのです。これを防ぐためには、どのような問題なら解けて、どのような問題が解けないのかを把握しておかなければならないのです。

ただし、ある手順書が解ける問題と解けない問題を明らかにすることはとても難しいです。そのため、コンピュータの手順書を作るとき(プログラミングをするとき)には、解ける問題、解けなくてもいい問題を事前に準備します。この問題集を使ってプログラムが思った通りに動作することを確認するのです。これを「ソフトウェアテスト」と言います。そして、これらの問題をどのように準備するのか、という工夫もたくさん提案されています。この工夫に興味のある人は、ソフトウェア工学を学んでみることをお勧めします。

1・7 まとめ

本章を通して作成した手順書で、問題（1）から（6）の6問を解くことができました。しかし、問題（7）から(10)は解くことができませんでした。園児さんが解けるような簡単な問題でも、解くための手順書を作るのはとても大変だと実感してもらえたと思います。

なぜこのような問題を解くための手順書作成を長々とお話ししてきたのかを説明したいと思います。

みなさんと一緒に作ってきた手順書は、私たちがわかる言葉で書いてあります。この手順書をコンピュータが理解できる言葉で書くことをプログラミングと言います。空欄の穴埋め問題をコンピュータに解いてもらうためには、先ほどの手順書をコンピュータがわかる言葉で書き換えればよいわけです。

実のところ、手順書さえあればプログラミングは結構簡単にできます。手順書の日本語をコンピュータの言葉、例えばScratchやPython、C言語やJAVAなどに翻訳することは、みなさんにとって日本語を英訳することよりもとっても簡単です。

では、プログラミングの何が難しいかというと、この手順書を考える所です。「1・2　手順書の重要性」(42ページ)で「手を洗う」という動作を年少さんがわかるまで細かく分けました。これと同じようにコンピュータがわかる所まで細かく細かく分ける、ということが特にプログラミング初学者にとって最初の壁になります。この作業が必要であることを理解することで、教科書に載っているプログラムの丸写しではない、自分自身のプログラムを書くための第一歩を踏み出すことができるのです。

みなさんはこの本を読み始めたとき、問題（1）～（3）みたいな簡単な問題をなぜ細かく説明しているのかと、不思議に思いませんでしたか。それこそ、あたりまえのことをなぜこれほど詳しく説明されなければならないんだと退屈に思ったり、こんな簡単なことがわからないとでも思っているのか？とイライラしたりしてもおかしくありません。しかし、ここまで読み進めていただいた方ならば、「細かく分ける」ことが案外難しいこと、そして、プログラムの理解に重要であるということを理解いただけたと思います。

第2章 数の並び

第１章では規則的に並んだ図形の中の空欄を埋める問題を題材に、プログラムとは何かについてお話ししてきました。

本章ではその続きとして、ある規則で並んでいる数列の中にある空欄を埋める問題を使いプログラムについてより詳しく学んでいきたいと思います。問題は園児さんレベルから少し上がって小学校低学年になります。

2・1 □(空欄)にはいる数はなあに？

1 問題を解く

次の問題を解いてみましょう。

問題 **次の□（空欄）にはいる数はなんですか？**

(1)	1	2	3	4	1	2	□	4	1
(2)	1	2	3	4	□	6	7	8	9
(3)	2	4	6	8	10	12	14	16	□
(4)	5	10	15	20	25	30	□	40	45
(5)	4	7	10	13	16	19	22	□	28

解答 **答えは、次のようになります。**

(1)　3
(2)　5
(3)　18
(4)　35
(5)　25

小学校低学年レベルの問題です。問題(5)は少し難しくなっています。どのようにして解答を導いたのか、その根拠を答えてみましょう。問題(1)と問題(2)～(5)の2つのグループに分けて考えてください。

2 解答の根拠を考える

空欄を埋める問題が図形から数字に変わりました。図形から数に変わることで問題の性質が変わりました。その違いは何でしょうか。

問題(1)は、「数字」をある種の「図形」だと思うことで、前章と同じ方法で解くことができます。その場合、繰り返し単位は 1 2 3 4 になります。

問題(2)～(5)には繰り返し単位がありません。この問題を解くには、数とは何かについて知っている必要があります。

難しく言うと「数」とは、「物の個数や順番を表す概念」です。簡単に言うと、「1こ、2こ、3こ、と1つずつ増えていく数字の並び」です。

問題(2)を解くには、数に1、2、3という順番があることを知っている必要があります。問題(3)～(5)を解くには、2、4、6のような飛び飛びの数を知らないと解くのが難しいです。あるいは、ひき算や九九を知っていると少し簡単になります。

図形には順序はありません。一方、数は順序が決まっており、たし算やひき算といった計算ができることが大きな違いになります。

問題(1)を解く場合の解答の根拠の例は、次のようになります。

問題の解答根拠例－問題(1)－

1、2、3、4が繰り返されています。空欄は2と4の間だから3が入ります。

問題(2)～(5)を解く場合の解答の根拠の例は、次のようになります。

問題の解答根拠例－問題(2)～(5)－

同じ数ずつ増えていく飛び飛びの数字の並びです。増えていく量は、先頭の数と2番目の数から計算できます。空欄前の数に増えていく量を加えると答えが求められます。

2・2 同じ数だけ増えていく数列

1 手順書を作成する

問題(2)～(5)の空欄に入る数を答える手順書を作成します。同じ数ずつ増えていく規則性を使って解きます。

同じ数だけ増えていく数列の空欄を埋める手順書

1. 2番目の数から1番目の数を引く。
2. 空欄の前の数に、手順書の「1」で計算した数を加える。
3. 手順書の「2」で計算した数を答える。

手順書の名前を見てください。「同じ数だけ増えていく数列の空欄を埋める手順書」と長いですね。また、数列という見慣れない単語があります。数が列(なら)んでいるので、数列と言います。

名前が長いのは、どのような問題なら解けるかをわかりやすく示しているためです。この手順書の場合、問題(1)のように繰り返し単位がある問題を解くことができません。解ける範囲を明らかにしておくことの重要性は「1.6 解けると解けないの境界線(仕様)」(90ページ)で述べていますので、参照してください。

2 動作を確認する

問題(3)へ適用

問題(3)を使って[同じ数だけ増えていく数列の空欄を埋める手順書]の動きを確認しましょう。それぞれの手順でわかったことを右側に書いています。

問題(3) 2 4 6 8 10 12 14 16 □

同じ数だけ増えていく数列の空欄を埋める手順書

1. 2番目の数から1番目の数を引く。…… 計算式：4－2＝2
2. 空欄の前の数に、手順書の「1」で計算した数を加える。…… 計算式：16＋2＝18
3. 手順書の「2」で計算した数を答える。…… 解答：18

問題(2)へ適用

問題(3)への適用を参考にして、「同じ数だけ増えていく数列の空欄を埋める手順書」に問題(2)を適用したとき、(あ)～(く)に入る数、式を答えましょう。

問題(2) [1] [2] [3] [4] [　] [6] [7] [8] [9]

同じ数だけ増えていく数列の空欄を埋める手順書

1. 2番目の数(あ)から1番目の数(い)を引く。…………………………… 計算式:(う)
2. 空欄の前の数(え)に、手順書の「1」で計算した数(お)を加える。 計算式:(か)
3. 手順書の「2」で計算した数(き)を答える。……………………………… 解答:(く)

解答は、次のようになります。

(あ)2　(い)1　(う)2－1＝1　(え)4　(お)1　(か)4＋1＝5　(き)5　(く)5

対応していない問題での動作確認

問題(1)及び□(空欄)の場所を変更した問題(1')に手順書を適用したとき、(あ)～(く)に入る数、式を答えましょう。

問題(1) [1] [2] [3] [4] [1] [2] [　] [4] [1]

問題(1') [1] [2] [3] [4] [1] [2] [3] [4] [　] [2]

同じ数だけ増えていく数列の空欄を埋める手順書

1. 2番目の数(あ)から1番目の数(い)を引く。…………………………… 計算式:(う)
2. 空欄の前の数(え)に、手順書の「1」で計算した数(お)を加える。 計算式:(か)
3. 手順書の「2」で計算した数(き)を答える。……………………………… 解答:(く)

問題(1)の解答は、次のようになります。

(あ)2　(い)1　(う)2－1＝1　(え)2　(お)1　(か)2＋1＝3　(き)3　(く)3

問題(1')の解答は、次のようになります。

(あ)2　(い)1　(う)2－1＝1　(え)4　(お)1　(か)4＋1＝5　(き)5　(く)5

問題(1)と問題(1')の繰り返し単位は、同じ [1] [2] [3] [4] ですが、□(空欄)の位置によって問題(1)のように正解したり、問題(1')のように不正解になったりします。対応していない問題でも偶然正解することもあることがわかります。

Scratchで手順書をプログラミングする

問題(3)を使って手順書をScratchでプログラミングしてみましょう。実装する手順書は、次の通りです。

完成したScratchプログラムは、ページ上のQRコード先で確認することができます。ScratchではなくPythonのプログラムは、99ページに移動してください。

同じ数だけ増えていく数列の空欄を埋める手順書

1. ２番目の数から１番目の数を引く。
2. 空欄の前の数に、手順書の「1」で計算した数を加える。
3. 手順書の「2」で計算した数を答える。

問題(３)　2　4　6　8　10　12　14　16　□

問題(３)の数列は、次のように「問題」リストとしてScratchに入力します。数字は半角で入力するよう注意してください。また、手順書の「1」の結果を入れておく変数「差」を作成しています。

作成するScratchプログラムの全体像と解説

手順書の「1」
差 ▾ を 問題 ▾ の 2 番目 - 問題 ▾ の 1 番目 にする
問題 ▾ の 問題 ▾ 中の ○ の場所 - 1 番目 + 差 と言う
手順書の「3」
○ と言う
問題 ▾ の 問題 ▾ 中の ○ の場所 - 1 番目 + 差
手順書の「2」
(手順書の「3」の一部)
18
空欄の前の場所の数＋変数「差」
変数「差」を作成する
差 2
18
問題 ▾ の 問題 ▾ 中の ○ の場所 - 1 番目
16
空欄の前の場所の数
問題 ▾ 中の ○ の場所 - 1
8
空欄の前の場所

問題
1 2
2 4
3 6
4 8
5 10
6 12
7 14
8 16
9
＋ 長さ9 ＝
「問題」リストとして入力
ここは空欄

作成したプログラムを使って問題(4)(5)の空欄に入る数を求め、動作の確認をしておきましょう。

Pythonで手順書をプログラミングする

問題(3)を使って手順書をPythonでプログラミングしてみましょう。実装する手順書は、次の通りです。

完成したPythonプログラムは、ページ上のQRコード先で確認することができます。

同じ数だけ増えていく数列の空欄を埋める手順書

1. ２番目の数から１番目の数を引く。
2. 空欄の前の数に、手順書の「1」で計算した数を加える。
3. 手順書の「2」で計算した数を答える。

問題(３)

2	4	6	8	10	12	14	16	

Pythonのプログラムでは、最初に問題(３)の数列をmondaiリストとして与えます。第１章のプログラムと違い、数字を「" "」(ダブルクォーテーション)で囲んでいません。空欄を表すkuuranは、これまでと同じく「" "」で囲みます。

作成するPythonプログラムの全体像と解説

問題

```
[1] mondai = [2,4,6,8,10,12,14,16,"kuuran"]
```

└─問題

手順書の「1」

```
[2] sa = mondai[1] - mondai[0]
```

└─差は問題[1]－問題[0]、という意味

手順書の「2」

```
[3] kuuran_mae_basyo = mondai.index("kuuran") - 1
```

└─空欄前の場所は問題の(空欄)場所－1、という意味

```
kuuran_mae_kazu = mondai[kuuran_mae_basyo]
```

└─空欄前の数は問題の[空欄前の場所]、という意味

```
kotae = kuuran_mae_kazu + sa
```

└─答えは空欄前の数＋差、という意味

手順書の「3」

```
[4] print(kotae)
```

└─答えを表示する

```
18
```

作成したプログラムを使って問題(４)(５)の空欄に入る数を求め、動作の確認をしておきましょう。

2・3 数の命名

1 数に名前を付ける

今回の手順書では、途中で多くの数を扱います。そこで「1.4.3　命名による記述の簡略化(変数)」(84ページ)と同じように数に名前を付けていきましょう。

命名前：同じ数だけ増えていく数列の空欄を埋める手順書

1. ２番目の数から１番目の数を引く。
2. 空欄の前の数に、手順書の「1」で計算した数を加える。
3. 手順書の「2」で計算した数を答える。

命名後：同じ数だけ増えていく数列の空欄を埋める手順書

1. ２番目の数 □(2番) から１番目の数 □(先頭) を引く。
2. 空欄の前の数 □(前) に、手順書の「1」で計算した数 □(差) を加える。
3. 手順書の「2」で計算した数 □(結果) を答える。

命名の対象になる数が多いので、xやy、AやBといったアルファベットを用いず、単語を使いました。命名した単語を文章中に直接書くと、地の文なのか命名された数なのか分かりにくいので、□の上に名前を記しています。

手順書の内容は変わっていませんが、命名したので問題(４)に適用して動作確認をしておきましょう。手順書を問題(４)に適用したとき、名前付きの箱に入る数を答えてください。

問題(４)　5　10　15　20　25　30　□　40　45

解答は、次のようになります。

命名後：同じ数だけ増えていく数列の空欄を埋める手順書

1. ２番目の数 10(2番) から１番目の数 5(先頭) を引く。
2. 空欄の前の数 30(前) に、手順書の「1」で計算した数 5(差) を加える。
3. 手順書の「2」で計算した数 35(結果) を答える。

2 簡略化のための手順を追加する

命名によって手順書を簡略化するためには、命名された数以外の文を削る必要があります。また、「加える」や「引く」を文章ではなく数式で表現することであいまい性を減らします。

命名した数は、次の２種類に分類できます。

1） 問題文であたえられた数　[2番] [先頭] [前]

2） 計算結果　[差] [結果]

このうち問題文であたえられた数について、手順書の先頭で命名だけ先に行うことにします。そして、残りの手順は極力、計算式で記述します。

同じ数だけ増えていく数列の空欄を埋める手順書（簡略化）

0. 数列の先頭の数を[先頭]、２番目を[2番]、空欄の前の数を[前]とする。
1. [差]を[2番]－[先頭]で計算する。
2. [結果]を[前]＋[差]で計算する。
3. [結果]を答える。

手順書の「0」が増えてしまいましたが、手順書の「1」から手順書の「3」は、ずいぶん簡略化され、どのような計算をすればよいのか分かりやすくなりました。

動作確認することによって簡略化された手順書の理解を深めることができます。簡略化した手順書を問題（４）に適用した際の動作を、確認しておきましょう。

問題（４）　5　10　15　20　25　30　[　]　40　45

手順書を問題（４）に適用した結果は、次のようになります。

同じ数だけ増えていく数列の空欄を埋める手順書（簡略化）

0. 数列の先頭の数を[先頭: 5]、２番目を[2番: 10]、空欄の前の数を[前: 30]とする。
1. [差: 5]を[2番: 10]－[先頭: 5]で計算する。
2. [結果: 35]を[前: 30]＋[差: 5]で計算する。
3. [結果: 35]を答える。

2・4 計算式の書き方(代入)

1 矢印を使った計算式

手順を文章だけで書くのではなく、計算式を使うことで手順書の簡略化を行ってきました。文章を計算式に置き換えていく作業によって、手順書がだんだんと実際のプログラムに近づいてきました。これをもう一歩進めます。

次のように「単語まじりの計算式」から「矢印を使った計算式」に書き換えます。

・単語まじりの計算式 ○を△＋□で計算

↓

・矢印を使った計算式 ○←△＋□

同じ数だけ増えていく数列の空欄を埋める手順書(単語まじりの計算式)

0. 数列の先頭の数を□(先頭)、２番目を□(2番)、空欄の前の数を□(前)とする。
1. □(差)を□(2番)－□(先頭)で計算する。
2. □(結果)を□(前)＋□(差)で計算する。
3. □(結果)を答える。

手順書の「1」と「2」を←(矢印)を使った計算式に書き換えます。

同じ数だけ増えていく数列の空欄を埋める手順書(矢印を使った計算式)

0. 数列の先頭の数を□(先頭)、２番目を□(2番)、空欄の前の数を□(前)とする。
1. □(差)←□(2番)－□(先頭)
2. □(結果)←□(前)＋□(差)
3. □(結果)を答える。

手順書の「1」と「2」から日本語(単語)がなくなりました。この計算式の書き方は、実際のプログラミングの書き方と同じです。

2　矢印を使った計算式の手順書を問題(3)(4)に適用する

問題(3)と問題(4)に適用して、矢印を使った計算式の書き方に慣れましょう。
まずは、問題(3)です。

問題(3)　[2] [4] [6] [8] [10] [12] [14] [16] [ ]

同じ数だけ増えていく数列の空欄を埋める手順書(矢印を使った計算式)

0. 数列の先頭の数を [2](先頭)、2番目を [4](2番)、空欄の前の数を [16](前) とする。
1. [2](差) ← [4](2番) − [2](先頭)
2. [18](結果) ← [16](前) ＋ [2](差)
3. [18](結果) を答える。

次に、問題(4)です。

問題(4)　[5]  [10] [15] [20] [25] [30] [ ] [40] [45]

同じ数だけ増えていく数列の空欄を埋める手順書(矢印を使った計算式)

0. 数列の先頭の数を [5](先頭)、2番目を [10](2番)、空欄の前の数を [30](前) とする。
1. [5](差) ← [10](2番) − [5](先頭)
2. [35](結果) ← [30](前) ＋ [5](差)
3. [35](結果) を答える。

▶計算式の多様性

ここでは ←(矢印) を使って「○ ← △ ＋ □」と表現しましたが、これ以外にも計算式の書き方はたくさんあり、プログラミングの言語によって異なります。

1. △ ＋ □ → ○
2. ○ := △ ＋ □
3. ○ = △ ＋ □

2・5 手順書へのメモ書き（コメント）

計算式を使うことによって手順書が簡略化できました。その分プログラミングに近づいたのですが、我々人間にとって内容を理解しづらくなってしまいました。

そこで備忘のため、手順の右側に「#」(シャープ)を使ってコメントを書くことにします。

同じ数だけ増えていく数列の空欄を埋める手順書(コメント付)

0. 数列の先頭の数を □(先頭)、２番目を □(２番)、空欄の前の数を □(前) とする。
1. □(差) ← □(２番) − □(先頭) ………………#隣のマスから数がいくつ増えるか
2. □(結果) ← □(前) ＋ □(差) ……………#空欄前の数を使って空欄の数を計算
3. □(結果) を答える。

せっかく簡略化したのに逆戻りした気分になります。しかし、１ヶ月後に手順書を読みなおすことを想像してください。きっと手順書の内容はすっかり忘れています。そのときにコメントは大変役立ちます。

▶コメントの多様性

計算式の書き方と同じように、コメントの書き方もプログラミングの言語によって異なります。「#」（シャープ）以外にコメントとして使われる記号の例を挙げておきます。

1. %　(パーセント記号)
2. --　(マイナス記号2つ)
3. //　(スラッシュ2つ)

2・6 ものと数の抽象化

1 抽象化とは

命名に関係する話題として、抽象化について少しお話したいと思います。

抽象化とは、対象となるものから注目すべき要素だけを抜き出し、残りは無視することを意味します。

ポイントをまとめておきます。

抽象化のポイント

- **ある要素だけに着目**
- **残りは無視する**

「**2.3** 数の命名」(100ページ)の手順書で名前を付けた数である□(先頭)や□(差)、□(結果)は、具体的な数はわかりません。どのような数か決まるためには、解く問題を決めてやる必要があります。

つまり、問題の数列から順番という注目すべき要素だけを抜き出したのが□(先頭)です。また、計算をした結果だけに注目したのが□(差)や□(結果)になります。

抽象化した例をまとめておきます。

抽象化の例

- **数列の場所に着目　：** □(先頭) □(2番) □(前)
- **計算結果に着目　　：** □(差) □(結果)

同じように第1章でも図形を抽象化していました。手順書に出てきた「先頭図形」や「次の図形」やA、Bです。

図形の抽象化よりも数の抽象化の方が抽象化の度合いが高く、格段に難しい概念です。

生活の中で1、2、3という数を何気なく使っていますが、いったい1とは何でしょう？りんご1個ですか？それともみかん1個ですか？1円ですか？1秒ですか？

1という数だけでは具体的に何を意味しているかわからないのです。

2　もののの抽象化

例を挙げてみましょう。次の絵には何が描かれていますか？

「葉が１枚付いたりんご」と「葉が１枚付いたりんご」と「顔つきの葉が１枚付いたりんご」と「葉が２枚付いたりんご」でしょうか。それとも、「葉が１枚付いたりんご２つ」と「顔つきの葉が１枚付いたりんご」と「葉が２枚付いたりんご」でしょうか。はたまた、「葉が１枚付いたりんご３つ」と「葉が２枚付いたりんご１つ」でしょうか。そうは言っても、りんご４つでしょうか。

りんごひとつひとつにある、色や顔が書かれているといった違いを無視していくと「りんご４つ」になります。りんごといった具体的な物体を、「りんご」という概念に抽象化してく過程がここに表れています。しかし、どこまで抽象化すればよいのでしょうか。

これに正解はありません。抽象化の目的によって正解が異なるからです。「葉が１枚付いたりんご」と「葉が２枚付いたりんご」を分ける必要があれば、「葉が１枚付いたりんご３つ」と「葉が２枚付いたりんご１つ」になります。また、「りんご」への抽象化で終わらせず、「果物」にまで抽象化することもできます。さらには、「何かが４つある」まで抽象化することもできるのです。

ものの抽象化の過程

- **「葉が１枚付いたりんご３つ」と「葉が２枚付いたりんご１つ」→りんご４つ→果物４つ→何かが４つ**

3　数の抽象化

抽象化できる部分は他にもあります。同じ絵をみて、「りんごがいくつかある」と答えることもできます。この絵だとひと目で４つあることがわかりますので、「りんごがいくつかある」という答えはおかしいと思うかもしれません。でも、りんごが100個雑然と置いてあったら、りんごが「たくさん」あると答えてもおかしいとは感じませんよね。これは、個数が抽象化されたことになります。りんごが何個かある、つまり、りんごは何個か正確な数字はわからないけど、何個かはあるわけです。この何個かという部分だけを書き出して、$\overset{\text{りんご}}{\square}$ と書いて抽象化しているのです。

数の抽象化の過程

- **りんご４つ→りんごがいくつか→$\overset{\text{りんご}}{\square}$**

4　ものと数の抽象化

りんごといったものの抽象化と、数の抽象化のそれぞれを見てきました。では、両方抽象化したらどうなるでしょう。

ものの抽象化の最終形態「何かが４つある」の数を抽象化すると「何かがいくつかある」になります。

数を抽象化した結果からも行っていきましょう。「りんごがいくつかある」をものについて抽象化すると、「何かがいくつかある」になります。

どちらから抽象化しても同じ結果になりますね。

ものと数の抽象化の過程

- **りんご４つ→何かが４つ→何かがいくつか→□（何か）**
- **りんご４つ→りんごがいくつか→□（りんご）→□（何か）**

「何かが何個かある」では、何も言っていないことと同じですが、抽象化はとても重要な概念のため、思考実験として最後まで見てもらいました。

2・7 数列の抽象化

2・7・1 数列に命名する

数列の空欄を埋める手順書の簡略化をもっと進めていきましょう。簡略化のターゲットは、手順書の「0」の波線部です。

同じ数だけ増えていく数列の空欄を埋める手順書

0. 数列の先頭の数を □(先頭)、2番目を □(2番)、空欄の前の数を □(前) とする。
1. □(差) ← □(2番) − □(先頭)
2. □(結果) ← □(前) + □(差)
3. □(結果) を答える。

問題に書かれている数列に名前を付けて抽象化し、波線部分を簡略化してみましょう。

問題の数列を「問題の数列」と命名します。名付けましたので、問題の数列を使うときは □(問題の数列) と書きます。

問題の数列の中身は、解こうとする問題が決まらなければわかりません。

それでは、問題(1)を解く場合を考えてみましょう。

問題(1) 1 2 3 4 1 2 □ 4 1

この場合、□(問題の数列) の中身は、

問題の数列: [1 2 3 4 1 2 □ 4 1]

となります。

それでは、問題(2)を解く場合を考えてみましょう。

問題(2) [1] [2] [3] [4] [ ] [6] [7] [8] [9]

この場合、問題の数列[ ] の中身は、

問題の数列
[1] [2] [3] [4] [ ] [6] [7] [8] [9]

となります。

練習問題 次の問題(3)(4)について 問題の数列[ ] の中身を完成させましょう。

問題(3) [2] [4] [6] [8] [10] [12] [14] [16] [ ]

問題(4) [5] [10] [15] [20] [25] [30] [ ] [40] [45]

問題(3)を解くと決めた場合

問題の数列[ ] の中身　問題の数列 [2] [4] [6] [8] (あ) (い) (う) [16] (え)

問題(4)を解くと決めた場合

問題の数列[ ] の中身　問題の数列 (お)

練習問題の解答 (あ) [10] (い) [12] (う) [14] (え) [ ]

(お) [5] [10] [15] [20] [25] [30] [ ] [40] [45]

2・7・2 数列内の場所を指定する方法

数列に名前を付けて抽象化した目的は、手順書の「0」の波線部の簡略化でした。

同じ数だけ増えていく数列の空欄を埋める手順書

0. 数列の先頭の数を [先頭]、2番目を [2番]、空欄の前の数を [前] とする。
1. [差] ← [2番] − [先頭]
2. [結果] ← [前] + [差]
3. [結果] を答える。

「数列の先頭の数」や「２番目の数」など、数列の中身の場所を指定する方法を学びます。抽象化した数列では理解が難しいため、まずは具象化された数列で始めます。なお、具象化とは、抽象化の反対の概念です。

問題（１）を例として説明します。

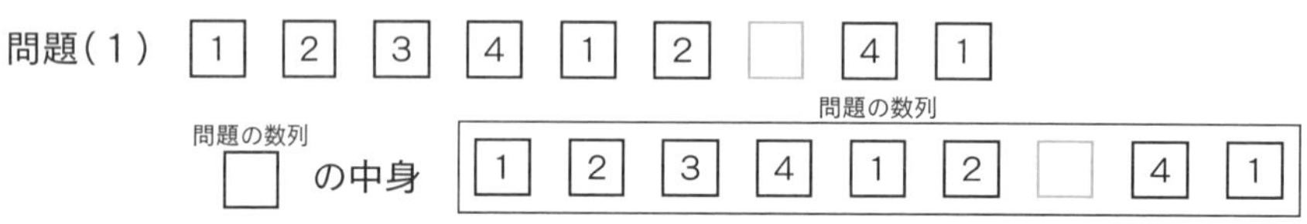

問題（１） [1] [2] [3] [4] [1] [2] [ ] [4] [1]

[問題の数列] の中身 [[1] [2] [3] [4] [1] [2] [ ] [4] [1]]

ここまでは先ほど説明しました。

数列内の場所は、次のように [問題の数列] の右下に先頭から何番目かの数を書くことで指定します。

$[\text{問題の数列}]_{\text{何番目かの数}}$

いくつか例を見てみましょう。

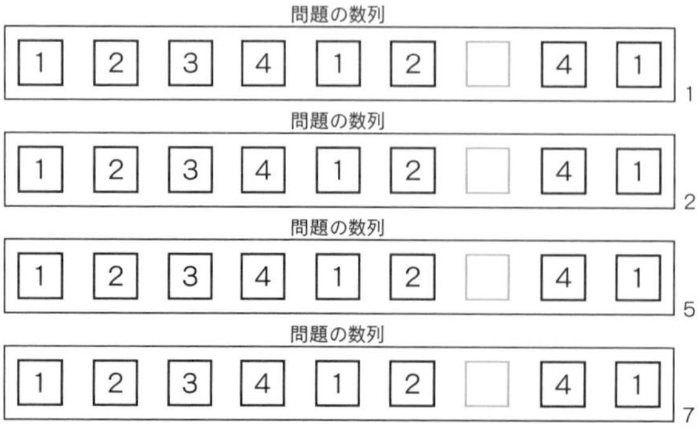

$[\,1\ 2\ 3\ 4\ 1\ 2\ \square\ 4\ 1\,]_1$（問題の数列） は、１番目の [1] を意味します。

$[\,1\ 2\ 3\ 4\ 1\ 2\ \square\ 4\ 1\,]_2$（問題の数列） は、２番目の [2] を意味します。

$[\,1\ 2\ 3\ 4\ 1\ 2\ \square\ 4\ 1\,]_5$（問題の数列） は、５番目の [1] を意味します。

$[\,1\ 2\ 3\ 4\ 1\ 2\ \square\ 4\ 1\,]_7$（問題の数列） は、７番目の [ ] を意味します。

練習問題 (あ)～(か)に入る数を答えましょう。

問題の数列

| 1 | 2 | 3 | 4 | | 6 | 7 | 8 | 9 | $_4$ は(あ)番目の(い)を意味する。

問題の数列

| 1 | 2 | 3 | 4 | | 6 | 7 | 8 | 9 | $_2$ は(う)番目の(え)を意味する。

問題の数列

| 1 | 3 | 5 | 7 | | 11 | 13 | 15 | 1 | $_{(お)}$ は7番目の(か)を意味する。

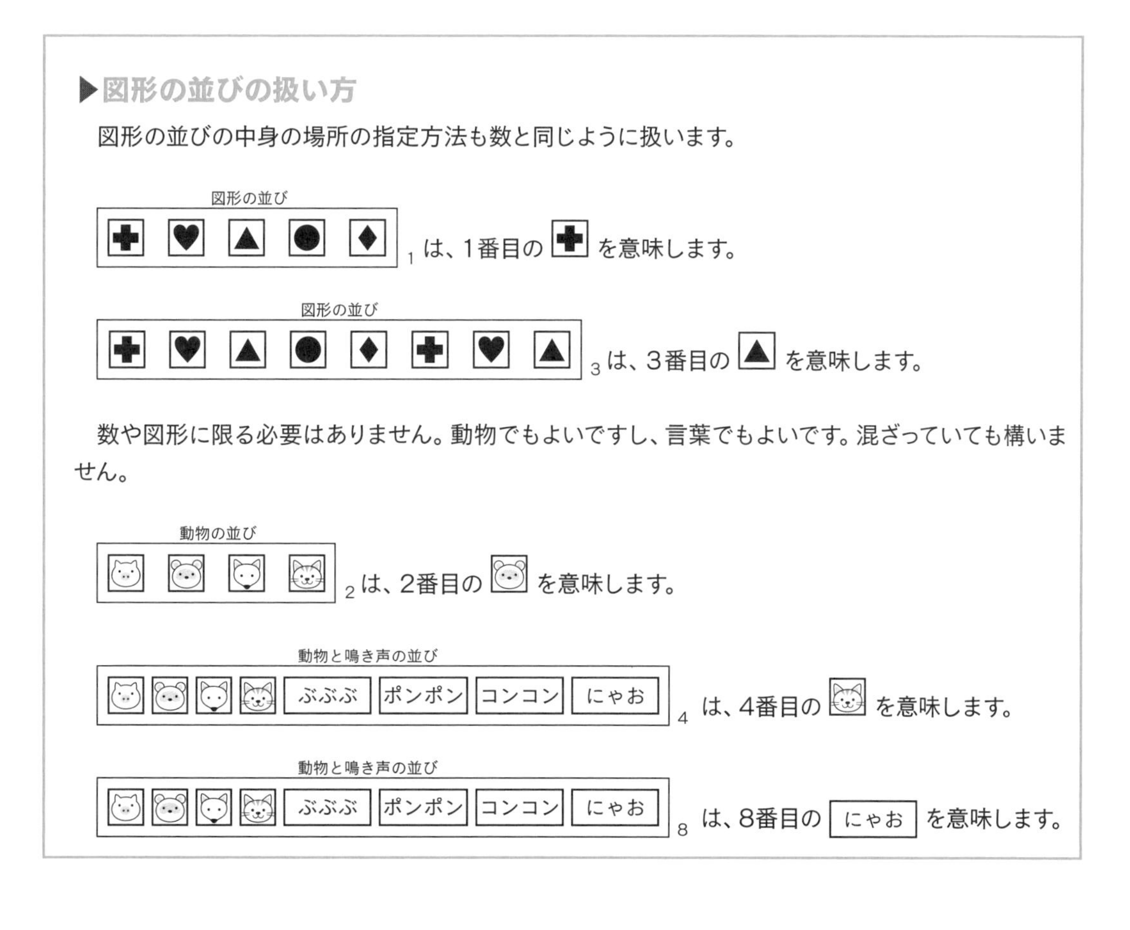

▶図形の並びの扱い方

図形の並びの中身の場所の指定方法も数と同じように扱います。

図形の並び

[✚ ♥ ▲ ● ♦] $_1$ は、1番目の ✚ を意味します。

図形の並び

[✚ ♥ ▲ ● ♦ ✚ ♥ ▲] $_3$ は、3番目の ▲ を意味します。

数や図形に限る必要はありません。動物でもよいですし、言葉でもよいです。混ざっていても構いません。

動物の並び

$_2$ は、2番目の を意味します。

動物と鳴き声の並び

[ぶぶぶ ポンポン コンコン にゃお] $_4$ は、4番目の を意味します。

動物と鳴き声の並び

[ぶぶぶ ポンポン コンコン にゃお] $_8$ は、8番目の にゃお を意味します。

練習問題の解答 (あ) 4 (い) 4 (う) 2 (え) 2 (お) 7 (か) 13

2·7·3 中身の抽象化

「2.7.2 数列内の場所を指定する方法」(110ページ)では、問題で与えられた数列を□(空欄)の中に入れて考えました。
問題(1)の場合は、次のとおりです。

問題(1) [1] [2] [3] [4] [1] [2] [ ] [4] [1]

問題の数列 □ の中身 問題の数列 [[1] [2] [3] [4] [1] [2] [ ] [4] [1]]

□の中身は問題(1)に限定されるわけではなく、どのような数列でも構いません。「なんでもいい」のなら中身を抽象化してみましょう。
中身を抽象化した「問題の数列」は、次のように記します。

問題の数列 □

問題の数列 □ は、中身が空っぽという意味ではありません。解く問題が決まっていないので、中身が何になるかわからない、という意味です。

問題(1)を解くなら、問題の数列 [[1] [2] [3] [4] [1] [2] [ ] [4] [1]] になり、下に示す問題(3)を解くなら、問題の数列 [[2] [4] [6] [8] [10] [12] [14] [16] [ ]] になります。

抽象化された数列の場所は、問題の数列 $□_1$ や 問題の数列 $□_3$ のように右下に何番目かを表す数字を書きます。

解く問題が決まると具体的な内容が決まります。問題(3)を例とすると次のようになります。

問題(3) [2] [4] [6] [8] [10] [12] [14] [16] [ ]

問題の数列 $□_1$ = 問題の数列 $[[2] [4] [6] [8] [10] [12] [14] [16] [ ]]_1$ = [2]
問題の数列 $□_3$ = 問題の数列 $[[2] [4] [6] [8] [10] [12] [14] [16] [ ]]_3$ = [6]

対象とする問題の数列を 問題の数列 □ と書いています。しかし、名前は「問題の数列」である必要はありません。数の並び □ でも 数列 □ でも、対象とする問題の数列であることがわかればよいのです。

練習問題 □（数列）は、あたえられた問題の数列を表します。問題(1)～(5)があたえられたとき、(あ)～(の)に該当する数を答えましょう。

問題(1)	1	2	3	4	1	2	□	4	1
問題(2)	1	2	3	4	□	6	7	8	9
問題(3)	2	4	6	8	10	12	14	16	□
問題(4)	5	10	15	20	25	30	□	40	45
問題(5)	4	7	10	13	16	19	22	□	28

	□（数列）$_1$	□（数列）$_3$	□（数列）$_5$	□（数列）$_2$ ＋ □（数列）$_4$	□（数列）$_2$ － □（数列）$_1$
問題(1)	(あ)	(い)	(う)	(え)	(お)
問題(2)	(か)	(き)	(く)	(け)	(こ)
問題(3)	(さ)	(し)	(す)	(せ)	(そ)
問題(4)	(た)	(ち)	(つ)	(て)	(と)
問題(5)	(な)	(に)	(ぬ)	(ね)	(の)

練習問題の解答

(あ) 1	(い) 3	(う) 1	(え) 6	(お) 1
(か) 1	(き) 3	(く) □	(け) 6	(こ) 1
(さ) 2	(し) 6	(す) 10	(せ) 12	(そ) 2
(た) 5	(ち) 15	(つ) 25	(て) 30	(と) 5
(な) 4	(に) 10	(ぬ) 16	(ね) 20	(の) 3

2・7・4 抽象化による簡略化

1 手順書を簡略化する

本節の目的は、手順書の簡略化でした。手順書の「0」の波線部2ヶ所を簡略化しましょう。

同じ数だけ増えていく数列の空欄を埋める手順書

0. 数列の先頭の数を □(先頭) 、2番目を □(2番) 、空欄の前の数を □(前) とする。
1. □(差) ← □(2番) − □(先頭)
2. □(結果) ← □(前) + □(差)
3. □(結果) を答える。

問題の数列を □(数列) とします。数列の先頭は $□(数列)_1$ で、2番目は $□(数列)_2$ ですね。手順書を書き直すと次のようになります。なお、手順番号も付け直しています。

同じ数だけ増えていく数列の空欄を埋める手順書（簡略化）

1. 問題の数列を □(数列) とする。
2. 空欄の前の数を □(前) とする。
3. □(差) ← $□(数列)_2$ − $□(数列)_1$
4. □(結果) ← □(前) + □(差)
5. □(結果) を答える。

それほど簡略化されているように見えませんが、プログラミングには近づいています。コンピュータにとって、「数列の先頭の数」よりも $□(数列)_1$ の方が格段に理解しやすいのです。

2 簡略化した手順書を問題(3)に適用する

問題(3)を使って手順書の動きを確認しましょう。手順書中の 抽象化された何か □ の中身を書き込んでみました。

問題(3) [2] [4] [6] [8] [10] [12] [14] [16] [ ]

同じ数だけ増えていく数列の空欄を埋める手順書(簡略化)

1. 問題の数列を 数列[[2] [4] [6] [8] [10] [12] [14] [16] [ ]] とする。
2. 空欄の前の数を 前[16] とする。
3. 差[2] ← 数列[4]$_2$ − 数列[2]$_1$
4. 結果[18] ← 前[16] + 差[2]
5. 結果[18] を答える。

手順書の動きを確認するとき、次のように考えます。

手順書の「1」

数列□ の中身は、問題(3)で与えられた数列です。

手順書の「2」

前□ には、数列で空欄の前の数字である「16」が入ります。

手順書の「3」

計算式です。数列□$_2$ は数列の先頭から2番目の数である「4」、数列□$_1$ は数列先頭の数である「2」です。差□ には、計算結果4 − 2 = 2 の答えである「2」が入ります。

手順書の「4」

計算式です。前□ は手順書の「2」で求めた「16」、差□ は手順書の「3」で計算した「2」です。

前□ + 差□ = 16 + 2 = 18より 結果□ の中身は、「18」になります。

手順書の「5」

手順書の「4」で計算した結果である 結果□ の中身、「18」を答えます。

練習問題 問題(4)に適用した際の手順書の動作確認をするため、空欄を埋めましょう。

問題(4) 5 10 15 20 25 30 □ 40 45

同じ数だけ増えていく数列の空欄を埋める手順書(簡略化)

1. 問題の数を [数列 (あ)] とする。
2. 空欄の前の数列を [前 (い)] とする。
3. [差 (う)] ← [数列 (え)] $_2$ − [数列 (お)] $_1$
4. [結果 (か)] ← [前 (い)] ＋ [差 (う)]
5. [結果 (か)] を答える。

練習問題の解答 (あ) 5 10 15 20 25 30 □ 40 45

(い) 30 (う) 5 (え) 10 (お) 5 (か) 35

2・8 変数・配列・添字・←(矢印)

ここまで数や図形、数列を［先頭］、［結果］、［問題の数列］のように抽象化してきました。専門用語が出てきて面倒ですが、呼び方や書き方をまとめておきたいと思います。

1 変数

何かを抽象化した□のことをプログラミングでは変数と言います。
変数の中身は、次のように□の中に書きます。

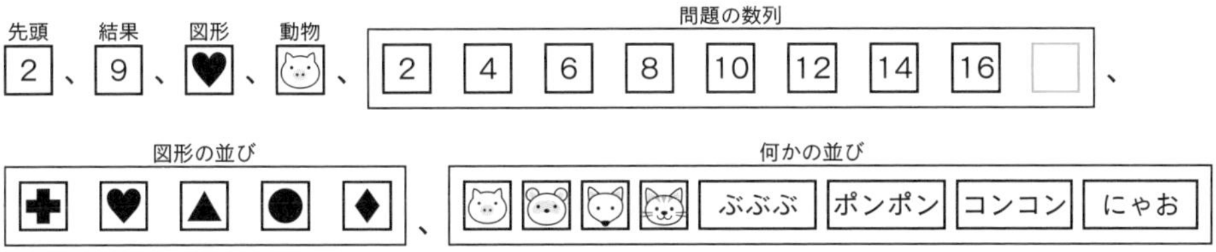

先頭［2］、結果［9］、図形［♥］、動物［🐱］、問題の数列［2 4 6 8 10 12 14 16 □］、

図形の並び［✚ ♥ ▲ ● ◆］、何かの並び［🐱 🐻 🦊 🐱 ぶぶぶ ポンポン コンコン にゃお］

ただし、中身を書かなくても分かる場合は書きません。特に手順書では、解く問題が決まるまで変数の中身が決まらないため中身は省略されます。

> 変数：何かを入れることができる名前付きの箱

2 配列

数や図形をたくさん入れることができる変数を配列と言います。列べて配置するから配列です。中身が1つだったり、何も入っていなくても、たくさん入れるつもりの場合には配列と言います。
次の例を参考に自分の中でイメージを固めてください。

配列：　数列［2 4 6 8］、数列［7］、図形の並び［✚ ♥ ▲］、動物の並び［ ］

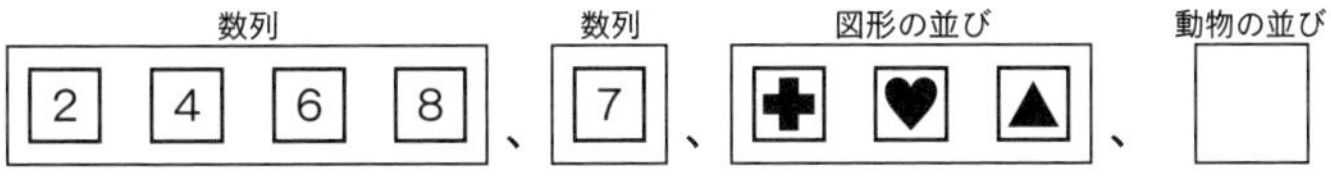

配列でない：　先頭［ ］、結果［ ］、図形［●］、動物［🐻］

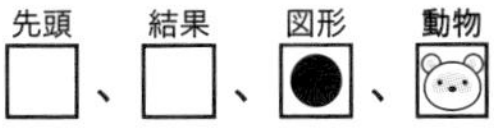

> 配列：何かの並びが入っている変数

3 添字

配列の何番目かを表す数字を右下に書くことで、1個1個の中身を表します。何番目かを表す数字のことを添字（そえじ）と言います。

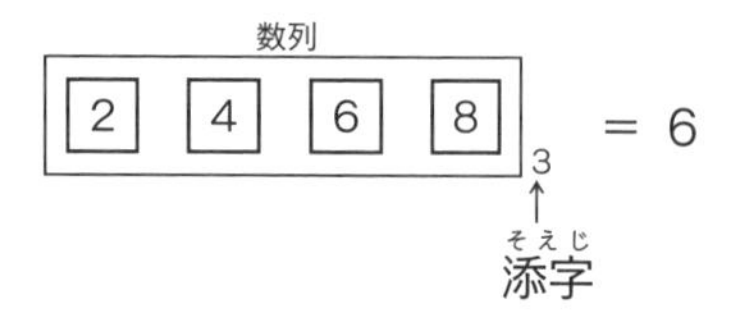

配列の中身全体を書かなくても構いません。配列全体なのか中身1個なのか区別がつくようであれば、□の中に中身1個を書いても構いません。

理解しづらい部分ですので、図にまとめておきます。
配列の3番目の表し方は次のようになります。

添字：配列の場所を表す数字

練習問題 次の「素数列」「図形の並び」という2つの配列が与えられたとき、(あ)～(く)に入る数や図形を答えましょう。

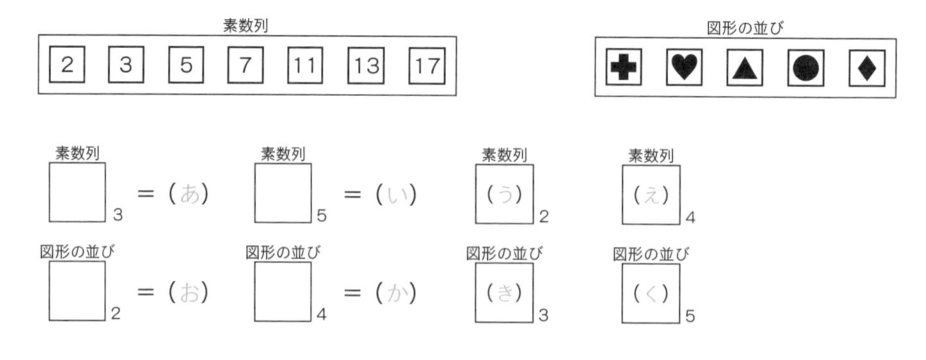

練習問題の解答 (あ) 5　(い) 11　(う) 3　(え) 7
(お) ♥　(か) ●　(き) ▲　(く) ♦

4 ←(矢印)

←(矢印)を使って変数に中身を入れます。配列に対しても同じように中身を入れることができます。添字を使って1か所だけ中身を入れることもできます。

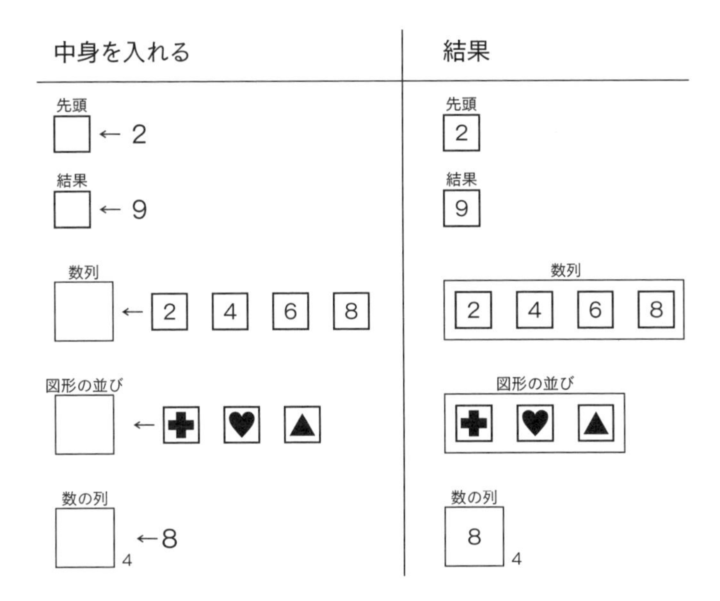

もし、すでに中身がある場合には、←(矢印)によって中身が入れ替わります。入れ替わった結果、元の中身は消えてしまいます。そのため元々の変数の中身は省略することができます。

最初	中身を入れ替える	結果
先頭 2 先頭 2	先頭 2 ← 4 先頭 □ ← 4	先頭 4 先頭 4
数列 2 4 6 8 数列 1 3 5	数列 2 4 6 8 ← 1 3 5 数列 5 (添字 3) ← 0	数列 1 3 5 数列 1 3 0
図形の並び ✚ ♥ ▲	図形の並び □ ← ● ♦	図形の並び ● ♦

練習問題 変数の中身の変化を表す表の空欄(あ)～(く)を埋めましょう。

最初	中身を入れ替える	結果
先頭 [ ]	先頭 [ ] ← 4	先頭 [(あ)]
かず [2]	かず [2] ← 4	かず [(い)]
英字 [A]	英字 [ ] ← B	英字 [(う)]
数字 [3]	数字 [3] ← (え)	数字 [8]
数列 [9] [5] [1]	数列 [9] [5] [1] ← [1] [2] [4]	数列 (お)
図形の並び [■] [▲]	図形の並び [ ] ← [♥] [✚] [●]	図形の並び (か)
数 [2] 4	数 [2] 4 ← 8	数 [(き)] 4
数列 [1] [2] [3]	数列 [ ] 2 ← 5	数列 (く)

解答  (あ) 4　(い) 4　 (う) B　(え) 8　(お) [1] [2] [4]

(か)   [♥] [✚] [●]　(き) 8　(く) [1] [5] [3]

2・9 問題の分類(仕様)

1 解ける・解けないを把握する

同じ数だけ増えていく数の並びがあり、その中の空欄に入る数を答える手順書をさまざまに簡略化しながら作成してきました。

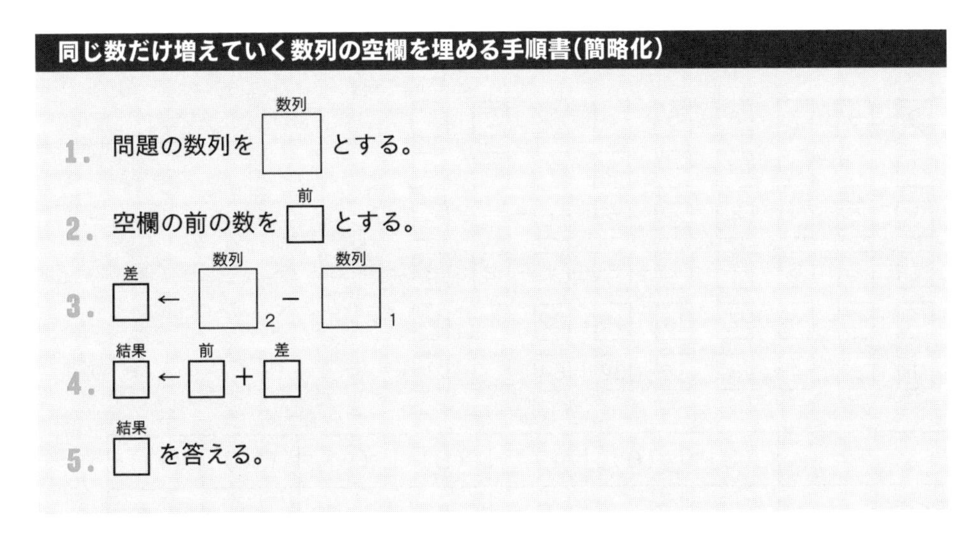

この手順書で解けるのは、どのような問題でしょうか。次の問題（3）のように同じ数ずつ増えていく数列は解けましたね。

問題(3) 2 4 6 8 10 12 14 16 □

では、解けない問題は、どのような問題でしょうか。「1.6 解けると解けないの境界線(仕様)」(90ページ)で学んだように、解ける問題を把握しておくことはとても大切です。

手順書が次の問題（6）～（11）に正答できるかを確認し、下の表にまとめましょう。

同じ数だけ増えていく数列の空欄を埋める手順書（簡略化）

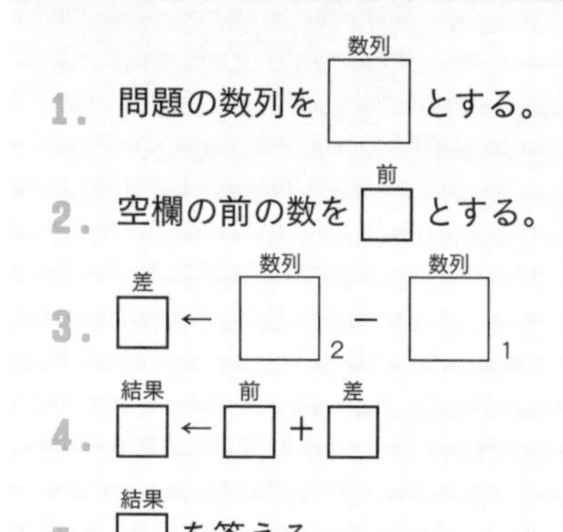

問題（6）　9　8　7　6　5　4　□　2　1

問題（7）　1　□　3　4　5　6　7　8　9

問題（8）　1　2　3　1　2　3　1　□　3

問題（9）　1　2　3　1　2　3　□　2　3

問題（10）　1　2　4　7　11　16　22　□　37

問題（11）　1　2　4　8　16　32　64　□　256

	（3）	（6）	（7）	（8）	（9）	（10）	（11）
手順書の答え	18						
正解	18						
手順書が正答したか	○						

ヒント
・問題（7）は、「1.5　解けない問題」（87ページ）と同じ状況です。
・問題（10）は、増える数が1ずつ増えていきます。
・問題（11）は、数が倍々に増えていきます。

前ページの手順書は、「2.2　同じ数だけ増えていく数列」（96ページ）に記したように、同じ数だけ増えていく数列を対象としています。そのため、「同じ数だけ増えていく数列」なら正しく答えられそうです。

	（3）	（6）	（7）	（8）	（9）	（10）	（11）
手順書の答え	18	3	−	2	4	23	65
正解	18	3	2	2	1	29	128
手順書が正答したか	○	○	×	○	×	×	×

問題(６)は１ずつ減って行く数列ですが、正しく答えられました。
一方、問題(７)は１ずつ増えていく数列ですが、答えられません。
問題(８)には正答しています。しかし、同じ数列でも問題(９)のように□の場所が違うと正答できません。運良く偶然に正答したと言えます。
問題(10)と問題(11)は、同じ数だけ増えていく数列ではありません。そのため、手順書は正答できませんでした。
この結果をまとめておきましょう。

2 問題を分類する

確実に解ける問題

手順書が確実に正答できるのは、次の２つの条件を両方満たす問題です。

条件１ 同じ数だけ増えていく、または減っていく数列
条件２ 空欄が３番目以降

この２つの条件を満たすのは問題(６)だけです。

解けない問題

空欄の場所が先頭や２番目にあると、差□を計算することができません。そのため、この手順書では答えることができません。
この条件には問題(７)が該当します。
問題(10)と問題(11)は、同じ数だけ増えていく数列ではありません。そのため、同じ数だけ増えていく数列を対象とする手順書で正答できないのは当然です。

解けたり解けなかったりする問題

問題(８)と(９)は 1 2 3 が繰り返される数列です。空欄の場所によって問題(８)は正答し、問題(９)は誤答します。同じ数だけ増える、または減る数列でなくても、偶然に解ける場合があります。

問題の種類を「確実に解ける問題」「解けない問題」「解けたり解けなかったりする問題」の３つに分類しました。
手順書で重要なのは、「確実に解ける問題」です。前ページに記した２つの条件を満たさない問題は、正答したとしても偶然でしかありません。手順書が対象とする問題は、「確実に解ける問題」ということになります。

2・10 方針の異なる手順書

1 増えていく数を使わずに空欄の数を計算する

同じ数ずつ増えていく数列の空欄を埋める問題の解き方の手順書は、次の通りでした。

同じ数だけ増えていく数列の空欄を埋める手順書

1. ２番目の数から１番目の数を引く。
2. 空欄の前の数に、手順書の「1」で計算した数を加える。
3. 手順書の「2」で計算した数を答える。

同じ問題を解く方法は他にもあります。増えていく数を直接計算するのではなく、空欄の前後の数から計算する方針を問題(2)を使って考えましょう。

問題(２) [1] [2] [3] [4] [ ] [6] [7] [8] [9]

+1 +1 +1 +1 +1 +1 +1 +1

増えていく数は１ですね。したがって、空欄の前の数 [4]（空欄前） は空欄の数よりも１小さく、空欄の後ろの数 [6]（空欄後） は空欄の数よりも１大きいので、次のように表すことができます。

[4]（空欄前） ＝ [ ]（空欄） −１

[6]（空欄後） ＝ [ ]（空欄） ＋１

ここで、 [4]（空欄前） と [6]（空欄後） を足し合わせます。すると、増えていく数１がプラスマイナスされて打ち消されます。

[4]（空欄前） ＋ [6]（空欄後） ＝ [ ]（空欄） −１＋ [ ]（空欄） ＋１

＝ [ ]（空欄） ＋ [ ]（空欄）

つまり、空欄前と空欄前の数を足すと、空欄２個分の数になります。

$\overset{\text{空欄前}}{\boxed{4}} + \overset{\text{空欄後}}{\boxed{6}}$ を半分にすれば空欄1個分の数、すなわち空欄の数 $\overset{\text{空欄}}{\boxed{}}$ になります。式としてあらわすと次のようになります。

$$\frac{\overset{\text{空欄前}}{\boxed{4}} + \overset{\text{空欄後}}{\boxed{6}}}{2} = \overset{\text{空欄}}{\boxed{}}$$

増えていく数を使わなくても空欄の数 $\overset{\text{空欄}}{\boxed{}}$ が計算できました。空欄が数列の2番目や7番目にあっても同じように計算ができます。下の図を使って確認してみましょう。

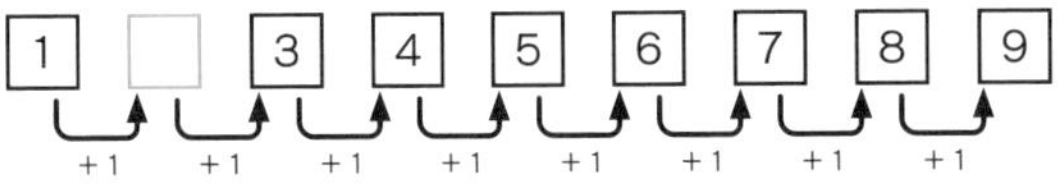
1 □ 3 4 5 6 7 8 9
+1 +1 +1 +1 +1 +1 +1 +1

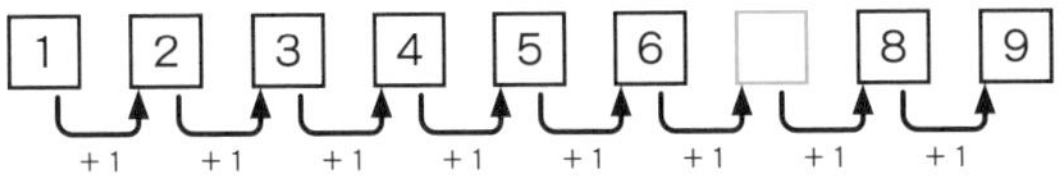
1 2 3 4 5 6 □ 8 9
+1 +1 +1 +1 +1 +1 +1 +1

空欄がどこにあっても同じ計算式になりますので、$\overset{\text{空欄前}}{\boxed{}}$ と $\overset{\text{空欄後}}{\boxed{}}$ の中身の数字を消しておきます。

$$\frac{\overset{\text{空欄前}}{\boxed{}} + \overset{\text{空欄後}}{\boxed{}}}{2} = \overset{\text{空欄}}{\boxed{}}$$

2 問題(4)に適用する

この方針を使って問題(4)を解くことができるか確かめてみましょう。

問題(4)

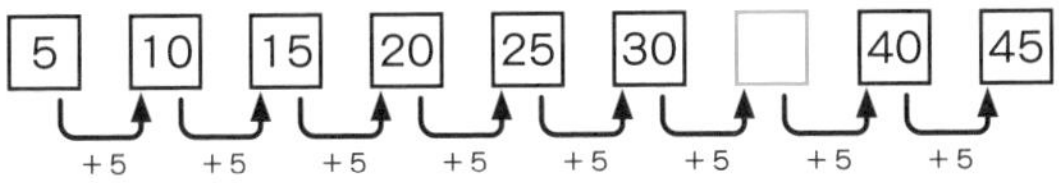
5 10 15 20 25 30 □ 40 45
+5 +5 +5 +5 +5 +5 +5 +5

空欄の前の数 $\overset{\text{空欄前}}{\boxed{}}$ は、空欄の数よりも5小さく、$\overset{\text{空欄後}}{\boxed{}}$ は、空欄の数よりも5大きいですね。それでは、式を見ていきましょう。(あ)(い)には、何が入りますか。

$\overset{\text{空欄前}}{\boxed{}} = \overset{\text{空欄}}{\boxed{}}$ −(あ)

$\overset{\text{空欄後}}{\boxed{}} = \overset{\text{空欄}}{\boxed{}}$ +(い)

増えていく数は、5なので、(あ)5(い)5ですね。(あ)と(い)の数が同じなので、空欄前と空欄後をたすと5は打ち消されます。

$$\begin{aligned}\overset{\text{空欄前}}{\boxed{30}} + \overset{\text{空欄後}}{\boxed{40}} &= \overset{\text{空欄}}{\boxed{}} - 5 + \overset{\text{空欄}}{\boxed{}} + 5 \\ &= \overset{\text{空欄}}{\boxed{}} + \overset{\text{空欄}}{\boxed{}}\end{aligned}$$

問題(2)で出てきた計算式と同じになりました。問題(2)と(4)が同じ式で解けることがわかりましたが、問題(2)と問題(4)以外の問題はどうなるか考えてみましょう。

3 問題の一般化

同じ数だけ増えていく数列を一般化して図示してみましょう。以前の手順書で使った増えていく数を表す変数[差]を使って図示しました。ただし、先頭の数をはじめとして具体的な数は決まっていませんので空欄と前後以外は■で数を表しています。

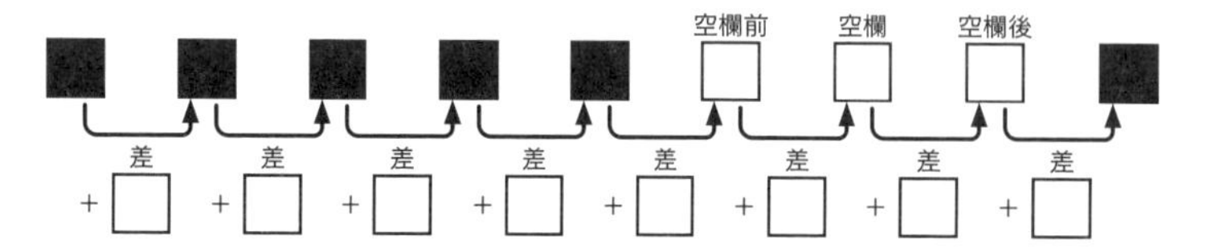

空欄の前の数[空欄前]は、空欄の数よりも増えていく数[差]だけ小さく、空欄の後ろの数[空欄後]は、空欄の数よりも増えていく数[差]だけ大きくなります。

この[差]を使って新しい方針の計算式を確かめておきましょう。

[空欄前] = [空欄] − [差]

[空欄後] = [空欄] + [差]

空欄前と空欄後を足すと[差]は打ち消されます。

[空欄前] + [空欄後] =([空欄] − [差])+([空欄] + [差])

= [空欄] + [空欄]

4 新しい方針の手順書を作成する

同じ数だけ増えていく数列なら、空欄前後の数だけから空欄に入る数を計算できることがわかりました。

この性質を使って新しい方針を立て、手順書を書いていきましょう。

新しい方針を記します。

空欄前後の数をたして２で割る－新しい方針－

1. 空欄前の数と空欄後ろの数をたして２で割る。
2. 手順書の「1」で計算した数を答える。

この方針は、確実に解ける問題の条件が前ページの方針と次のように異なります。

条件1 同じ数だけ増えていく、または減っていく数列
条件2 ~~空欄が3番目以降~~
空欄が先頭か最後尾でない

問題(3)と(7)を使って確かめておきましょう。

問題(3) [2] [4] [6] [8] [10] [12] [14] [16] [ ]

問題(3)は条件2の「空欄が先頭か最後尾ではない」にあてはまりませんので、今回の方針で解けなくなります。
問題(7)は条件1、条件2の両方にあてはまりますので、今回の方針で解けるようになります。

問題(7) [1] [ ] [3] [4] [5] [6] [7] [8] [9]

新しい方針に対応する手順書を変数を使って作成します。(あ)に計算式を入れましょう。

同じ数だけ増えていく数列の空欄を埋める手順書(ー新しい方針ー)

1. 空欄前の数を[前]、空欄後の数を[後]とする。
2. [結果] ← [(あ)]
3. [結果]を答える。

(あ)は $\frac{[前] + [後]}{2}$ になりますね。

(あ)を計算式で置き換えると、新しい方針の手順書は、次のようになります。

同じ数だけ増えていく数列の空欄を埋める手順書(ー新しい方針ー)

1. 空欄前の数を[前]、空欄後の数を[後]とする。
2. [結果] ← $\frac{[前] + [後]}{2}$
3. [結果]を答える。

Scratch で手順書をプログラミングする

新しい方針の手順書を問題(7)を使ってScratchでプログラミングしてみましょう。

完成したScratchプログラムは、ページ上のQRコード先で確認することができます。ScratchではなくPythonのプログラムは、129ページに移動してください。

同じ数だけ増えていく数列の空欄を埋める手順書(ー新しい方針ー)

1. 空欄前の数を □(前)、空欄後の数を □(後) とする。

2. □(結果) ← (□(前) + □(後)) / 2

3. □(結果) を答える。

問題(7)　1　□　3　4　5　6　7　8　9

問題(7)は、次のように「問題」リストとしてScratchに入力します。数字は半角で入力するよう注意してください。また、手順書の「2」が3つのブロックで構成されていることに注意してください。その結果、手順書の「3」の中まで手順書の「2」が入り込んでいます。

作成するScratchプログラムの全体像と解説

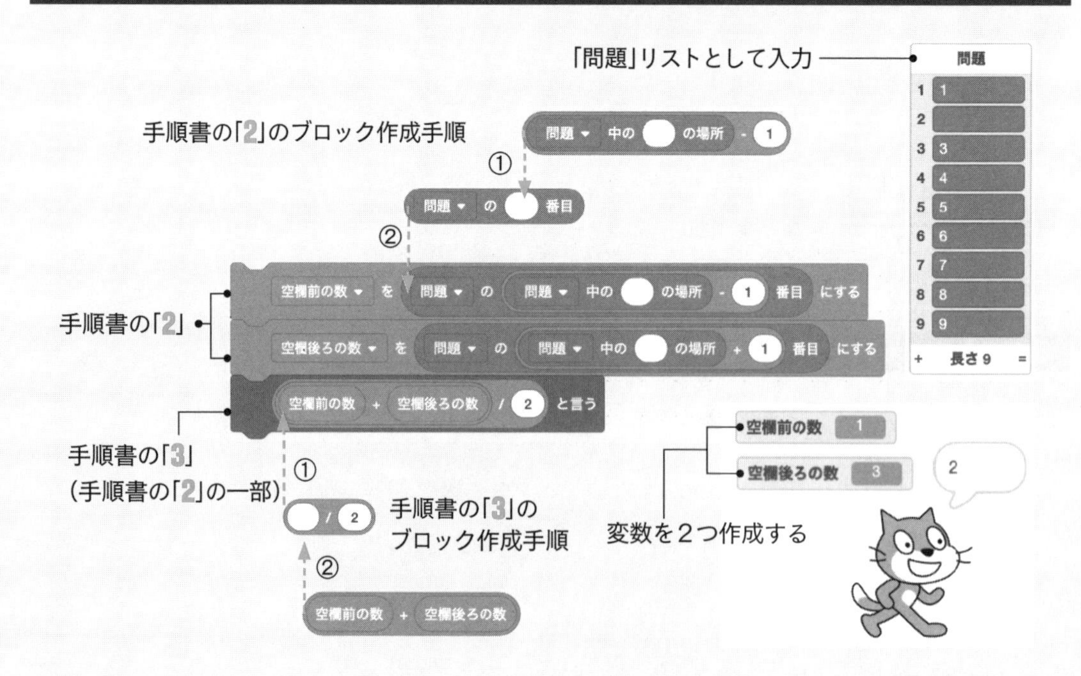

作成したプログラムを使って問題(4)(5)の空欄に入る数を求め、動作の確認をしておきましょう。

Python で手順書をプログラミングする

新しい方針の手順書を問題(7)を使ってPythonでプログラミングしてみましょう。
完成したPythonプログラムは、ページ上のQRコード先で確認することができます。

同じ数だけ増えていく数列の空欄を埋める手順書(ー新しい方針ー)

1. 空欄前の数を □(前)、空欄後の数を □(後) とする。
2. □(結果) ← $\frac{□(前) + □(後)}{2}$
3. □(結果) を答える。

問題(7)　1 □ 3 4 5 6 7 8 9

Pythonのプログラムも最初に問題(7)をmondaiリストとして与えます。数字は「" "」(ダブルクォーテーション)で囲みません。空欄を表すkuuranは、これまでと同じく「" "」で囲みます。

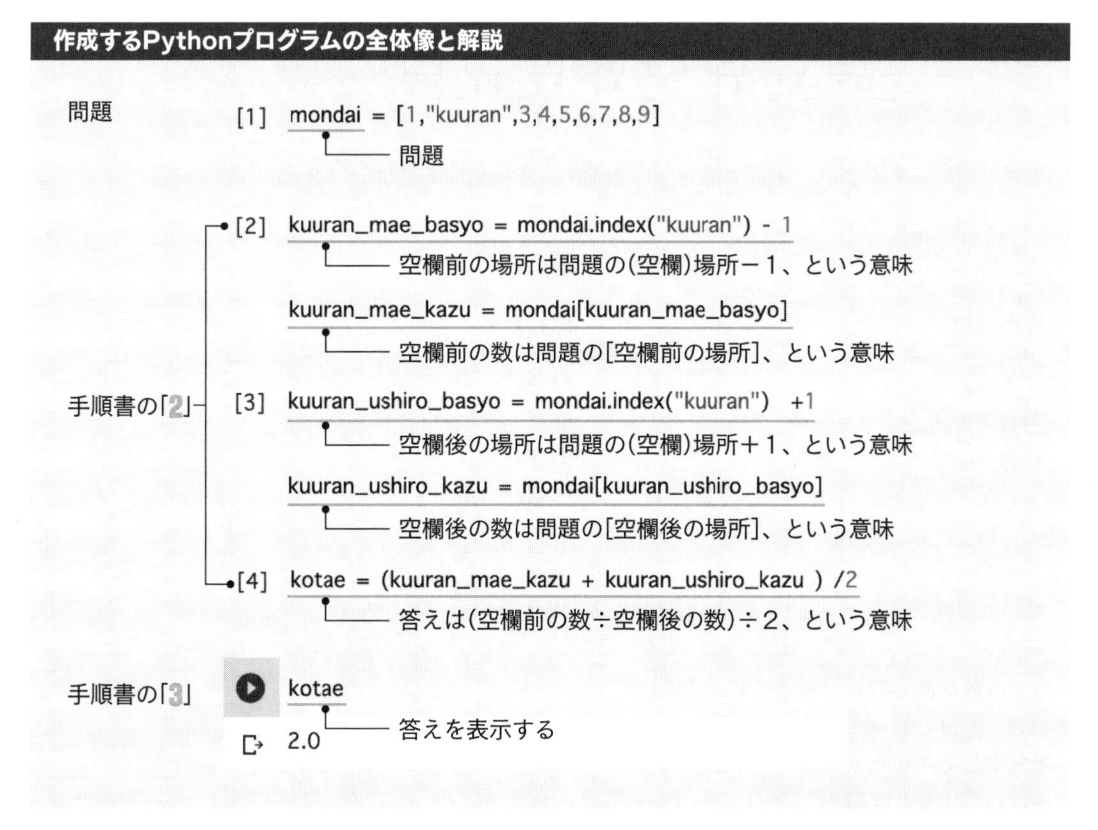

作成したプログラムを使って問題(4)(5)の空欄に入る数を求め、動作の確認をしておきましょう。

2・11 数列の種類

問題(10)と(11)の数列はどのような性質を持っているのでしょうか。「2.9 問題の分類(仕様)」のヒント(122ページ)には、次のように書きました。

・問題(10)は、増える数が1ずつ増えていきます。
・問題(11)は、数が倍々に増えていきます。

この点について、図を使って確認しましょう。

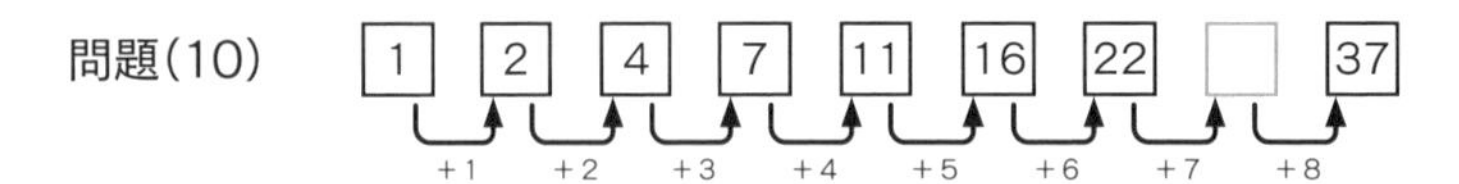

問題(10)は、増える数がだんだん大きくなっています。最初は1増えています。次は2増え、その次は3増えます。この関係を使うと空欄に入るのは29だとわかります。

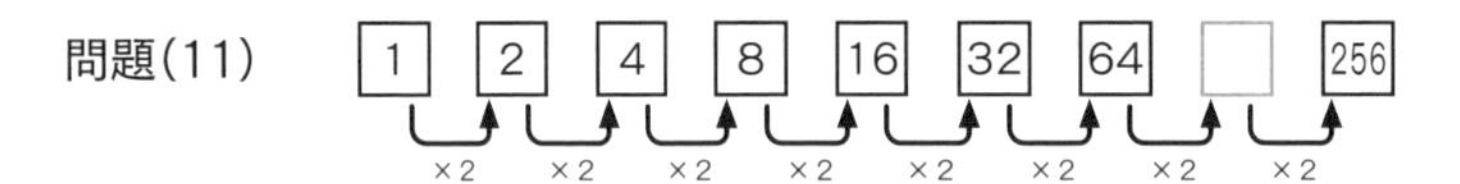

問題(11)は、数が2倍、2倍で増えていきます。空欄に入る数は64×2=128ですね。

これまでの問題で出てきた数列を種類別にまとめます。

数列の種類	問題番号
繰り返される数列	問題(1)(8)(9)
同じ数だけ増えていく数列	問題(2)(3)(4)(5)(7)
同じ数だけ減っていく数列	問題(6)
増える数が同じ数だけ増えていく数列	問題(10)
倍々に増えていく数列	問題(11)

ここで質問です。数列はいったい何種類あるのでしょうか。

・増える数が同じ数だけ減っていく数列
・半分、半分と減っていく数列
・半分にして1をたす数列
・倍にして1をたす数列
・前の数×前の数の数列

まだまだ色々な種類の数列を考えることができます。2つ前の数を使う数列だってあります。3つ前を使ってもよいでしょう。

算数の範囲を超えていいなら、もっともっと様々な種類の数列が考えられます。数え方にもよりますが、数列の種類は無限に存在します。

そのため、全ての数列に対応して空白を埋める手順書を作ることは不可能です。もちろん手順書だけでなく、園児さんや小学生でも、そして数学者であっても全ての種類の数列の空欄の数字を正しく埋めることはできません。数列に空いた穴を埋める問題って、じつはとっても難しい問題なんだな、と感覚的に判ってもらえたでしょうか。

▶空欄を埋める「正しい」数とは？

先ほどどんな数列に対しても正しく答えることは誰にでもできないと言いました。これは、何をもって「正しい」と言うかに依存します。私と親しい数学者の答えは「どんな場合でも『1』でいいや」です。私もこの答えに同意します。もっと言うと、空欄を埋める数はどんな数でも正しいです。

理由は、「無限に存在する数列から答えに一致する数列を探し出してくれば、いいのだから」です。なぜこの考えでよいかと言えば、「問題文にどんな数列なのか示していない」からです。空欄に「1」が入るような数列だと私が決定した（定義した）と言えば、「1」が間違いではなくなるのです。

数列に空いた空欄を埋める問題を根底から覆すような答え方ですね。しかし、このひねくれ具合がよいプログラムを作るためにはとても大切な武器になります。

みなさんが普段使っているスマホのアプリを考えてみましょう。ユーザーさんがアプリ作成者の思う通りに操作してくれるとは限りません。あっちこっちをタップしたり、アイコンをドラッグしてみたり、途中で着信があってアドレス帳を更新したりします。アプリ作成者にとってユーザーさんは予想外の操作をする存在なのです。

言ってみれば、問題作成者の意図しない数列だと解釈されることと同じです。大人数が利用するアプリやプログラムを設計する際には、捻くれ者が天邪鬼な行動をしても困らないようにしなければならないのです。

2・12 得意なこと、不得意なこと

1 不得意なこと

記号や数の並びの中にある空欄を埋める問題は、計算機にとって難しいというお話をしてきました。それも、園児さんが楽に解けるような問題であっても難しいということがお分かりいただけたと思います。また、なぜこの問題が難しいかについて手順書を使って説明してきました。空欄を埋めるためには様々なことを事前に考えて手順書を準備しなければいけないからでしたね。

空欄を埋める問題は、記号列や数列から並びの規則性を見つけ出し、空欄に入る記号や数を予測する問題だと一般化できます。そして、この予測するという問題を解くための方法(手順書)は、人工知能や機械学習といった先端科学技術になります。高校や大学で学習する微分とか差分といった数学の知識を使い、数式を使い倒し、それでもまだまだ難しい問題なのです。

つまり、空欄を埋める問題は、プログラミングやコンピュータについてよく知らないから難しくて面倒くさかったのではありません。専門家から見てもコンピュータに解いてもらうことが難しい問題の一種なのです。

コンピュータにとって不得意な問題は他にもあります。小学校１年生で習うレベルの文章題や図形問題はとても苦手です。

例えば、次のような文章題です。

問題 **公園で男の子が３人遊んでいます。女の子が４人きました。**

（1） 全部で何人でしょう。

（2） どちらが何人多いでしょう。

コンピュータにとって文章題は大変難しい問題です。なぜなら、言葉の意味を理解していないと計算式が作れないからです。

・「男の子」とか「女の子」って何？

・「公園」ってどんな場所？

・それとも遊具？

・いやいやもしかして食べ物？

コンピュータに言葉の意味を理解してもらうことは最先端の科学技術です。自然言語処理や人工知能といった分野の研究者が日々頑張って研究しているのです。

2　得意なこと

一方、コンピュータが胸をはって得意だと言えるのは、四則演算の計算です。しかも、得意というだけあってズバ抜けて得意なんです。

みなさんの中には１桁のたし算問題や九九のかけ算なら１分間で100問解けるという人がいるかと思います。コンピュータは、驚くほど速く計算できます。例えば、みなさんが持っているスマホは１分間で10億問は軽く解けます。人間よりも1,000万倍は速いことになります。

計算の速さが1,000万倍と言われてもあまり実感がわかないことと思います。一番わかりやすそうなお金に換算してみましょう。１円と1,000万円。１円じゃ何も買えませんが、1,000万円あれば、お家は無理でも高級車なら買えそうです。すごい違いですね。

時間に換算するとどうでしょう。スマホが１分で解ける問題数をみなさんが終えるのにかかる時間を求めてみましょう。スマホが１分で解ける10億問を、１分100問解ける計算の達人に24時間不眠不休で解いてもらいましょう。

10億問÷100問／1分＝1,000万分≒6,944日≒19年

なんと驚いたことに19年かかります。しかし、人間が24時間不眠不休で計算し続けるのは無理があります。達人の健康に配慮して１日に８時間働いてもらいましょう。すると３倍の時間がかかりますので19×３＝57。つまり、57年かかります。おぎゃーと生まれてから還暦近くまでの長い時間です。実感を持ってコンピュータの計算スピードの速さを理解していただけたのではないでしょうか。

園児さんが解けるような問題に苦労するかと思えば、得意分野では超人的な働きができる。コンピュータって面白いですね。

第3章 数列とプログラミング

数列とプログラミングには密接な関係があります。

本章では、プログラミングにおける数列の役割を学びます。この学びと社会基盤の例を通じて、自分自身でプログラミングを必要としない人であってもなぜプログラミンングを学ぶ必要があるのかを理解してもらいます。

3・1 数列を作成する

空欄を埋める問題を解くことが難しいことを第１章、第２章で学んできました。難しい理由の一つは、数列の種類が無限に存在するため、そもそもどのような数列かを推定することが大変難しいというお話でした。

では、推定するのが難しいのなら、決められた数列を作成する問題はいかがでしょう。

問題 **次の数列を作成しましょう。**

問題(１)　２から始まり、２ずつ増える数列
問題(２)　１から始まり、２ずつ増える数列

解答 **解答例は、次のようになります。**

(１)　2, 4, 6, 8, 10, …
(２)　1, 3, 5, 7, 9, …

問題(１)は偶数の数列、問題(２)は奇数の数列ですね。

簡単に解答できた人、悩んだ人がそれぞれいると思います。悩む理由の一つは、どこまで書けばいいのかです。どこで終わればいいのか問題文に書かれていません。問題(１)の場合、10で終わればいいのか、それとも100まで書かないといけないのか。そこで解答例では「ずっと続く」という意味で「…」を使っています。

偶数や奇数の数を書くだけなら園児さんでもできます。しかし、簡単なところから学んでいくと本質的な部分が見えてきますので、今しばらくお付き合いください。

「**2.9**　問題の分類(仕様)」(121ページ)で学んだように、数列にはたくさんの種類があります。偶数や奇数の数列よりも少し難しい数列を作ってみましょう。

問題 **次の数列を作成しましょう。**

問題(３)　１から始まり、前の数を２倍にする数列
問題(４)　１から始まり、前の数を２倍にして１を加える数列
問題(５)　２から始まり、「前の数 × 前の数」の数列

解答 **解答例は、次のようになります。**

問題(3)　1, 2, 4, 8, 16, 32, …
問題(4)　1, 3, 7, 15, 31, 63, …
問題(5)　2, 4, 16, 256, 65536, …

問題(5)の解説をします。

先頭の数は2です。2番目は、前の数×前の数、つまり2×2＝4で4となります。3番目は4×4＝16、4番目は16×16＝256、5番目は256×256＝65,536と計算されます。

第3章は、問題(1)～(5)の5つの数列を使って学んでいきます。

3・2 6番目の数（解析と漸化）

数列を作成する問題が与えられたとき、先頭から6番目の数を求めるにはどうすればいいでしょうか。問題（1）の偶数列を使って学んでいきましょう。

問題（1）　2, 4, 6, 8, 10, …（偶数列）

次の問題について計算する方法を考えます。

問題　**2から始まり、2ずつ増える数列の6番目の数を答えましょう。**

1　先頭から順に計算する方法（漸化的方法）

第1の方法は、先頭の数から順番に6番目まで計算する方法です。

先頭 2
+2
2番 2,4
+2
3番 2,4,6
+2
4番 2,4,6,8
+2
5番 2,4,6,8,10
+2
6番 2,4,6,8,10,12

6番目の数は、5番目の数10に2を足して12と計算します。
この方法を使えば、10番目の数も同じように計算できます。
7番目は、12＋2＝14、8番目は、14＋2＝16、9番目は、16＋2＝18。したがって、10番目の数は、18＋2＝20になります。
このように先頭から順に計算する方法を漸化的方法と言います。「漸」の意味は「ものごとを少しずつ進める」という意味です。先頭から1つずつ順に計算することを表すのにふさわしい名前ですね。

2 位置から計算する方法(解析的方法)

第２の方法は、計算したい位置から直接計算する方法です。
この方法では位置と数の関係を見ていきます。
下の表を見てください。数列の数は、位置の数を２倍した数になっています。

位置	1	2	3	4	5	…
数	2	4	6	8	10	…
	⋮	⋮	⋮	⋮	⋮	
	1×2	2×2	3×2	4×2	5×2	

したがって、６番目の数は、６×２＝12と計算されます。位置の数を２倍した数になりますので、10番目の数は、10を２倍すれば求まります。

計算式：　10×2＝20

それでは、この考え方に基づいて、計算したい位置から数を計算する式を作成しておきましょう。
数列上の位置を [　]（位置） で表します。６番目は [6]（位置） 番目、10番目は [10]（位置） 番目になります。
このとき、[　]（位置） 番目の数は、次式で計算できます。

計算式：　[　]（位置） ×2

この計算式を使うと、100番目の数は、[100]（位置） ×２＝200 で計算できます。
このように、計算したい位置から計算する方法を解析的方法と言います。

3・3 解答を求める2つの方法の比較

数列の計算方法を2つ学びました。それでは2つの特徴を調べてみましょう。

1 計算回数を比較する

6番目の数を求めるまでに何回計算する必要があるでしょうか。「先頭から順に計算する方法」と「位置から計算する方法」について考えてみます。

先頭から順に計算する方法	位置から計算する方法
1回　2+2=4　（2番目の数）	1回　6×2=12
2回　4+2=6　（3番目の数）	
3回　6+2=8　（4番目の数）	
4回　8+2=10　（5番目の数）	
5回　10+2=12　（6番目の数）	
計算回数は5回	計算回数は1回

10番目の数を求めるまでに何回計算する必要があるか、考えてみましょう。計算したい位置と数を求めるのに必要な計算回数の関係は、次のようになります。

位置	6番目	10番目	100番目	1,000番目	10,000番目
先頭から順に計算する方法の計算回数	5回	9回	99回	999回	(あ)回
位置から計算する方法の計算回数	1回	1回	1回	1回	(い)回

「先頭から順に計算する方法」は、位置が後ろになればなるほど計算回数が増えます。一方、「位置から計算する方法」の計算回数は、位置に関係なく1回です。計算回数で比較すると、位置から計算する方法が圧倒的に優れています。

練習問題　上表の(あ)(い)に入る回数を答えましょう。

練習問題の解答　(あ) 9,999　(い) 1

2 計算式を比較する

偶数列に対しては、「位置から計算する式」を簡単に作ることができました。しかし、いつも簡単とは限りません。問題(２)～(４)を使ってもう一度考えてみましょう。

問題(２)　1, 3, 5, 7, 9, …　(奇数列)
問題(３)　1, 2, 4, 8, 16, 32,…　(前の数を2倍する)
問題(４)　1, 3, 7, 15, 31, 63, …　(前の数を2倍して1を足す)

問題の右側にあるかっこ内の文は、先頭から順に計算する式そのものですね。
次に位置から直接計算する方法について考えてみましょう。
位置を変数 $\overset{\text{位置}}{\square}$ で表したときの計算式は、次のようになります。

問題(２)　$\overset{\text{位置}}{\square}\times 2-1$　…………　$\overset{\text{位置}}{\square}$を２倍して１引いた数

問題(３)　$2^{\overset{\text{位置}}{\square}-1}$　…………　2の($\overset{\text{位置}}{\square}$ −1)乗、つまり、2を($\overset{\text{位置}}{\square}$ −1)回かけた数

問題(４)　$2^{\overset{\text{位置}}{\square}}-1$　…………　2を $\overset{\text{位置}}{\square}$ 乗して1引いた数

ここでは計算式の求め方についての説明は行いません。簡単な数列でも計算式が複雑なことがわかってもらえれば十分です。
問題(２)～(４)について３番目の数を「位置から計算する方法」で考えたとき、$\overset{\text{位置}}{\boxed{3}}$ 番目の数を計算式で求めてみましょう。

問題(２)　$\overset{\text{位置}}{\boxed{3}}\times 2-1=3\times 2-1=5$

問題(３)　$2^{\overset{\text{位置}}{\boxed{3}}-1}=2^{(3-1)}=2^2=2\times 2=4$

問題(４)　$2^{\overset{\text{位置}}{\boxed{3}}}-1=2^3-1=2\times 2\times 2-1=8-1=7$

3 まとめ

「先頭から順に計算する方法」と「位置から計算する方法」という２つの方法の特徴をまとめます。
「先頭から順に計算する方法」は、計算回数が多くなりますが、計算式は簡単です。一方、「位置から計算する方法」は、計算回数は少ないですが、計算式を求めるのが大変です。計算式の求め方は、高校数学で習いますので、本書では省略します。

比較項目	計算回数	計算式
先頭から順に計算する方法	×(計算回数が多くなる)	○(計算式は簡単)
位置から計算する方法	○(計算回数が少ない)	×(計算式が大変)

2つの計算方法とコンピュータとの相性を考えるにあたり、計算機の特徴を思い出しましょう。計算機の最大の特徴は計算スピードがとてつもなく速いことです。「2.12　得意なこと、不得意なこと」(132ページ)で述べましたが、人間の1,000万倍は速いです。

これだけ速いと計算回数が多少多くても気にする必要がなくなります。仮に1秒間に1,000万回計算できたとします。このコンピュータで計算を1万回しても1 ms (1/1,000秒) しかかかりません。1万回の計算は一瞬で終わってしまうのです。つまり、比較項目の計算回数をさほど気にしなくてもよいことになります。

計算が速いコンピュータにとって、「先頭から順に計算する方法」の方がとても相性がよいのです。

▶コンピュータにも限界はある

コンピュータの計算はとても速いとはいっても、限界はあります。1万回の計算が1ms (1/1,000秒) で終わったとしても、1億回の計算には10秒かかってしまいます。10秒なら短いと思うかもしれません。しかし、一定の時間内に計算を終わらせる必要があるプログラムもあります。例えばアクションゲームがこれに該当します。ボタンを押してからキャラクターが動くまでに1秒かかっていてはゲームになりません。そのため解析的方法を使ってどれだけ計算回数を減らせるか、ということに努力が払われます。

もう一つの限界は、オセロや将棋といった対戦型ボードゲームで発生します。オセロで白黒のコマを打ったり将棋のコマを動かしたりする場合、相手の次の一手、その次に打つ自分の一手と、盤面の先読みを行い、一番よい手を選びます。将棋の場合、自分のコマの数は20個あるので、どのコマを動かすかだけでも20種類あります。自分が動かすコマが20種類、相手が動かすコマが20種類あるので、2手先までコマを動かす組み合わせは20×20＝400種類あります。このように先読みを1手増やすと動かすコマの組み合わせは20倍になります。5手先まで読むと320万種類の、10手先まで読むと約10億種類の組み合わせを考えなければなりません。さらに5手増やして15手まで先読みするとと3,200兆種類です。少し先読みする手数を増やすだけで組み合わせが膨大な数になってしまう。これもコンピュータが不得意な問題になります。

3・4 先頭から順に計算する式の書き方（漸化式）

3・4・1 場所の表し方

コンピュータと相性のよい方法である「先頭から順に計算する方法」の式を作りましょう。

式の作成にあたっては、$\overset{数列}{\square}$ を使います。数列の位置は添字を使います。例えば２番目なら、$\overset{数列}{\square}_2$ になります。数列であることが明らかな場合、$\square_2$ のように「数列」を省略することにします。詳しくは、「**2.8**　変数・配列・添字・←（矢印）」（117ページ）を参照してください。

計算対象の数を先頭から順に計算するには、「計算対象」や計算対象の「前」を表す言葉が必要になります。下に３種類の表し方を示します。

	先頭	2番目	3番目		前の数	計算対象	後の数	
日本語での表し方１	$\square_1$	$\square_2$	$\square_3$	…	$\square_{前}$	$\square_{対象}$	$\square_{後}$	…
日本語での表し方２	$\square_1$	$\square_2$	$\square_3$	…	$\square_{対象-1}$	$\square_{対象}$	$\square_{対象+1}$	…
プログラムでの表し方	$\square_1$	$\square_2$	$\square_3$	…	$\square_{i-1}$	$\square_i$	$\square_{i+1}$	…

日本語の表し方（日本語での表し方１）では、「対象」や「前」といった直接的な言葉を使って場所を表しています。具体的な位置を表す場合には、「対象」や「前」は５や６といった数字に置き換えることになります。例えば「対象」が６のとき、「前」は５であり、「後」は７になります。

「前」は「対象」より１つ小さい数であり、「後」は「対象」より１つ大きい数です。この関係を数式で表したのが、日本語での表し方２になります。「前」は「対象－１」になり、「後」は「対象＋１」になっています。

日本語の「対象」をアルファベット一文字で表すのがプログラムでの表し方になります。整数を意味するIntegerという英単語の先頭一文字をとって次のように「i」が使われます。

$$\square_i$$

これ以降、数列における計算対象の場所を i と記述することにします。

3·4·2 計算する式を作成する

1 偶数列を計算する式

問題(1)の数列を先頭から順に計算する式を作っていきましょう。

問題(1)　2, 4, 6, 8, 10, …（偶数列）

問題(1)は、偶数列なので、計算対象の数は前の数よりも2つ大きいです。この関係を式にします。今回は「日本語での表し方1」と「プログラムでの表し方」の両方の形で書いてみます。

日本語での表し方1　$\square_{対象} = \square_{前} + 2$

プログラムでの表し方　$\square_{i} = \square_{i-1} + 2$

上の式とは別に先頭の数を決める必要があります。先頭の数を決める式を、次のように書きます。

$$\square_{1} = 2$$

偶数列を表すには2つの式が必要です。この2つの式が組になっていることは、次のように「{」（波括弧）を使って表します。

$$\begin{cases} \square_{i} = \square_{i-1} + 2 & i \geq 2 \quad (i\text{は2以上の数}) \\ \square_{1} = 2 \end{cases}$$

上の式に新しい情報が増えています。$i \geq 2$です。この式で、iを使って計算する場所は2番目からであり、先頭（1番目）は対象外であることを明確にしています。

2番目からの計算に使うことなんて当たり前だろ、と言いたいところですが、その当たり前も書いておくことにしましょう。

2 式の使い方

偶数列を計算する式を使ってみましょう。

$$\begin{cases} \square_{i} = \square_{i-1} + 2 & i \geq 2 \quad (i\text{は2以上の数}) \\ \square_{1} = 2 \end{cases}$$

先頭から６番目まで計算してみましょう。

位置	計算	作成中の数列
先頭	$\square_1 = 2$	[2]
２番	$\square_2 = \boxed{2}_1 + 2 = 4$	[2][4]
３番	$\square_3 = \boxed{4}_2 + 2 = 6$	[2][4][6]
４番	$\square_4 = \boxed{6}_3 + 2 = 8$	[2][4][6][8]
５番	$\square_5 = \boxed{8}_4 + 2 = 10$	[2][4][6][8][10]
６番	$\square_6 = \boxed{10}_5 + 2 = 12$	[2][4][6][8][10][12]

3 奇数列を計算する式

問題(２)の数列(奇数列)を先頭から順に計算する式を作っていきましょう。

問題(２)　1, 3, 5, 7, 9, …(奇数列)

２ずつ大きくなるという点は偶数列と同じです。異なるのは先頭の数が１という点です。

$$\begin{cases} \square_i = \square_{i-1} + 2 & i \geq 2 \quad (i\text{ は2以上の数}) \\ \square_1 = 1 & \end{cases}$$

練習問題　作成した奇数列を計算する式を使って先頭から６番目まで計算しましょう。(あ)〜(さ)に入る数字を答えましょう。

位置	計算	作成中の数列
先頭	$\square_1 =$ (あ)	[1]
２番	$\square_2 = \square_1 + 2 =$ (い)	[1] ＿(き)＿
３番	$\square_3 = \square_2 + 2 =$ (う)	[1] ＿(く)＿
４番	$\square_4 = \square_3 + 2 =$ (え)	[1] ＿(け)＿
５番	$\square_5 = \square_4 + 2 =$ (お)	[1] ＿(こ)＿
６番	$\square_6 = \square_5 + 2 =$ (か)	[1] ＿(さ)＿

練習問題の解答　(あ) 1　(い) 3　(う) 5　(え) 7　(お) 9
(か) 11　(き) [3]　(く) [3][5]　(け) [3][5][7]　(こ) [3][5][7][9]
(さ) [3][5][7][9][11]

4 前の数を２倍する数列を計算する式

前の数を２倍する問題(３)の数列を先頭から順に計算する式を作っていきましょう。

問題(３)　1, 2, 4, 8, 16, 32, …(前の数を2倍する)

前の数の２倍になることを式に表してみましょう。

$$\square_i = \square_{i-1} \times 2$$

問題(１)の偶数列や問題(２)の奇数列の式との違いは、＋が×になった点だけですね。先頭の数を決める式を追加しましょう。(あ)と(い)を埋めて式を完成させましょう。

$$\begin{cases} \square_i = \square_{i-1} \times 2 & i \geq (\text{あ}) \quad (i\text{は2以上の数}) \\ \square_1 = (\text{い}) & \end{cases}$$

(あ)は２、(い)は１ですね。

5 前の数を２倍して１を足す計算をする式

前の数を２倍して１を足す問題(４)の数列を先頭から順に計算する式を作ります。(う)を埋めて完成させましょう。

問題(４)　1, 3, 7, 15, 31, 63, …(前の数を2倍して1を足す)

$$\begin{cases} \square_i = \square_{i-1} \times 2 + (\text{う}) & i \geq 2 \quad (i\text{は2以上の数}) \\ \square_1 = 1 & \end{cases}$$

(う)は、１です。

6 前の数×前の数の計算をする式

前の数×前の数となっている問題(５)の数列を先頭から順に計算する式を作ります。(え)を埋めて完成させましょう。

問題(５)　2, 4, 16, 256, 65536, …(前の数×前の数)

$$\begin{cases} \square_i = \square_{i-1} \times \square_{i-1} & (i \geq 2) \\ \square_1 = (\text{え}) & \end{cases}$$

この式の中に $\square_{i-1}$ が2回出てきます。

今回の式から i の範囲について日本語の注釈「i は2以上の数」を書くのをやめました。それに伴い、$i \geq 2$ をカッコ付けにしました。数式 $i \geq 2$ だけでも意味が取れるようにしましょう。

(え)は、2です。

練習問題 3ずつ増える問題(6)の数列と3倍して1引く問題(7)の数列を計算する式を作ります。次の(あ)～(か)に入る数や式を答えましょう。

問題(6)　3, 6, 9, 12, 15, …（3ずつ増える）

$$\begin{cases} \square_i = \underline{\quad(あ)\quad} & (i \geq 2) \\ \square_1 = (い) \end{cases}$$

問題(7)　1, 2, 5, 14, 43, …（3倍して1を引く）

$$\begin{cases} (う) = \underline{\quad(え)\quad} & (i \geq 2) \\ (お) = (か) \end{cases}$$

7　計算式から数列を作成する

数列から計算式を作ることに慣れたところで、今度は、計算式から数列を作ってみましょう。
次の計算式の数列を6番目まで作ってください。

$$\begin{cases} \square_i = \square_{i-1} \times 2 - 1 & (i \geq 2) \\ \square_1 = 2 \end{cases}$$

解答は、次のようになります。

$\square_1 = 2$、$\square_2 = 3$、$\square_3 = 5$、$\square_4 = 9$、$\square_5 = 17$、$\square_6 = 33$ です。

数列を作る計算式のことを数学用語で漸化式（ぜんかしき）と言います。「数列を作る計算式」と言うよりも「漸化式」と言った方がカッコイイかもしれません。

練習問題の解答　(あ) $\square_{i-1} + 3$　(い) 3　(う) $\square_i$　(え) $\square_{i-1} \times 3 - 1$
(お) $\square_1$　(か) 1

3・5 数列を作る手順書

数列を作る計算式(漸化式)ができましたので、これを手順書にしてみましょう。

3・5・1 漸化式を手順書に変換する方法

1 手順書のひな形

手順書のひな形に漸化式の各式を入れると変換することができます。
まずは手順書のひな形を確認しましょう。

手順書のひな形

1. 先頭の計算式
2. $i \leftarrow 2$　　(位置を表す i を２にする)
3. ２番目以降の計算式
4. $i \leftarrow i+1$　　(i に１を足す。つまり計算する位置を次に移動する)
5. 手順書の「3」に戻る。

手順書の「5」に到達したら、手順書の「3」に戻ります。そして手順書の「3」から手順書の「5」を繰り返します。

2 偶数列を作る手順書

偶数列を作る計算式(漸化式)を手順書にしてみましょう。

問題(１)　2, 4, 6, 8, 10, …(偶数列)

$$\begin{cases} \square_i = \square_{i-1} + 2 & (i \geq 2) \\ \square_1 = 2 \end{cases}$$

偶数列を作る手順書

1. $\square_1 \leftarrow 2$　　（先頭の計算式）
2. $i \leftarrow 2$　　（位置を表す i を２にする）
3. $\square_i \leftarrow \square_{i-1} + 2$　　（２番目以降の計算式）
4. $i \leftarrow i + 1$　　（i に１を足す。つまり計算する位置を次に移動する）
5. 手順書の「3」に戻る。

漸化式の＝が手順書では←になっています。←については「計算式の多様性」(103ページ)でも述べていますが、豆知識を１点追加しておきます。

手順書の「1」で数列の位置を表すiに１を加えています。もし、ここに←ではなく＝を使っていたらどうなるでしょうか。

$$i = i + 1$$

中学で学んだ数学を頭に浮かべた人は、この計算式を方程式だと勘違いする可能性があります。方程式だと思って両辺からiを引くと０＝１となって意味をなさないため、とても居心地が悪く感じるそうです。そのため本書では＝ではなく←を使っています。

←ではなく＝で手順書を書いても問題ありませんが、混乱しないように注意してください。

練習問題 問題(2)(4)(5)の数列を作成する計算式を手順書にします。問題(2)(4)(5)のそれぞれについて、手順書のひな形の(あ)(い)に入る式を答えましょう。

問題(2)　1, 3, 5, 7, 9, …(奇数列)

$$\begin{cases} \square_i = \square_{i-1} + 2 & (i \geq 2) \\ \square_1 = 1 \end{cases}$$

問題(4)　1, 3, 7, 15, 31, 63, …(前の数を2倍して1を足す)

$$\begin{cases} \square_i = \square_{i-1} \times 2 + 1 & (i \geq 2) \\ \square_1 = 1 \end{cases}$$

問題(5)　2, 4, 16, 256, 25536, …(前の数×前の数)

$$\begin{cases} \square_i = \square_{i-1} \times \square_{i-1} & (i \geq 2) \\ \square_1 = 2 \end{cases}$$

手順書のひな形

1. [(あ)]　(先頭の計算式)
2. $i \leftarrow 2$　(位置を表す i を2にする)
3. [(い)]　(2番目以降の計算式)
4. $i \leftarrow i + 1$　(i に1を足す。つまり計算する位置を次に移動する)
5. 手順書の「3」に戻る。

練習問題の解答

問題(2)　(あ) $\square_1 \leftarrow 1$　(い) $\square_i \leftarrow \square_{i-1} + 2$

問題(4)　(あ) $\square_1 \leftarrow 1$　(い) $\square_i \leftarrow \square_{i-1} \times 2 + 1$

問題(5)　(あ) $\square_1 \leftarrow 2$　(い) $\square_i \leftarrow \square_{i-1} \times \square_{i-1}$

3·5·2 手順書の動作確認

手順書の動作を順に見ていくことで、数列が作成できることを確かめましょう。

偶数列を作る手順書

1. $\square_1 \leftarrow 2$ (先頭の計算式)
2. $i \leftarrow 2$ (位置を表す i を2にする)
3. $\square_i \leftarrow \square_{i-1} + 2$ (2番目以降の計算式)
4. $i \leftarrow i + 1$ (i に1を足す。つまり計算する位置を次に移動する)
5. 手順書の「3」に戻る。

この手順書の動作を手順に沿って見ていくと次のような表にまとめることができます。

動作順	手順	説明	i の値	作成済みの数列
1	手順書の「1」	数列最初の数を設定	-	2
2	手順書の「2」	iを設定	2	2
3	手順書の「3」	i番目(2番目)を計算	2	2 4
4	手順書の「4」	iに1を加える	3	2 4
5	手順書の「5」	手順書の「3」～「5」の繰り返し(1回目終わり)	3	2 4
6	手順書の「3」	i番目(3番目)を計算	3	2 4 6
7	手順書の「4」	iに1を加える	4	2 4 6
8	手順書の「5」	手順書の「3」～「5」の繰り返し(2回目終わり)	4	2 4 6
9	手順書の「3」	i番目(4番目)を計算	4	2 4 6 8
10	手順書の「4」	iに1を加える	5	2 4 6 8
11	手順書の「5」	手順書の「3」～「5」の繰り返し(3回目終わり)	5	2 4 6 8

⋮

以降、ずっと続いていきます。

練習問題 問題(3)の数列を作成する手順書の動作確認をします。(あ)～(な)を埋めましょう。

問題(3)1, 2, 4, 8, 16, 32, …(前の数を2倍)

問題(3)の数列を作る手順書

1. $\square_1 \leftarrow 1$ (先頭の計算式)
2. $i \leftarrow 2$ (位置を表す i を 2 にする)
3. $\square_i \leftarrow \square_{i-1} \times 2$ (2番目以降の計算式)
4. $i \leftarrow i + 1$ (i に1を足す。つまり計算する位置を次に移動する)
5. 手順書の「3」に戻る。

動作順	手順	説明	iの値	作成済みの数列
1	手順書の「1」	数列最初の数を設定	-	(あ)
2	手順書の「2」	iを設定	(い)	(う)
3	手順書の「3」	i番目(2番目)を計算	(え)	(お)
4	手順書の「4」	iに1を加える	(か)	(き)
5	手順書の「5」	手順書の「3」～「5」の繰り返し(1回目終わり)	(く)	(け)
6	手順書の「3」	i番目(3番目)を計算	(こ)	(さ)
7	手順書の「4」	iに1を加える	(し)	(す)
8	手順書の「5」	手順書の「3」～「5」の繰り返し(2回目終わり)	(せ)	(そ)
9	手順書の「3」	i番目(4番目)を計算	(た)	(ち)
10	手順書の「4」	iに1を加える	(つ)	(て)
11	手順書の「5」	手順書の「3」～「5」の繰り返し(3回目終わり)	(と)	(な)

⋮

練習問題の解答

(あ) [1]　(い) 2　(う) [1]　(え) 2
(お) [1][2]　(か) 3　(き) [1][2]　(く) 3
(け) [1][2]　(こ) 3　(さ) [1][2][4]　(し) 4
(す) [1][2][4]　(せ) 4　(そ) [1][2][4]　(た) 4
(ち) [1][2][4][8]　(つ) 5　(て) [1][2][4][8]　(と) 5
(な) [1][2][4][8]

Scratch で手順書をプログラミングする

次の手順書を使ってScratchで偶数列を作る漸化式をプログラミングしてみましょう。

完成したScratchプログラムは、ページ上のQRコード先で確認することができます。ScratchではなくPythonのプログラムは、155ページに移動してください。

偶数列を作る手順書

1. $\square_1 \leftarrow 2$　（先頭の計算式）
2. $i \leftarrow 2$　（位置を表す i を２にする）
3. $\square_i \leftarrow \square_{i-1} + 2$　（２番目以降の計算式）
4. $i \leftarrow i + 1$　（i に１を足す。つまり計算する位置を次に移動する）
5. 手順書の「3」に戻る。

作成するScratchプログラムの全体像と解説

上の手順書はいつまでたっても終わらないので、手順書の「5」を５回繰り返したら終えるようにしています。

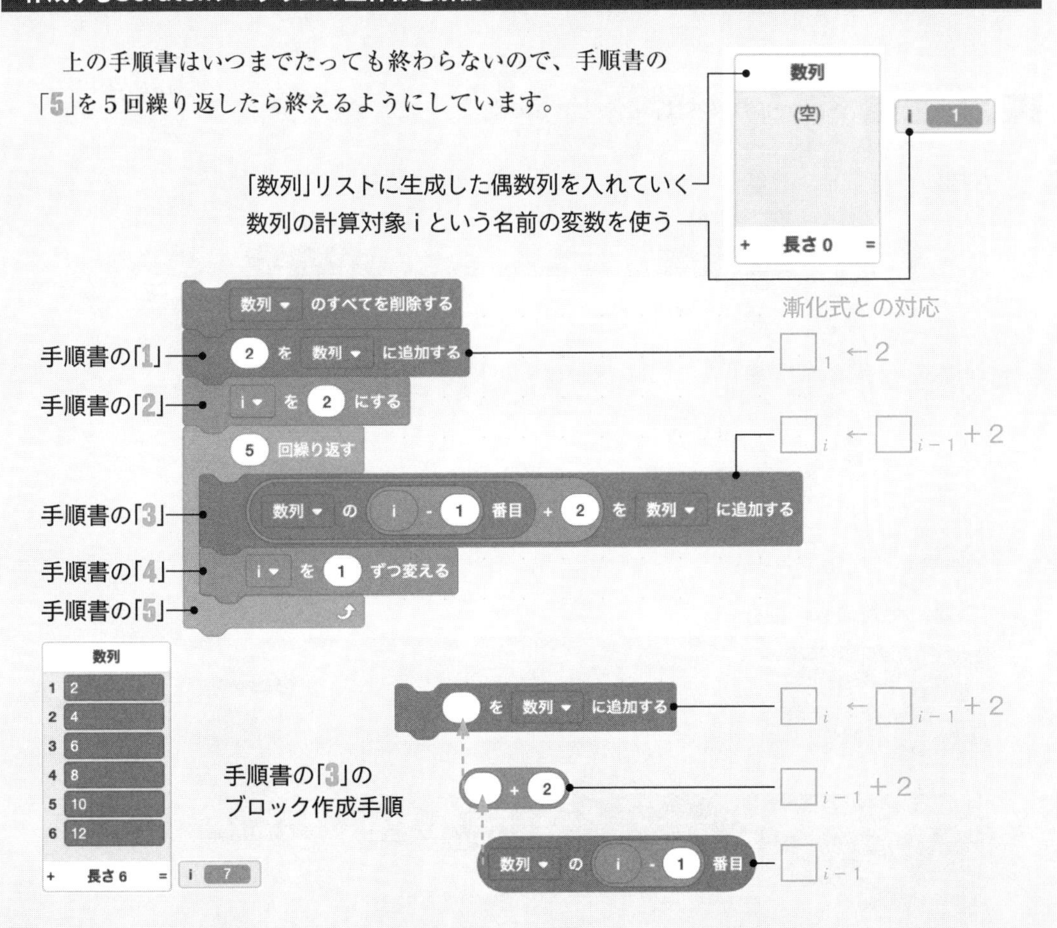

練習問題 作成したScratchプログラムを改造して、次の漸化式の数列を作成し、動作を確認しましょう。

奇数列（1, 3, 5, 7, 9, 11, 13, …）を10番目まで

$$\begin{cases} \square_i \leftarrow \square_{i-1} + 2 & (i \geq 2) \\ \square_1 \leftarrow 1 \end{cases}$$

前の数 × 前の数の数列を6番目まで

$$\begin{cases} \square_i \leftarrow \square_{i-1} \times \square_{i-1} & (i \geq 2) \\ \square_1 \leftarrow 2 \end{cases}$$

練習問題の解答 Scratchの解答は、次のとおりです。

奇数列

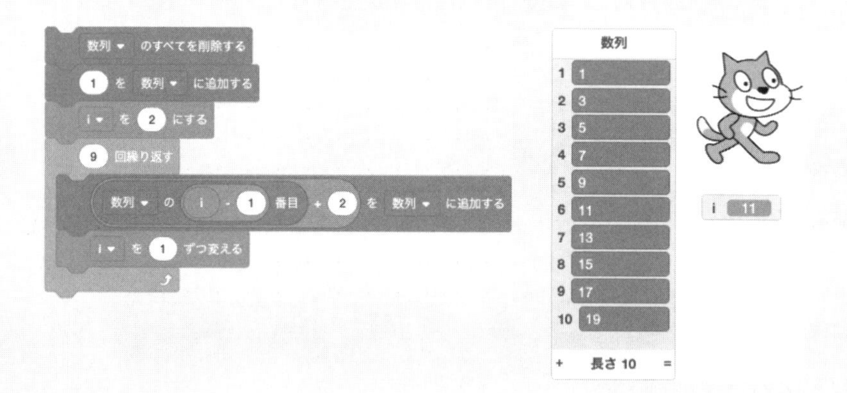

前の数 × 前の数の数列

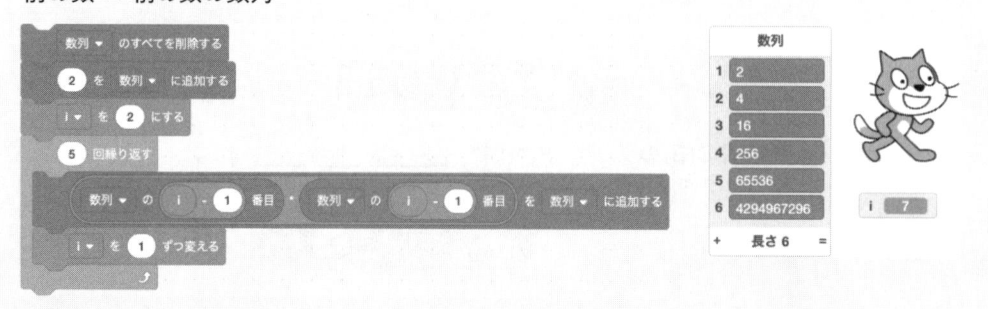

Pythonで手順書をプログラミングする

次の手順書を使ってPythonで偶数列を作る漸化式をプログラミングしてみましょう。
完成したPythonプログラムは、ページ上のQRコード先で確認することができます。

偶数列を作る手順書

1. $\square_1 \leftarrow 2$ （先頭の計算式）
2. $i \leftarrow 2$ （位置を表すiを２にする）
3. $\square_i \leftarrow \square_{i-1} + 2$ （２番目以降の計算式）
4. $i \leftarrow i + 1$ （iに１を足す。つまり計算する位置を次に移動する）
5. 手順書の「3」に戻る。

この「偶数列を作る手順書」は、Pythonでプログラミングするのに適していません。そこで数列を作成する一般的なfor文を使った例を紹介したいと思います。

作成するPythonプログラムの全体像

```
[1]  suuretsu = []

[2]  for i in range(6):
       if i == 0:
         suuretsu.append(2)
       else:
         suuretsu.append( suuretsu[i-1] + 2)

[3]  suuretsu

     [2, 4, 6, 8, 10, 12]
```

Pythonのプログラムでは、suuretsuというリストに奇数列を入れていきます。
計算する場所を表す変数にはｉを使っています。
上の手順書はいつまでたっても終わらないため、このPythonのプログラムでは６番目まで計算したら終えることにします。この繰り返しの実現には「for i in range (6)」を使っています。
プログラム［２］の「if」と「else」は、字下げの位置が揃っています。また、「if」と「else」の次行の「suuretsu.append ()」の字下げ位置も揃っています。この位置揃えに気をつけながら、プログラミングしましょう。

Pythonのプログラムを詳しく見ていきましょう。

作成するPythonプログラムの解説

[1] suuretsu = []
　suuretsu（数列）はからっぽのリスト、という意味

　i は何番目の繰り返しかを表す（ i は0から5まで順に大きくなる）

[2] for i in range(6):
　6回繰り返す、という意味

タブ　もし i が0なら、という意味

```
	if i == 0:
		suuretsu.append(2)
```

タブ2つ　数列に2を追加、という意味

漸化式との対応 $\square_1 \leftarrow 2$

タブ　そうでなければ、という意味

```
	else:
		suuretsu.append( suuretsu[i-1] + 2)
```

タブ2つ　数列に$\square_{i-1}$ +2を追加、という意味

漸化式との対応 $\square_i \leftarrow \square_{i-1} + 2$

[3] suuretsu　数列を表示する、という意味

[2, 4, 6, 8, 10, 12]

プログラム[2]の「if」と「else」は、字下げにタブ(tab)を使っています。そして、「suuretsu.append()」の字下げにはタブを2つ使っています。字下げによる位置合わせに注意してプログラミングしましょう。

▶Pythonの順序と漸化式の順序

漸化式（先頭から順に計算する式）をPythonでプログラムする場合、添字のずれに気をつける必要があります。第1章（31ページ）でも記載したようにPythonはリストを0番目から数え始めます。一方、漸化式では先頭の添字が1になっています。この違いを意識してプログラムを読んでください。すると[2]の2行目「if i == 0：」（もし i が0なら）は、漸化式の先頭を表していることがわかります。

Pythonの数え方	0番	1番	2番	3番	4番	5番
suuretsu = [	2,	4,	6,	8,	10,	12]

練習問題 作成したPythonプログラムを改造して、次の漸化式の数列を作成し、動作を確認しましょう。

奇数列（1, 3, 5, 7, 9, 11, 13, …）を10番目まで

$$\begin{cases} \square_i \leftarrow \square_{i-1} + 2 & (i \geq 2) \\ \square_1 \leftarrow 1 \end{cases}$$

前の数 × 前の数の数列を6番目まで

$$\begin{cases} \square_i \leftarrow \square_{i-1} \times \square_{i-1} & (i \geq 2) \\ \square_1 \leftarrow 2 \end{cases}$$

練習問題の解答 Python の解答は、次のとおりです。

奇数列

```
[1]  suuretsu = []

[2]  for i in range(10):
       if i == 0:
         suuretsu.append(1)
       else:
         suuretsu.append( suuretsu[i-1] + 2)

[3]  suuretsu

     [1, 3, 5, 7, 9, 11, 13, 15, 17, 19]
```

前の数 × 前の数

```
[1]  suuretsu = []

[2]  for i in range(6):
       if i == 0:
         suuretsu.append(2)
       else:
         suuretsu.append( suuretsu[i-1] * suuretsu[i-1])

[3]  suuretsu

     [2, 4, 16, 256, 65536, 4294967296]
```

3・6　4番目の数を計算する手順書（停止条件）

1　方針を作成する

ここまでに作成してきた数列を作成する手順書は、ずっと数列を計算し続け、終わることがありません。人間なら「疲れたからやーめた。」となります。しかし、コンピュータは融通がきかないので永遠に計算をし続けてしまいます。永遠に終わらないのでは困ってしまいますので「終わっていいよ。」と伝えてあげないといけません。

ここでは「数列の４番目を計算する」ということにし、５番目以降は計算しないような手順書を作成します。

まず最初の方針です。

方針ーその1ー

1. 数列の先頭を計算する。
2. 数列の２番目を計算する。
3. 数列の３番目を計算する。
4. 数列の４番目を計算する。
5. ４番目の数を答える。

４番目を計算する最もシンプルな方針です。しかし、５番目を計算したいとき、あるいは10番目、1,000番目を計算するといった場合への応用がききません。

そこで、次の[方針－その２－]のように「～番目まで」という言葉を使って書き換えてみましょう。

方針ーその2ー

1. 数列の先頭を計算する。
2. 数列の４番目までを計算する。
3. ４番目の数を答える。

この方針なら「4番目」を「10番目」、「100番目」と書き換えれば応用がききそうです。なお、[方針－その２－]の最初で数列の先頭だけ別扱いしています。「数列の先頭を計算する。」を分けているのは、次の式のように漸化式でも先頭だけ別扱いしているからです。

$$\begin{cases} \square_i \leftarrow \square_{i-1} + 2 & (i \geq 2) \\ \square_1 \leftarrow 2 & \end{cases}$$

2 手順書を作成する

[方針－その２－]を手順書にしていきましょう。

最初の「数列の先頭を計算する。」は、今までに作成してきた手順書の最初の部分と同じですね。そして計算している場所を i で表すのも同じです。

数列の4番目を計算する手順書

1. $\square_1 \leftarrow 2$　　（先頭の計算式）
2. $i \leftarrow 2$　　（計算する位置を表す i を2(番目)にする）
3. $\square_2$ から $\square_4$ まで計算する。
4. $\square_4$ を答える。

手順書の「3」では「数列の４番目まで計算する。」を少し具体的に書いています。２番目から４番目まで順に計算するのですね。しかし、プログラムの手順書にするには、もう一段具体的に詳しく書く必要があります。

では、手順書の「3」をより詳しく書きましょう。

3. i が２から４まで下位手順を使って数列を計算する。
   (1) $\square_i \leftarrow \square_{i-1} + 2$　　（i 番目の計算式）
   (2) $i \leftarrow i + 1$　　（i に１を足す。計算位置を１つ移動する）

あとは、手順書の「3」の条件「i が２から４まで」を計算機がわかる形、すなわち数式で記述できれば完成です。

この条件の書き方は、次のように２つあります。

条件	意味	書き方
手順書の「3」を続ける条件	4以下なら続ける	$i \leq 4$
手順書の「3」を終了する条件	4より大きかったら終了する	$i > 4$

どちらも同じことを言っているのですが、条件を表す式が微妙に異なることに注意してください。日本語の意味と対応させれば当たり前なのですが、プログラミングするときによく間違えるポイントです。不等号の向きは間違えないのですが、等号(＝)をつけるかつけないかで悩むことはよくあります。

この後では、「手順書の「3」を続ける条件」を使って手順書を作成していきたいと思います。

完成形の手順書は、次のようになります。

数列の4番目を計算する手順書

1. $\square_1 \leftarrow 2$　　　　（先頭の計算式）
2. $i \leftarrow 2$
3. $i \leq 4$ の間、下位手順を実行する。
   (1) $\square_i \leftarrow \square_{i-1} + 2$　　　　（i 番目の計算式）
   (2) $i \leftarrow i + 1$　　　　（i に1を足す。計算位置を1つ移動する）
4. $\square_4$ を答える。

3 動作を確認する

それでは、手順書の動作を確認していきましょう。

動作順	手順	説明	i の値	作成済みの数列
1	手順書の「1」	数列最初の数を設定	-	2
2	手順書の「2」	iを設定	2	2
3	手順書の「3」	$i \leq 4$の条件を満たす	2	2
4	手順書の「3」－(1)	i番目（2番目）を計算	2	2 4
5	手順書の「3」－(2)	iに1を加える	3	2 4
6	手順書の「3」	$i \leq 4$の条件を満たす	3	2 4
7	手順書の「3」－(1)	i番目（3番目）を計算	3	2 4 6
8	手順書の「3」－(2)	iに1を加える	4	2 4 6
9	手順書の「3」	$i \leq 4$の条件を満たす	4	2 4 6
10	手順書の「3」－(1)	i番目（4番目）を計算	4	2 4 6 8
11	手順書の「3」－(2)	iに1を加える	5	2 4 6 8
12	手順書の「3」	$i \leq 4$の条件を満たさない	5	2 4 6 8
13	手順書の「4」	$\boxed{8}_4$ を答えて終了	5	2 4 6 8

手順書の「3」を続ける条件に特に着目してください。前ページにも書きましたが、この条件の設定はよく間違えます。例えば、$i < 4$のように等号を忘れると、動作順9～11が実行されず、数列が3番目までしか計算されません。

練習問題 次の手順書の動作確認表の(あ)～(み)を埋めて完成させましょう。また、計算している数列の漸化式の(む)(め)を埋めて完成させましょう。

数列を計算する手順書

1. $\square_1 \leftarrow 3$ （先頭の計算）
2. $i \leftarrow 2$
3. $i \leq 3$ の間、下位手順を実行する。
   (1) $\square_i \leftarrow \square_{i-1} \times 2$ （i 番目の計算）
   (2) $i \leftarrow i+1$ （i に1を足す。計算位置を1つ移動）
4. $\square_3$ を答える。

動作順	手順	説明	iの値	作成済みの数列
1	手順書の「1」	数列最初の数を設定	(す)	(ぬ)
2	手順書の「2」	iを設定	(せ)	(ね)
3	手順書の「3」	$i \leq$ (か) の条件を満たす	(そ)	(の)
4	手順書の「3」－(1)	i 番目((き) 番目)を計算	(た)	(は)
5	手順書の「3」－(2)	i に1を加える	(ち)	(ひ)
6	手順書の(あ)	(く)	(つ)	(ふ)
7	手順書の(い)	(け)	(て)	(へ)
8	手順書の(う)	(こ)	(と)	(ほ)
9	手順書の(え)	(さ)	(な)	(ま)
10	手順書の(お)	(し)	(に)	(み)

漸化式

$$\begin{cases} \square_i = \text{(む)} & (i \geq 2) \\ \square_1 = \text{(め)} \end{cases}$$

練習問題の解答

(あ)「3」(い)「3」－(1)　(う)「3」－(2)　(え)「3」(お)「4」(か) 3　(き) 2
(く) $i \leq 3$の条件を満たす　(け) 3番目を計算　(こ) iに1を加える　(さ) $i \leq 3$の条件を満たさない
(し) $\boxed{12}_3$を答えて終了　(す) －　(せ) 2　(そ) 2　(た) 2　(ち) 3　(つ) 3　(て) 3　(と) 4
(な) 4　(に) 4　(ぬ) $\boxed{3}$　(ね) $\boxed{3}$　(の) $\boxed{3}$　(は) $\boxed{3}\boxed{6}$　(ひ) $\boxed{3}\boxed{6}$　(ふ) $\boxed{3}\boxed{6}$
(へ) $\boxed{3}\boxed{6}\boxed{12}$　(ほ) $\boxed{3}\boxed{6}\boxed{12}$　(ま) $\boxed{3}\boxed{6}\boxed{12}$　(み) $\boxed{3}\boxed{6}\boxed{12}$　(む) $\square_{i-1} \times 2$
(め) 3

Scratchで手順書をプログラミングする

4番目を求める

10番目を求める

次の手順書を使ってScratchで偶数列の漸化式の4番目を答えるプログラムを作成してみましょう。

完成したScratchプログラムは、ページ上のQRコード先で確認することができます。ScratchではなくPythonのプログラムは、164ページに移動してください。

数列の4番目を計算する手順書

1. $\square_1 \leftarrow 2$ （先頭の計算式）
2. $i \leftarrow 2$
3. $i \leq 4$ の間、下位手順を実行する。
   (1) $\square_i \leftarrow \square_{i-1} \times 2$ （i 番目の計算式）
   (2) $i \leftarrow i+1$ （i に1を足す。計算位置を1つ移動する）
4. $\square_4$ を答える。

作成するScratchプログラムの全体像と解説

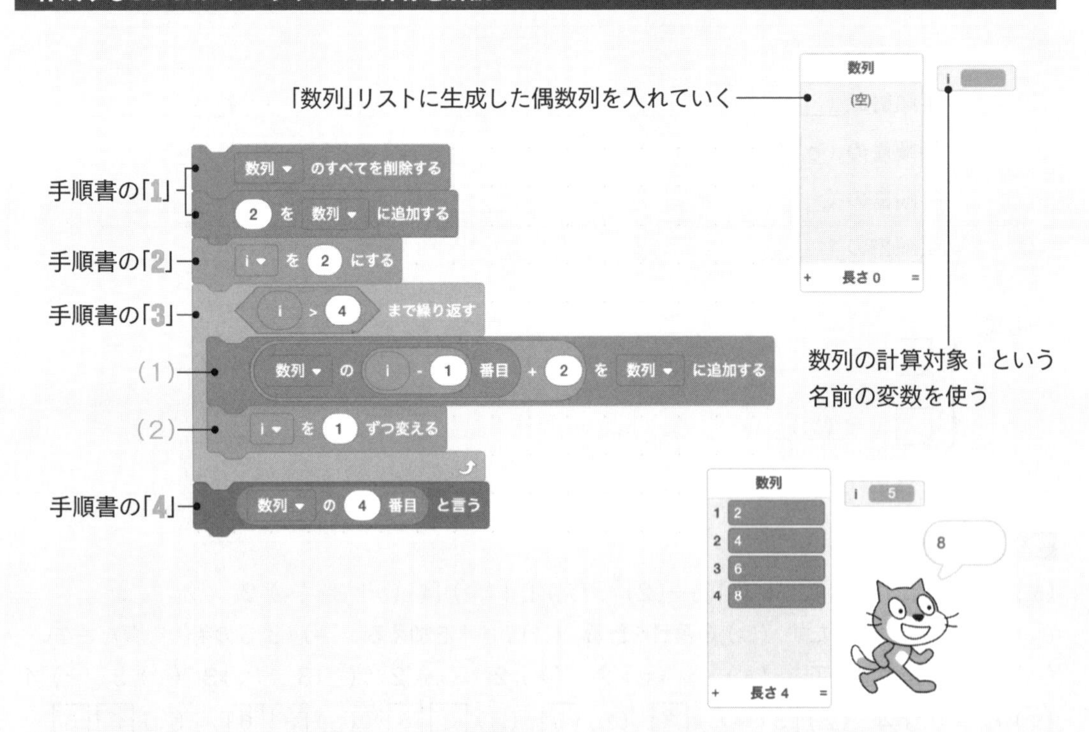

手順書には、手順書の「3」を繰り返す条件が書かれていますが、Scratchは手順書の「3」で終了する条件で書かれています。この違いがわからない人は153ページを読み返しましょう。

このプログラムでは、数列の4番目を計算しました。4を「目的」という変数で置き換え、数列の「目的」番目を答えるプログラムに改造しましょう。10番目でも100番目でも好きな場所を計算できるようになります。

ここでは10番目を求めてみましょう。

作成するScratchプログラム(改)の全体像と解説

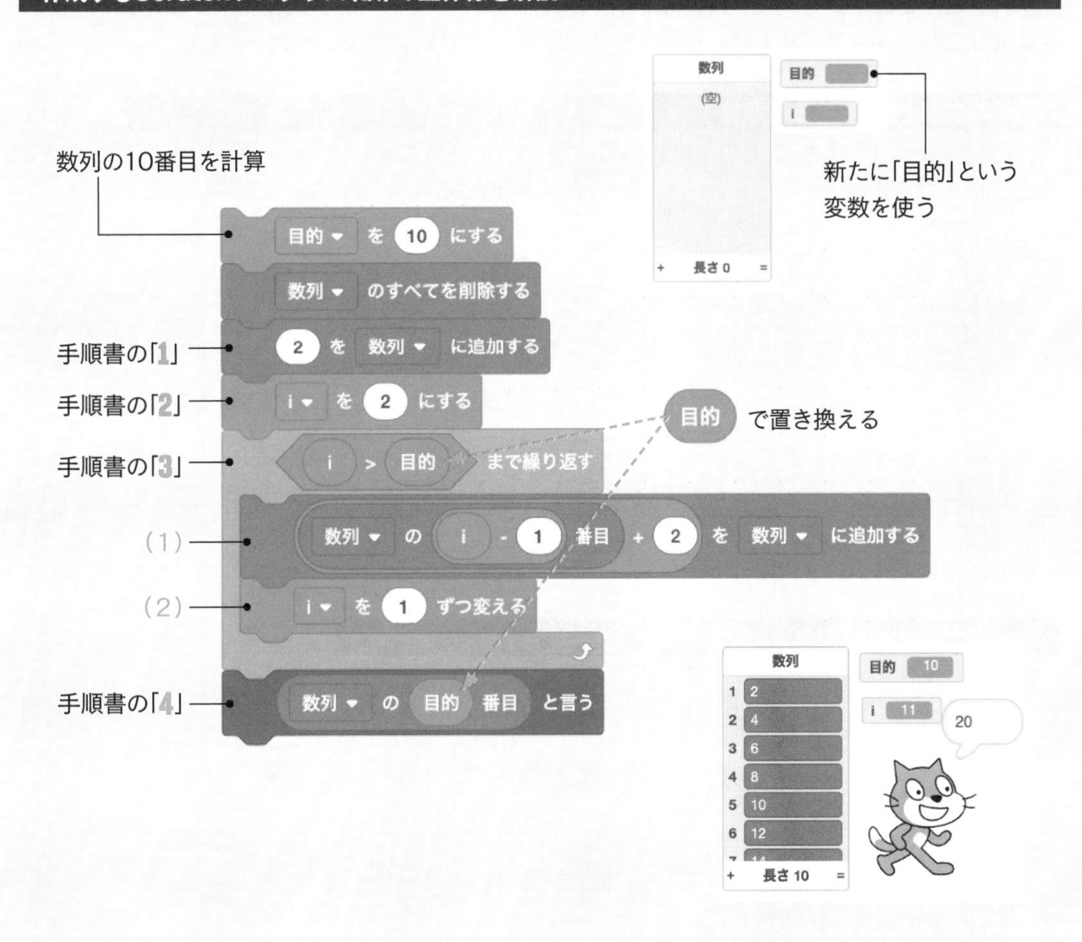

練習問題 (1) 作成したScratchプログラムを変更して、1から始まる奇数列の1024番目を求めてみましょう。

(2) 次の漸化式の12番目を求めてみましょう。

$$\begin{cases} \square_i \leftarrow \square_{i-1} \times 2 + 1 \quad (i \geq 2) \\ \square_1 \leftarrow 1 \end{cases}$$

※解答は省略します。

Python で手順書をプログラミングする

4番目を求める

100番目を求める

次の手順書を使ってPythonで偶数列の４番目を答えるプログラムを作成してみましょう。完成したPythonプログラムは、ページ上のQRコード先で確認することができます。

数列の4番目を計算する手順書

1. $\square_1 \leftarrow 2$ （先頭の計算式）
2. $i \leftarrow 2$
3. $i \leq 4$ の間、下位手順を実行する。
   （1）$\square_i \leftarrow \square_{i-1} \times 2$ （i 番目の計算式）
   （2）$i \leftarrow i+1$ （i に１を足す。計算位置を１つ移動する）
4. $\square_4$ を答える。

Pythonプログラムの全体像を確認しましょう。

作成するPythonプログラムの全体像

```
[1]  suuretsu = []

[2]  suuretsu.append(2)

[3]  i = 1

[4]  while( i <= 3) :

       suuretsu.append(    suuretsu[i-1]    +    2)

       i = i +1

     suuretsu[3]

     8
```

Pythonのプログラムを詳しく見ていきましょう。

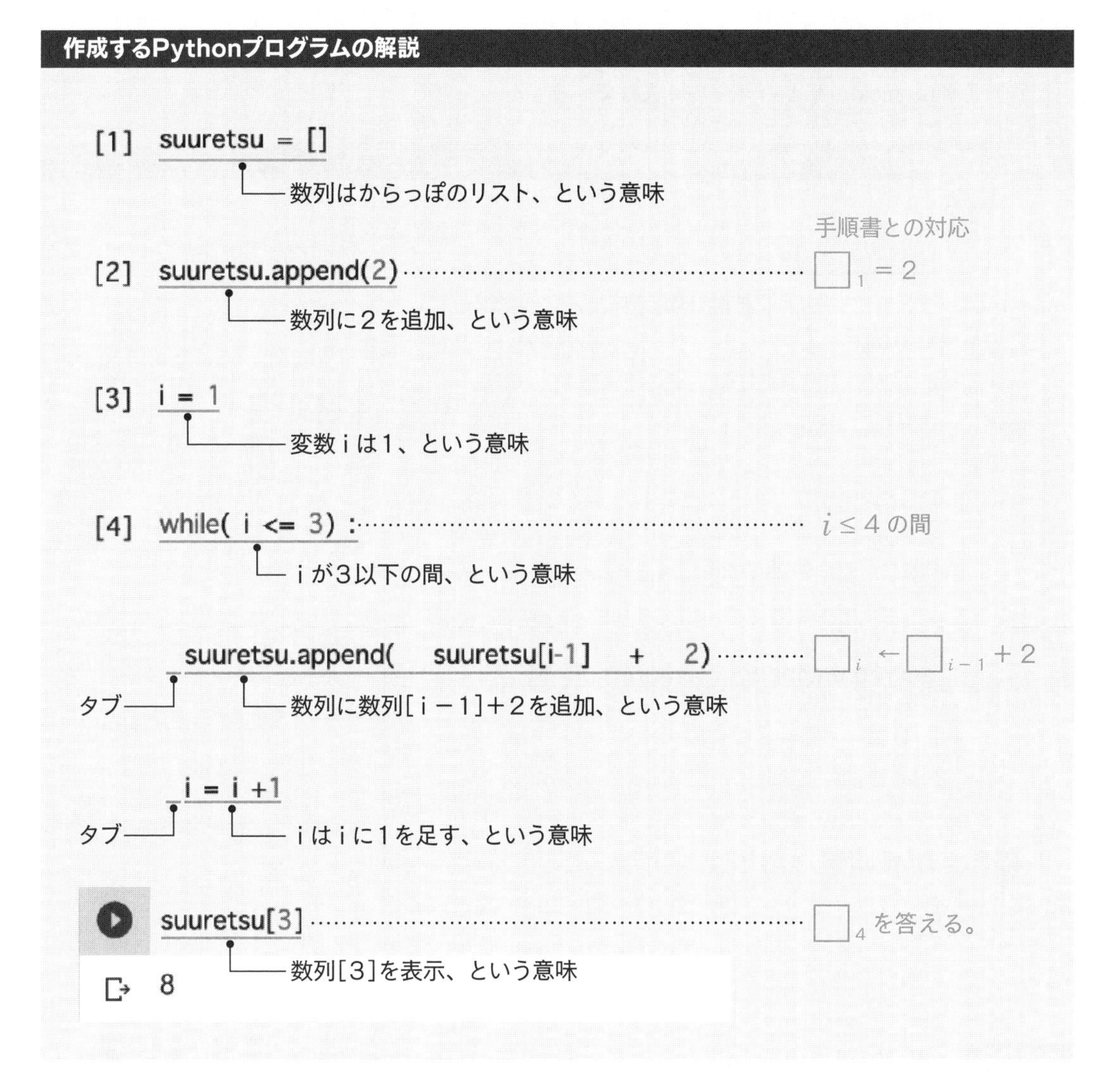

このプログラムでは、suuretsuというリストに計算した数列を入れていきます。計算する場所は、変数iで表しています。繰り返しの制御には、実行を続ける条件を記述するwhile（〜の間実行する）を用います。

Pythonではリストが0番目から始まるため、手順書の「2」に対応する[3]で i を1にしていることに気をつけてください。同じ理由で手順書の「3」の条件が $i \leq 3$（ i が3以下）に、手順書の「4」がsuuretu [3]になっています。

Pythonで用いたwhileは繰り返しを続ける条件（〜の間）を書きました。一方、Scratchでは繰り返しを止める条件（〜まで）を使いました。PythonとScratchの両方をプログラミングした人は、この部分の違いを後で確認しておきましょう。繰り返しを続ける条件なのか、それとも繰り返しを止める条件なのかを意識することでプログラミングの実力アップに繋がります。

前ページのプログラムでは、数列の4番目を計算しました。4を「目的」という変数で置き換え、数列の「目的」番目を答えるプログラムに改造しましょう。この改造により10番目でも100番目でも好きな場所を計算できるようになります。

「目的」番目は、mokutekiという変数に入れています。

作成するPythonプログラム(改)の全体像と解説

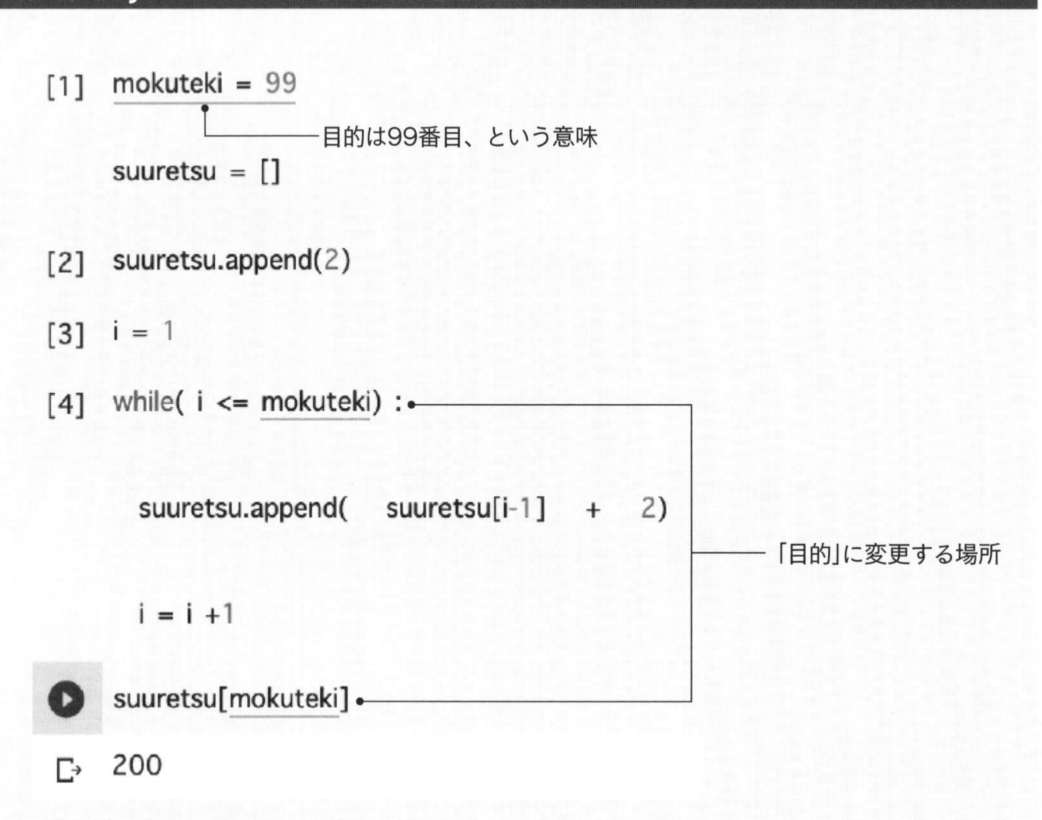

練習問題 (1) 作成したPythonプログラムを変更して、1から始まる奇数列の1024番目を求めてみましょう。

(2) 次の漸化式の12番目を求めてみましょう。

$$\begin{cases} \square_i \leftarrow \square_{i-1} \times 2 + 1 & (i \geq 2) \\ \square_1 \leftarrow 1 \end{cases}$$

※解答は省略します。

第4章 プログラミングを学ぶ理由

スマホ、テレビ、自動車。そして、電車の運行システムや原子力発電所など。みなさんの回りでたくさんのプログラムが活躍しています。しかし、完全無欠な100点満点のプログラムはできません。その理由を知り、リスクと利益を天秤にかける知識を手に入れましょう。

4・1 細かく学ぶ理由

1 応用ができない

ここまで紙面の無駄遣いに思えるくらい細かく、すこしずつ手順書を組み立てて来ました。「最初から完成版の手順書を教えてくればいいのに」と思いましたか？プログラミングについて理解をするためには正解を伝えるだけではダメなのです。理由は２つあります。応用ができなくなることと、実用上は手順書(プログラム)に正解がないことです。

理由の１つ目、「応用ができなくなること」は、中学高校で数学が苦手だった人なら覚えがあると思います。問題文に出てきた数字を一夜漬けで覚えた公式に当てはめる。そうしたらテストで60点くらいは取れる。良くないこととわかっていても公式を理解したいと思えるほど興味を持てないから60点とれるならそれでいい、と。数学なら仕方ないかと思えますが、算数ならどうでしょう。小学校の１年生でひき算を習います。

次の２問に答えてください。

問題 **問1　犬が5匹、猫が3匹います。どちらが何匹多いでしょう。式も書いてください。**
問2　犬が3匹、猫が5匹います。どちらが何匹多いでしょう。式も書いてください。

問１の答えは、次の通りです。

式　：５－３＝２
答え：犬が２匹多い

問題文で「何匹多いか」と聞かれています。「どちらが多いか」はひき算で求めることができます。最初に出てきた数５から次に出てきた数３を引くことで答えを計算できました。

では、問２を同じように解いてみましょう。問１と同じく「何匹多いか」と聞かれていますので、ひき算で求めることができます。最初に出てきた数３から次に出てきた数５を引くことで答えが計算できるはずです。

式　：３－５＝???
答え：あれれ、計算できないぞ！

小学校１年生はマイナスの数を習っていないので、３－５＝－２の計算はできません。皆さんなら３と５の位置を逆にして、大きい数から小さい数を引けば計算できることは一目瞭然です。しかし、問１を解けた経験に基づき「最初に出てきた数から次に出てきた数を引く」という解き方を問２で使うと解くことができないことも理解できました。これが意味を考えていないと少しの変化にも対応できないこと、つまり応用ができないということの意味です。

2 算数と手順書の関係

この算数と手順書(プログラム)と何が関係するのでしょうか。「3.5 数列を作る手順書」(148ページ)のひな形を使って、偶数列を作成する手順書を作ってみましょう。

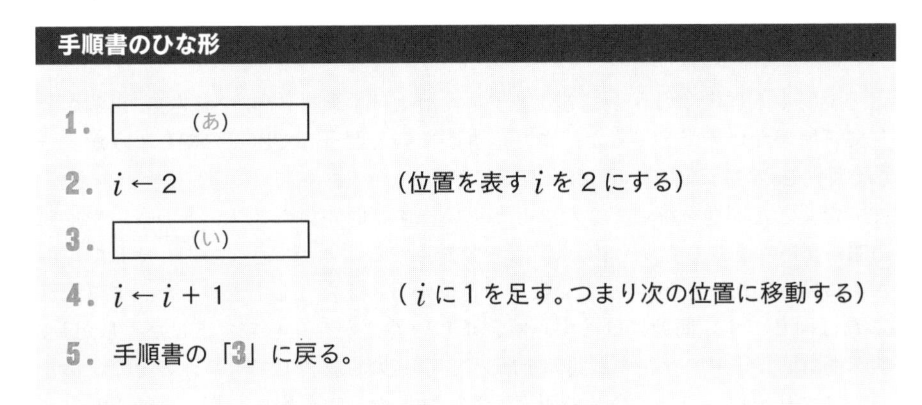
手順書のひな形

1. (あ)
2. $i \leftarrow 2$　　(位置を表す i を 2 にする)
3. (い)
4. $i \leftarrow i + 1$　　(i に 1 を足す。つまり次の位置に移動する)
5. 手順書の「3」に戻る。

ひな形の(あ)(い)に漸化式の計算式を入れれば完成です。そして、偶数の漸化式は、次のように2つの計算式があります。(あ)に入るのはどちらの計算式でしょう。

$$\begin{cases} \square_i = \square_{i-1} + 2 & (i \geq 2) \\ \square_1 = 2 \end{cases}$$

中身を理解していないと(あ)(い)にどちらの計算式を入れればよいかわからず、正しい手順書が作れなくなってしまいます。そして、他の数列を作成する手順書へと応用することもできません。先ほどの「ひき算」問題と同じです。

4・2 100点満点の手順書（採点できない）

時間をかけて詳しく説明する理由はもう１つあります。実用上は手順書(プログラム)に正解がないことです。どうして正解がないのでしょうか。また正解がないとどうして困るのでしょうか。さらにはどうして詳しく時間をかける理由につながるのでしょうか。

算数や数学の勉強でたくさん問題を解いてきたことと思います。問題集やプリントの宿題や定期テスト、すべての問題に正解があり０点から100点満点まで採点することができました。そして平均点を超えるとお母さんに褒められたり、60点以上で授業の単位がもらえたりしてきました。プログラミングの授業でもこれは同じです。問題には必ず正解、正しい答えが存在してきました。しかし、プログラミングを学ぶ理由は、正解の存在する問題を解いて100点だと採点してもらうことではありません。新しいゲームアプリを作ったり、会社で販売するソフトウェアを作ったり、自動運転を実現したりするために必要だからプログラミングを学んでいるはずです。趣味から実益まで幅は広いですが、共通していることが１点あります。みなさんが作るまでそのプログラムは世界に存在しない、という事実です。もし、存在するならばダウンロードしてインストールすればいいので自分で作る必要がありません。そして存在しないということは、正解例も存在しないということになります。つまりみなさんが作ったプログラムが正しく動くかどうか誰にもわからない訳です。

もちろん正しく動くプログラムを作るためにみなさん努力しています。しかし、努力したからといって試験で100点が取れるわけではないように、正しく動く100点のプログラムはなかなか作れないのが実情です。そのため、間違って動く部分が見つかるたびにプログラムを修正する必要が出てくるわけです。みなさんがスマホ等にインストールしているアプリやAndroid、iOSのアップデートを経験していると思います。ダウンロードに時間がかかってイライラするアップデートですが、アップデートによってプログラム中に見つかった間違いを修正しています。見方を変えると、有名な企業のプログラマーでさえ100点満点のアプリは作れないという現実がわかります。

間違いのない100点満点のプログラムが望ましいのは当然ですが、そもそも100点満点を取るためには採点する必要があります。しかし、新しく作るプログラムには正解例や答えがないので自分で採点することはできませんし、採点してくれる先生もいません。ですからプログラムが100点満点なのか、それとも60点なのか誰にもわからないのです。

しかし、わかりませんで済ますわけにはいきません。では、どうしているかといえば、使ってみて間違いが見つかったらプログラムを修正する、ということを繰り返すわけです。

ここで問題になるのが、間違いが見つかったときにどうやってプログラムを修正するのかです。中身を理解せず、ただ公式に数字を当てはめるようなプログラミングをしていると、手順のどこが間違っているのか探すことができません。そのため修正するにしても、先ほどの問2において意味もわからずひき算の順序を3－5から5－3に変えてみるような行き当たりばったりな行動を繰り返すことになります。このひき算の例の場合は、順序を入れ替えたら正しい式になりますが、複雑になればなるほど行き当たりばったりで正解にたどりつくことができなくなります。むしろ変に手順を変更したせいで今まで正しく動いていた部分までおかしな動きをすることになってしまいかねません。つまり、正しく修正するためには手順を正しく理解していなければならないのです。

ここまでを箇条書きでまとめます。

1．100点満点のプログラムは作れない。
2．そもそも採点ができない。
3．だから、間違いが見つかったら修正する。
4．修正するためには、手順の中身を理解している必要がある。

このように見ていくと、修正するところまでがプログラミングなのだと理解できるでしょうか。そして、修正ができるようになるためには、公式に当てはめるようなプログラミングではだめで、手順の中身を理解できる必要があります。これが、長々と無駄に思えるほど長く手順を説明した理由です。

4・3 社会適用の怖さ

実用上のとても怖い話をしたいと思います。さきほどまで100点満点のプログラムは作れないという話をしました。だから間違いの修正が重要だとも述べました。しかし、世の中には間違いが許されない状況がたくさんあります。

例えとしてスマホのゲームアプリを題材にしましょう。このアプリに間違いがあり、有料アイテムをユーザが無料で使えてしまったというような状況が発生しました。この場合、ゲーム会社がアイテムで儲け損なうという損失は発生しますが、社会には大きな影響を与えません。

一方、プログラムの間違いが社会に大きな影響を与える状況も考えられます。

例えば、JRなどが電車を安全に走行させるためのプログラムに間違いがあったらどうなるでしょうか。もしかすると、電車どうしが衝突したり、速度超過で脱線してしまうかもしれません。この場合、プログラムに間違いが見つかってから修正するのでは遅すぎます。正解例がないため100点は保障できなくても、思いつく限りのチェックを施して限りなく100点満点に近づける必要があります。

自動車の自動運転システムはどうでしょう。システムのプログラムに間違いがあれば、対向車や歩行者にぶつかってしまうかもしれません。これは許されないのでやはり、完璧に近いプログラムが求められます。

原子力発電所の制御システムもそうです。プログラムに間違いがあり暴走しました。人が住めない地域が出てきてから修正版のプログラムを作成しても遅すぎるわけです。ですから、完璧に近いプログラムを作らなければなりません。

しかし、先ほども述べましたように正解例はありません。社会がいくら100点満点のプログラムを要請しようと、100点満点以外許さないと言おうとも、そもそも採点できないのです。プログラムを作った人たちがこれは100点満点だと思う、としか言えないのです。もちろん、完璧に近づけるためのさまざまな理論や方法論の研究が存在します。

現代社会では既にコンピュータの存在なしに社会を動かしていくことはできなくなっています。コンピュータを動かしているのは、その手順書であるプログラムです。そして100点満点が保障できないプログラムが社会のいたるところで使われています。大きな影響が出る部分で間違いが発生したら、この社会はどうなってしまうのか、誰にもわかりません。

このような間違いが起きる可能性を少しでも少なくするためには、正しくプログラムを作ることができる人々、そしてこの危うさを理解できる人々が増え、適切にコストを支払うことでリスクをコントロールしていくしかありません。この本を読むことによって何がリスクなのかをみなさんが理解する一助となりましたら幸いです。そして、これがプログラミングをしない人でもプログラミングについて学ぶ必要がある理由なのです。

4・4 明日は晴れるかな？（シミュレーションと予測問題）

4・4・1 身の回りにある数列

図形の並びを予測する問題や数列を作成する問題について学んできました。これらの問題は見方を変えるだけで皆さんの身の回りのありふれた問題へと変化します。

私たちの生活の中のどこに数列が潜んでいるのでしょうか。

次の問題を考えてみましょう。

問題 進んだ距離

ゆうきさんの車が大阪から東京に向かって時速100kmで走っています。大阪から車までの距離を、大阪を出発してから１時間後、２時間後、３時間後と１時間間隔で計算してください。なお、大阪－東京間は500kmとします。

出発するときは０kmで、１時間ごとに100kmずつ大阪から遠ざかっていきます。そして５時間後に大阪からの距離が500kmとなり、東京に到着します。

大阪からの距離

出発	1時間後	2時間後	3時間後	4時間後	5時間後
0km	100km	200km	300km	400km	500km

解答は数列になりました。距離の単位であるkmと、時間の単位「時間後」を除去すると数列であることがよりよくわかります。

先頭	2番目	3番目	4番目	5番目	6番目
0	100	200	300	400	500

このままでは算数の問題です。身の回りの問題だと感じるには関連性がまだ弱いです。そこでもう少し数列の見方を工夫をしてみましょう。

4・4・2 カーナビゲーションシステム

先ほどの解答に大阪－東京経路沿いの近隣地名を加えてみました。

大阪からの距離(地名付)

出発	1時間後	2時間後	3時間後	4時間後	5時間後
0km	100km	200km	300km	400km	500km
大阪	滋賀県南部 甲賀忍者の里	豊田市	静岡	箱根	東京

もうひと工夫として地図に書き込んでみました。

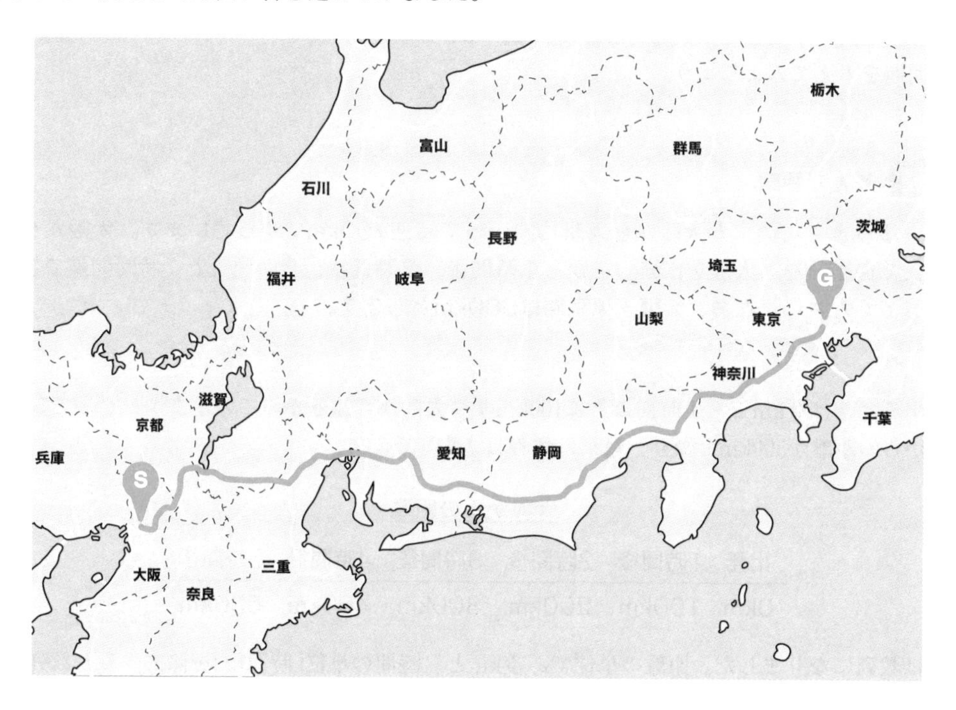

この図はカーナビゲーションシステムの到達予想時刻表示そのものです。

数列というと実社会との関わりがなさそうに思えます。しかし、1時間や2時間、1日や2日といった時間の順に距離や場所を並べたら、それは数列になります。車でも飛行機でも宅急便の荷物でも、台風の位置でもどんなものでも、その動きを時間を追って観察すると数列ができあがります。

この例のように数列は大変身近な存在なのです。

4・4・3 2つの並びの絡みあい

前節までの問題では、図形や数字が1列に並んでいました。それを拡張し、2列に並べてみたいと思います。例えば、次のような数列です。

	出発	1時間後	2時間後	3時間後	4時間後	5時間後
地名	大阪	滋賀県南部	豊田市	静岡	箱根	東京
北緯	34.67	34.91	35.02	34.88	35.30	35.68
東経	135.50	136.29	137.07	138.18	138.96	139.77

緯度と経度の2つの数字を使うことで地球上の場所を表すことができます。地名は参考のために記載していますので、数列には含めないものとします。この2つの数字を並べることによって移動経路の数列を作ることができます。

2つの数が並んでいる数列は他にもあります。

	1番目	2番目	3番目	4番目	5番目	6番目	…
上の数列	1	3	5	7	9	11	…
下の数列	1	2	5	10	17	26	…

上の並びは奇数列です。下の数列は、1つ前の上の数列と下の数列を足した数になっています。

具体的に確認してみましょう。

下の数列の2番目の数2は、上の並びの1番目の数1と、下の数列の1番目の数1を足した数です。同じように、下の数列の3番目の数5は、上の数列の2番目(3)と下の数列の2番目(2)の合計(3 + 2 = 5)です。

言葉で書くよりも漸化式の方が簡潔に書くことができます。上の数列を $\overset{\text{上}}{\square}$ 、下の数列を $\overset{\text{下}}{\square}$ とします。

$$
\begin{cases}
\overset{\text{上}}{\square}_1 = 1 \\
\overset{\text{下}}{\square}_1 = 1 \\
\overset{\text{上}}{\square}_i = \overset{\text{上}}{\square}_{i-1} + 1 & (i \geq 2) \\
\overset{\text{下}}{\square}_i = \overset{\text{上}}{\square}_{i-1} + \overset{\text{下}}{\square}_{i-1} & (i \geq 2)
\end{cases}
$$

漸化式の中身はさておき、並びが2列になった場合でも同じように漸化式で表せることがわかりました。漸化式で表せるということは手順書、すなわちプログラムでこの数列を計算できることを意味しています。

では、次に数字を図形にし、並びの数を増やしてみましょう。

	1番目	2番目	3番目	4番目	5番目	6番目	…
日付	1月1日	1月2日	1月3日	1月4日	1月5日	1月6日	…
札幌	☃	☃	☃	☃	☃	☃	…
仙台	☀	☀	☀	☀	☀	☁	…
東京	☀	☀	☀	☀	☁	☂	…
名古屋	☀	☀	☀	☁	☂	☁	…
大阪	☀	☀	☁	☂	☁	☀	…
広島	☀	☁	☂	☁	☀	☀	…
福岡	☁	☂	☁	☀	☀	☀	…
那覇	☀	☀	☀	☀	☀	☀	…

これは日本各地の天気です。列の名前が１番目、２番目だと味気ないので日付も入れてみました。この図では、天気を図で表しているので図形の並びですね。第１章「図形の並び」では、次に来る図形を予測するということをしました。日本の天気でこれに該当するのが、例えば仙台の１月７日の天気を予報する、ということになります。

過去の天気の傾向を見てみましょう。

福岡の天気が１日後に広島の天気になっています。同じように、広島の天気が１日後の大阪の天気になっています。曇りの日と雨の日のの移り変わりを見るとよくわかると思います。このままいくと１月７日の仙台の天気は、１月６日の東京の天気と同じで、雨が降りそうだ、と予報するわけです。

もちろん、実際の天気予報はもっともっと難しいのですが、基本的な考え方は同じです。そして、この予報では仙台だけではなく他の都市の天気を使っていますが、天気予報は、第１章「図形の並び」の空欄を埋める問題と同じ種類の問題だと言えます。もし、この表が天気ではなく最高気温だったとします。明日の最高気温の予測は、第２章「数の並び」で出てきた空欄を埋める問題と同じになります。

空欄を埋める問題は「2.12　得意なこと、不得意なこと」(132ページ)で述べたように、コンピュータが不得意とする難しい問題です。毎日の生活で大活躍の天気予報はスーパーコンピュータを使って計算されています。不得意とする難しい問題にも関わらず、高い確率で的中させていて凄いなぁと思います。

4・5 天気予報とオセロと自動運転の共通点と相違点

1 天気予報とオセロの共通点

天気予報は過去の情報を使って未来を予測する問題でした。これを一歩進めるとオセロやチェスの対戦相手をしてくれる人工知能プログラムになります。人工知能は、対戦相手が一手指したら、過去の情報を使って相手の今後の手を予想し、次の一手を指してくれます。

まずは天気予報とオセロの対戦プログラムの共通点を見てみましょう。

天気とオセロの共通点

1. 過去の情報を使って未来を予測し、
2. 予測結果に応じた天気や行動を選択肢の中から選ぶ。

共通点を表形式にまとめてみます。

	天気予報	オセロ
過去の情報	過去の天気	石を置いていった順番
選択肢	☀ ☁ ☂	盤面のマス

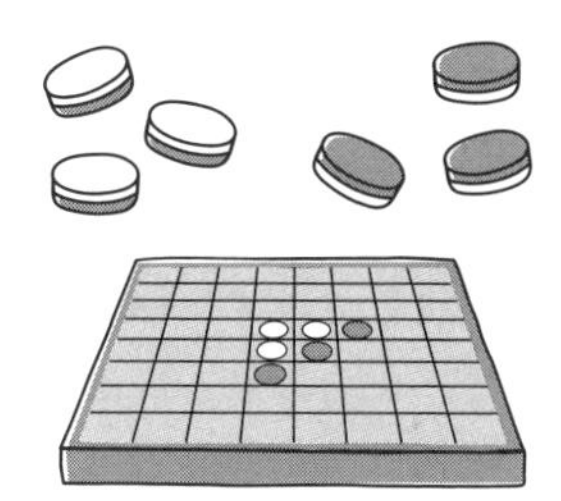

天気予報は、過去の天気から明日の天気を予報します。オセロは、ゲームが始まってから置かれた石の情報を使い、次手で石を置く場所を決めます。いずれも過去の情報を使って一番いい候補(天気や石を置くマス)を選ぶ問題だと言えます。

2 天気予報とオセロの相違点

もちろん異なる部分もあります。それは、1つ選んだ選択肢が正しかったか、それとも間違えていたかの判定が天気予報よりもオセロの方が難しいということです。明日の天気予報は、明日になれば予報が正しかったか間違っていたかわかります。一方でゲームの場合、オセロで石を一つ置いただけでは勝負は決まりません。次の一手、次の一手と繰り返し、最後になるまで勝ち負けは決まりません。そのため、次の一手を選ぶためには過去の情報だけではなく、将来どうなるかの予想もしなければいけません。過去の情報だけで決めるか、未来まで考えないといけないのか。これが、天気予報とゲームの違いです。

天気とオセロの相違点

1．選択結果の良否が来ますタイミング。
2．未来を考えて選択する必要があるか。

こちらも表にまとめておきます。

	天気予報	オセロ
良否の決まるタイミング	予報日	ゲーム終了時
未来を考える必要性	不要	必要

予想した結果のさらに先を考える必要があるか否か。この違いが天気予報とオセロの本質的な違いとなっています。

3 自動運転の難しさは別次元

同種の問題に自動車の自動運転があります。車から外を写した動画を使って、運転手に代わってコンピュータが自動車を運転してくれるのが自動運転です。車に搭載したカメラの動画と過去の膨大なデータを使ってブレーキを踏むのか、ハンドルを回すのかといった運転行動を決めています。

運転行動の場合、ゲームの負けに相当するのが、例えば事故を起こすことにあたります。ハンドル操作を誤った結果、事故が起きたとします。この「ハンドルを回す」といった操作の良し悪しは、ハンドルを回すと決めた瞬間には判断できません。判断できるのは、事故が発生した瞬間です。つまり、自動運転はゲームと同じ種類の問題、「過去の情報を元に未来を予測し、予測結果に応じてハンドルを回したりブレーキを踏んだりという行動を選ぶ問題」だと言えます。

コンピュータにとってはゲームも自動運転も同種の問題です。しかし、人間社会にとってゲームと自動運転は全く異なっています。それは結果に対する責任の重さです。ゲームの場合、負けても死ぬことはありません。一方、自動運転の場合、交通事故を起こしたら最悪の場合、人が死にます。もし死人が出た場合、車を製造していなくても、運転席に座っている人が責任を負うのでしょうか。それとも自動運転車を販売した会社が責任を負うのでしょうか。この問題は、コンピュータが解決できる範囲を超え、法律の出番となります。自動運転は、良いプログラムができあがるだけでは実現できないのです。

4・6 理解度を確認する問題

1 基本問題

漸化式が与えられたとき、入力で指定された場所の数を解答する手順書のひな形を示します。このひな形を使って、次の問題を解きましょう。

目的□番目を解答する手順書のひな形

0. 目的□ ← 入力された数

1. （あ）先頭の計算式

2. i ← 2　　　　（位置を表す i を2にする）

3. i ≦ 目的□ の間、以下の手順を実行する。

　（1）（い）2番目以降の計算式　　　（i 番目の計算式）

　（2）i ← i + 1　　　（i に1を足す。つまり次の位置に移動する）

4. $□_{目的□}$ を答える。

問題1　**次の漸化式について小問（1）（2）に答えましょう。**

$$\begin{cases} □_i = □_{i-1} - 2 & (i \geq 2) \\ □_1 = 20 \end{cases}$$

（1）　漸化式が表す数列の先頭から6番目までを答えましょう。

（2）　ひな形の（あ）（い）に式を入れ、手順書を完成させましょう。

解答1　**解答は、次のようになります。**

（1）　20, 18, 16, 14, 12, 10

（2）　（あ）$□_1 = 20$　　　（い）$□_i = □_{i-1} - 2$

問題２　**次の漸化式について小問（１）（２）に答えましょう。**

$$\begin{cases} \square_1 = 2 \\ \square_i = (\square_{i-1} \times (-2)) + 1 \quad (i \geq 2) \end{cases}$$

（１）　漸化式が表す数列の先頭から６番目までを答えましょう。

（２）　ひな形の（あ）（い）に式を入れ、手順書を完成させましょう。

解答２　**解答は、次のようになります。**

（１）　2, −3, 7, −13, 27, −53

（２）　（あ）$\square_1 = 2$　　（い）$\square_i = (\square_{i-1} \times (-2)) + 1$

2　応用問題（フィボナッチ）

問題　**次の漸化式に関する小問（１）（２）に答えましょう。**

$$\begin{cases} \square_1 = 1 \\ \square_2 = 1 \\ \square_i = \square_{i-1} + \square_{i-2} \quad (i \geq 3) \end{cases}$$

（１）漸化式が表す数列の先頭から６番目までを答えましょう。

　これまでの漸化式では、値が決まっているのは数列の先頭$\square_1$だけだった。一方、上の漸化式は、先頭$\square_1$と２番目$\square_2$が決まっている。そこで、次ページ上のひな形を改変し、この漸化式を計算する手順書を作成したいと思う。

改変１　まず最初にひな形の（あ）で先頭$\square_1$と２番目$\square_2$を計算するように改変した。改変後のひな型を次ページ下「ひな形（改変途中）」に記す。

改変２　ひな形（改変途中）を実行すると、手順書の「**3**」－（１）を計算することができない。それは、iの値が（ａ）のとき、$\square_{i-2}$が存在しないからである。そこで、手順書の「**2**」をi ←（ｂ）に変更した。

（２）上の文を読んで（ａ）（ｂ）に入る数を答えましょう。

解答　**解答は、次のとおりです。**

（1）1, 1, 2, 3, 5, 8
（2）（a）2　（b）3

□(目的)番目を解答する手順書のひな形

0. □(目的) ← 入力された数
1. ［（あ）先頭の計算］
2. i ← 2　（位置を表す i を 2 にする）
3. i ≦ □(目的) の間、以下の手順を実行する
   （1）［（い）2 番目以降の計算式］　（i 番目の計算式）
   （2）i ← i + 1　（i に 1 を足す。つまり次の位置に移動する）
4. □□(目的) を答える。

□(目的)番目を解答する手順書のひな形（改変途中）

0. □(目的) ← 入力された数
1. ［（あ）$□_1$ ← 1 と $□_2$ ← 1］　（改変 1）
2. i ← 3　（改変 2）
3. i ≦ □(目的) の間、以下の手順を実行する
   （1）［（い）$□_i$ ← $□_{i-1}$ + $□_{i-2}$］　（i 番目の計算式）
   （2）i ← i + 1　（i に 1 を足す。つまり次の位置に移動する）
4. □□(目的) を答える。

▶長方形とフィボナッチ数列

角がぜんぶ直角の四角形を長方形と言います。細ながい長方形から正方形までいろんな長方形がありますが、もっとも形が整って見えるのはどんな長方形でしょう？

長い方の辺が、短い辺の1.6倍くらいの長方形が、どっしりと安定していて美しく見えると言われています。この1.6倍の関係は黄金比と呼ばれ、美術や建築、美容の分野でよく使われています。でも1.6倍と小数で言われるとイメージが湧きにくいです。これを1，2，3といった数で示してくれるのがフィボナッチ数列です。

180ページの問題に示した漸化式は、このフィボナッチ数列を計算する漸化式です。

フィボナッチ数列：1, 1, 2, 3, 5, 8, 13 …

フィボナッチ数列の隣り合う数字がだいだい1.6倍の関係になっています。

隣り合う数字	3と5	5/3	= 1.667
	5と8	8/5	= 1.6
	8と13	13/8	= 1.625

絵を描くときやWebページのデザインをするとき、このフィボナッチ数を使うと素敵な作品ができあがるかもしれません。

第5章 いろんな並びとプログラミング

前章までで習った図形列や数列とプログラミングの関係について、より深く学んでいきましょう。

5・1 こぶたぬきつねこ（共有知・専門知）

5・1・1 複数存在する解答

早速ですが問題です。

問題 **4つの空欄には何が入るかを理由をつけて考えてみましょう。**

問題（1） 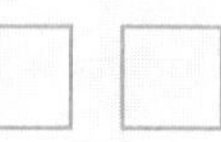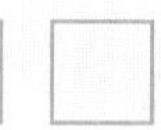

ヒント　答えは何種類もあります。空欄に入るのは図形とは限りません。

問題には4つの動物が並んでいます。どれも1回ずつしか出てきませんので繰り返しはありません。そのため、どのような理由で空欄に入れるのかが重要になります。

解答1－しりとり歌－

「こぶたぬきつねこ」という「しりとり歌」を知っていますか。しりとりの順番で「こぶた」「たぬき」「きつね」「ねこ」と動物が並んでいます。さらに最後の動物の「ねこ」が「こぶた」につながっています。

この知識を利用して空欄を埋めると解答は、になります。

解答2－しりとり歌－

「こぶたぬきつねこ」の歌には続きがあります。動物の鳴き声を真似して歌う2番です。この知識を使うと空欄に入るのは、［ブーブブ］［ぽんぽこぽん］［コーンコン］［ニャァオ］です。

鳴き声は図形ではないですが、空欄に図形が入るとは書いてないので正しい答えになります。

解答3－しりとり－

しりとり歌はさておき、「こぶた」「たぬき」「きつね」「ねこ」はしりとりになっています。だから、しりとりを続ければ空欄を埋めることができます。例えば、［コブラ］［ラクダ］［ダチョウ］［うし］が解答になります。

動物限定のしりとりである必要はないので、［コロッケ］［ケーキ］［きゅうり］［りんご］でも正解です。

解答４－動物の並び－

動物が並んでいるだけだと見ることもできます。この場合、残りの空欄にも例えば次のように4種類の動物を入れれば正解となります。

「ライオン」「いぬ」「たこ」「クジラ」

クイズやなぞなぞみたいな問題でしたね。似たような問題をもう1問出します。空欄に入る動物を答えましょう。理由をつけて考えてみましょう。

問題　**空欄に入る動物を理由をつけて考えてみましょう。**

問題(２)    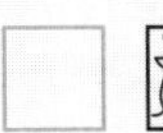       

こちらの問題は、「5・1・2　共通しているつもりの知識(共有知)」(186ページ)でもう一度出てきますので、そのときに解説します。

5・1・2 共有しているつもりの知識（共有知）

「こぶたぬきつねこ」の問題には、何種類もの解答がありました。

問題（1）

先ほど述べた4つの解答例をまとめます。

	理由	解答			
解答1	しりとり歌				
解答2	しりとり歌	ブーブブ	ぽんぽこぽん	コーンコン	ニャァオ
解答3	しりとり	コブラ	ラクダ	ダチョウ	うし
解答4	動物の並び				

1 歌やしりとりを知っている？

解答1と解答2は「こぶたぬきつねこ」のしりとり歌を知っていなければ思いつくことができません。では、皆さんはこのしりとり歌を知っていましたか。幼稚園に入る前から覚えているような歌なので、誰でも知っていると思う人が大半だと思います。本当に誰でも知っているでしょうか。いいえ、そんなことはないでしょう。では、どんな人が知らないか考えてみましょう。

「歌が作曲される前に育ったご老人」や「外国で幼少期を過ごした帰国子女の方」が解答例になるでしょう。もちろん、「まだ話せない赤ちゃん」とかでも構いません。他にもまだまだあります。日本に馴染みのない外国人の方も当然知らないでしょう。

このように解答1や解答2を思いつく人は、限定されることがわかりました。

それでは解答3はどうでしょうか。しりとりという遊びを知っていたら「ねこ」に続いて「コブラ」や「ラクダ」と答えることができそうです。しかし、しりとり遊びを知っていても答えられない人たちはたくさんいます。

解答3は日本語を前提にしています。英語では動物の並びは piglet（こぶた）、racoon（たぬき）、fox（きつね）、cat（ねこ）なので、しりとりになっていません。つまり、日本語を知っている人でないと解答3を思いつくことができないのです。

2 共有していると思い込んでいる知識

なぞなぞやクイズ問題は前提とする知識を共有していないと解けない問題が多くあります。では、プログラミングに関する本で、なぜこのような話をする必要があるのでしょうか。

プログラミングはコンピュータやスマホで動くアプリやソフトを作るためにあります。よいアプリやソフトを作るためにプログラミングの知識は欠かせませんが、ゲームアプリならゲームの、銀行のソフトなら銀行に関する知識も必要となります。

通常、商業アプリやソフトは一人で作成するものではなく、プログラミングの専門家とゲームや銀行システムの専門家が協力して作り上げます。それぞれの専門家が集まった会議において、全く知らない用語が出てきた場合は「知らない」と言うことができます。しかし、共有しているつもりで実は共有されていない知識が出てきた場合、「こぶたぬきつねこ」問題のような状況が発生します。お互いに合意して会議が終わったにも関わらず、思っていたのと全く違うアプリやソフトが作られてしまいます。

このような不幸なことが起きないよう、何かおかしいと思ったら「こぶたぬきつねこ」問題を思い出し、自問してください。

「その知識、本当に共有していますか？」

3　人によって違う意味を持つ言葉

問題(2)をもう一度見てみましょう。

問題(2)

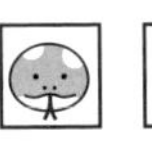

10種類の動物が並んでいます。動物が並んでいると思えば、好きな動物を□に入れれば正解になります。しかし、それでは面白くありません。この動物は干支の順番に並んでいます。

つまり、この問題を解くためには、干支に関する知識を持っている必要があります。干支を知らなければ、適当な動物で空欄を埋めることしかできません。この点は「こぶたぬきつねこ」問題と同じですね。干支を知っている人の解答は、次のようになります。

４番目は「うさぎ」　12番目は「イノシシ」

実はこの問題(２)には他にも正解が存在します。干支は東アジア・東南アジアで使われているのですが、各国によって少しずつ違います。

中国　４番目は「うさぎ」　12番目は「ぶた」

ベトナム　４番目は「ねこ」　12番目は「ぶた」

「干支」という言葉で表す知識は国によって違うことがわかりました。このように、同じ言葉であっても、国や文化、年代が異なると少しずつ違うことがよくあります。それどころか、同じ言葉が全く異なる物を指すことも珍しくありません。

では、同じ言葉が人によって異なる意味になる例を身の回りから探しましょう。

下に例をいくつか挙げておきます。みなさんはいくつぐらい思いつきましたか？方言や年代による違いは、思いつきやすいと思います。

言葉	使う人	意味
ちゃうちゃう	標準語を話す人	犬の種類
	関西弁を話す人	違う違う
がちゃ	若い人	アプリ内の抽選でカードを得る仕組み
	園児さん、ご年配	カプセルに入ったおもちゃの自販機
戦国時代	日本史	室町時代の末期
	中国史	秦の始皇帝が統一する前の時代
デフォルト	一般人	英単語 default：意味は既定、不履行、欠席など
	金融	債務不履行
	プログラミング	予め決めておく設定

最後の例は、仕事の専門分野によっても意味が異なる例になっています。まだ他にもたくさんの例が存在します。特に多いのがITやCSのような略語です。

ITの意味	
Information Technology	情報技術
Integration Test	結合試験
Inclusive Tour	包括旅行
Italy	イタリア

CSの意味	
Communications Satellite	通信衛星
Customer Satisfaction	顧客満足
Container Ship	コンテナ船
Cyber Security	サイバーセキュリティー

5・1・3 プログラミングと専門用語

一般人とプロ・専門家とで意味が違う言葉や専門家だけが使う言葉を専門用語と言います。プログラミングの分野には「木」という専門用語もあります。「木」はとても重要な専門用語なので、本書でも後ほど出てきます。

専門用語を知っている人と知らない人で話が通じないのは、どの専門分野でも同じです。小学生の家庭教師が、方程式を使って問題を解いても小学生には理解できないように、専門家が専門用語を駆使して説明しても専門外の一般人には理解できないのです。

ただ、専門用語は理解できるできないが判断しやすいため、対処は簡単です。専門用語を使わず、易しい言葉で説明し直せば良いのです。もちろん、専門用語を易しい言葉で説明することは一般にとても難しいです。しかし、どこに問題点があるのかがはっきりしていますので、対処法もはっきりしています。

一方、とても困るのが同じ「専門用語」が専門分野によって異なる意味を持つ場合です。干支の問題に対してうさぎと答える国と猫と答える国があるように、専門用語を含んだ会話に対して、それぞれが異なった意味で理解してしまいます。私の経験では、この認識のすれ違いを見つけることは大変難しいです。専門家が日常触れている専門用語であればあるほど、専門用語に他の意味があるとは気づかないものなのです。

ただし、干支が国ごとに異なっていても各国比較を行わない限り問題が発生しないように、分野によって専門用語の意味が違っていても、その分野の人たちだけで話し合っている限り問題は起きません。問題が起きるのは、異なる分野の人が集まって話をする場合です。この異なる分野の人が集まって話をする機会がもっとも多い分野がプログラミングなのです。

プログラミングはあくまでスマホやアプリの作成手段でしかありません。そのためスマホやアプリを作る場合、作成目的の分野の人と話し合いをすることになります。ゲームアプリならゲームデザイナー、銀行のソフトなら銀行の人たちと上手に意思疎通を図らないとよいアプリ、ソフトは作れません。そのためプログラムをする人は、他分野の専門家と話をする場面が他の分野の人よりも多くなります。

先ほど挙げた例にありましたが、「デフォルト」という言葉の意味がプログラミングと銀行とで全く異なります。

銀行のシステム開発の現場で「デフォルトの対応を決めておこう」と発言があったとします。金融に詳しい人は「企業がお金を返せなくなった(債務不履行を起こした)ときの対応」だと思い、プログラミングをする人は「プログラミングするにあたり予め決めておく対応方法」だと思います。

「予め決めておく対応方法」では意味がよくわかりませんね。例えば、GoogleやYahooの経路検索では、電車とバス、車、徒歩という交通手段が準備されています。検索した際にユーザーが交通手段を指定しなかったら「電車とバス」が選ばれたことにして経路を検索します。これが予め決めておく対応方法になります。

銀行の人が言った「デフォルト(債務不履行)」を、プログラムをする人は「金融の人が準備している選択肢の中から優先順位の高いものを1つ決めておく」という意味に解釈してしまいます。

専門用語の意味が原因でボタンの掛け違いが起きると、何が問題なのかを見つけることがとても難しいです。専門分野を1つしか持たないのが普通の人であり、複数分野の専門用語を知る人は滅多にいないからです。だからと言って、指をくわえて問題が発生するのを見ているわけにはいきません。他分野の人と一緒に働く機会が多いプログラミングをする人こそ、他分野の人以上にこの問題に敏感であってほしいと思っています。

5・2 きれいなノート（数列の先端）

5・2・1 無駄遣い手順書と節約手順書

皆さんは授業でノートを取っていますか？大学生になるとノートを取らない人が増えるのですが、小学校入学から高校卒業までの間は授業でノートをとっていたと思います。綺麗にまとめたノートから雑なノートまで、個性がたっぷり詰まっていたと思います。

皆さんのノートは、ページ全部をびっしり埋めていましたか？それとも、日付ごとや項目ごとにページを分け、紙面をたっぷり使っていましたか？プログラミングにもこの２つの個性があります。理解しやすいけど無駄遣いをする手順書（以下「無駄遣い手順書」）と、ちょっと理解しにくいけど無駄遣いをせず節約をする手順書（以下「節約手順書」）の２つです。

それでは偶数列を使って、無駄遣い手順書と節約手順書の違いを見ていきましょう。

問題　２から始まる偶数列の４番目を求めましょう。

２から始まる偶数列は 2 4 6 8 なので、答えは８です。漸化式を使って解く手順書を２つ用意しました。

偶数列の漸化式

$$\begin{cases} \square_i = \square_{i-1} + 2 & (i \geq 2) \\ \square_1 = 2 \end{cases}$$

まずは、無駄遣い手順書です。無駄遣いに着目するため、繰り返しを使わない単純な構造の手順書にしました。

無駄遣い手順書

1. 数列を入れる場所 [数列] を準備する。
2. 先頭の数(初期値)を設定する。……………… $[数列]_1 \leftarrow 2$
3. 2番目を計算する。……………………………… $[数列]_2 \leftarrow [数列]_1 + 2$
4. 3番目を計算する。……………………………… $[数列]_3 \leftarrow [数列]_2 + 2$
5. 4番目を計算する。……………………………… $[数列]_4 \leftarrow [数列]_3 + 2$
6. 4番目の数 $[数列]_4$ を答える。

手順書の「2」は漸化式で数列の先頭を設定する部分、手順書の「3」から手順書の「5」は、漸化式で $i \geq 2$ を計算する式に対応します。

次は節約手順書です。節約手順書では、[数] に計算結果を入れています。

節約手順書

1. 数(計算結果)を入れる場所 [数] を準備する。
2. 先頭の数(初期値)を設定する。……………… $[数] \leftarrow 2$
3. 2番目を計算する。……………………………… $[数] \leftarrow [数] + 2$
4. 3番目を計算する。……………………………… $[数] \leftarrow [数] + 2$
5. 4番目を計算する。……………………………… $[数] \leftarrow [数] + 2$
6. 4番目に対応する数 [数] を答える。

無駄遣い手順書と節約手順書とは見た目がとてもよく似ています。違いは、手順書の「1」で準備するのが、数列が入る変数なのか(無駄遣い手順書)、数が1つ入るだけの変数なのか(節約手順書)です。この違いが、手順書の「2」以降のちょっとした違いに繋がります。そして、無駄遣いか節約かの区別は、この変数の違いから発生します。

それでは、次のページで2つの手順書の動作確認を行いましょう。

5・2・2 2つの手順書の動作確認

無駄遣い手順書と節約手順書の違いである変数 [数列] と [数] に着目しましょう。無駄遣い手順書は、4番目の数を計算するために数列を使っています。そして、手順書が終わるとき、この数列には4つの数が格納されています。

1 無駄遣い手順書の動作を確認する

無駄遣い手順書は、次のとおりです。

無駄遣い手順書

1. 数列を入れる場所 [数列] を準備する。
2. 先頭の数(初期値)を設定する。……………… $[数列]_1 \leftarrow 2$
3. 2番目を計算する。……………………………… $[数列]_2 \leftarrow [数列]_1 + 2$
4. 3番目を計算する。……………………………… $[数列]_3 \leftarrow [数列]_2 + 2$
5. 4番目を計算する。……………………………… $[数列]_4 \leftarrow [数列]_3 + 2$
6. 4番目の数 $[数列]_4$ を答える。

手順書にそった動作は、次のようになります。

手順	動作	変数 [数列]
手順書の「1」	[数列] の準備	
手順書の「2」	$[数列]_1 \leftarrow 2$	[2]
手順書の「3」	$[数列]_2 \leftarrow [2]_1 + 2$	[2][4]
手順書の「4」	$[数列]_3 \leftarrow [4]_2 + 2$	[2][4][6]
手順書の「5」	$[数列]_4 \leftarrow [6]_3 + 2$	[2][4][6][8]
手順書の「6」	$[8]_4$ を答える	[2][4][6][8]

2　節約手順書の動作を確認する

節約手順書についても同様に動作を見ていきましょう。ここでは 数□ に着目します。

節約手順書

1. 数(計算結果)を入れる場所 数□ を準備する。
2. 先頭の数(初期値)を設定する。……………… 数□ ←2
3. ２番目を計算する。…………………………… 数□ ← 数□ +2
4. ３番目を計算する。…………………………… 数□ ← 数□ +2
5. ４番目を計算する。…………………………… 数□ ← 数□ +2
6. ４番目に対応する数 数□ を答える。

手順書にそった動作は、次のようになります。

手順	動作	変数 数□
手順書の「1」	数□ の準備	
手順書の「2」	数□ ←2	[2]
手順書の「3」	数□ ← 数[2] ＋2	[4]
手順書の「4」	数□ ← 数[4] ＋2	[6]
手順書の「5」	数□ ← 数[6] ＋2	[8]
手順書の「6」	数[8] を答える	[8]

手順書の「3」の動作が少し見慣れない計算式になっていますので説明します。

←の右側の計算式 数[2] ＋２をまず計算します。そして計算結果の４を←右側の変数 数□ に格納します。その結果 数[4] になりました。手順書の「4」と手順書の「5」も同じように計算されます。

無駄遣い手順書と違い、節約手順書は１つの変数 数□ だけで４番目の数を答えることができました。数□ を書き換えて再利用することで、記録する場所を節約しているのです。

5・2・3 節約の効果

無駄遣い手順書と節約手順書の違いは、計算結果を書いておく場所の数でした。偶数の４番目の数を計算するのに、無駄遣い手順書は計算結果を書く場所が４つ必要でした。一方、節約手順書は書く場所を１つしか使いません。２つの手順書の動作確認の表を１つにまとめましたので、計算結果を書く場所の数を再確認しましょう。

手順	動作	無駄遣い手順書	節約手順書
手順書の「1」	書く場所の確保		
手順書の「2」	先頭の数の設定	2	2
手順書の「3」	２番目の計算	2 4	4
手順書の「4」	３番目の計算	2 4 6	6
手順書の「5」	４番目の計算	2 4 6 8	8
手順書の「6」	４番目の数を答える	2 4 6 8	8

無駄遣い手順書では、２番目以降の計算をするたびに計算結果を書く場所が増えていきます。一方、節約手順書では書く場所は１つだけです。古い計算結果を消し、最新の計算結果で上書きすることで書く場所を節約しています。節約手順書の 数□ は、無駄遣い手順書 数列□ の一番後ろと同じであることからもそれがわかります。

節約手順書は最新結果だけを残して書く場所をリサイクルすることにより、節約することができました。では、どのくらい節約できたのでしょうか。計算結果を書く場所は、無駄遣い手順書が４つ、節約手順書は１つなので1/4で済みました。

もっと後ろの数を求めようとするとどうなるでしょう。５番目の数を計算する場合、無駄遣い手順書の数列には５つの数が入ることになります。一方、節約手順書は 数□ を再利用するので１つ。同じように100番目の数を計算する場合、無駄遣い手順書は100個で節約手順書は１つのままです。もしこれが100万番目の数を計算する場合は、無駄遣い手順書は計算結果を残しておく場所が100万個も必要となります。一方、節約手順書は１個のままです。

数列の後ろの方に行けば行くほどこの差は大きくなっていきます。そのため、プログラムで数列を使う場合、使い終わった計算結果を上書きして再利用する節約手順書がよく利用されます。

計算する場所の数を比較して、節約の効果をまとめました。

	無駄遣い手順書	節約手順書
1番目	1ヶ所	1ヶ所
4番目	4ヶ所	1ヶ所
5番目	5ヶ所	1ヶ所
10番目	10ヶ所	1ヶ所
100番目	100ヶ所	1ヶ所
100万番目	1,000,000ヶ所	1ヶ所

このように表にすると、節約手順書の有用性がよくわかりますね。

▶メモリと無駄遣い

上で節約手順書が有用だと書きました。昔話で恐縮ですが、私が最初に使った計算機は16,000個しか数を覚えておくことができませんでした。そのため、数列の100万番目を計算するには節約手順書を使う必要がありました。

しかし、今の計算機なら100万番目を計算する程度の無駄遣いが気にならないほど高性能で裕福になりました。この場合の裕福度は、内蔵メモリ量で測ります。2022年現在のスマホの内蔵メモリは100GBぐらいあります。Gは10億という意味なので、内蔵メモリ100GBのスマホは1000億個の数を覚えておけます。これなら無駄遣いをしても100万番目の計算を楽々と行えます。

贅沢は素敵ですね。

Scratchで手順書をプログラミングする

偶数列の漸化式の４番目の数を答える節約手順書をScratchでプログラミングしてみましょう。

完成したScratchプログラムは、ページ上のQRコード先で確認することができます。ScratchではなくPythonのプログラムは、197ページに移動してください。

節約手順書

1. 数(計算結果)を入れる場所 [数] を準備する。
2. 先頭の数(初期値)を設定する。……………… [数] ←2
3. ２番目を計算する。……………………………… [数] ← [数] +2
4. ３番目を計算する。……………………………… [数] ← [数] +2
5. ４番目を計算する。……………………………… [数] ← [数] +2
6. ４番目に対応する数 [数] を答える。

節約手順書では、漸化式の計算式を「数列」リストではなく「数」という変数に覚えておきます。

作成するScratchプログラムの全体像と結果

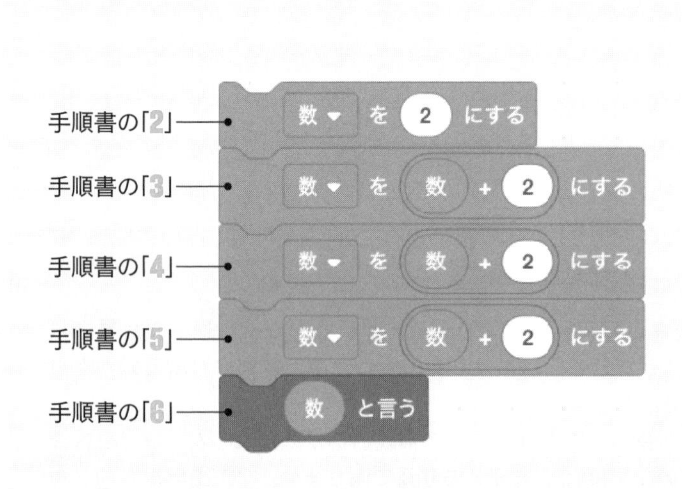

Pythonで手順書をプログラミングする

偶数列の漸化式の４番目の数を答える節約手順書をPythonでプログラミングしてみましょう。完成したPythonプログラムは、ページ上のQRコード先で確認することができます。

節約手順書

1. 数(計算結果)を入れる場所 [数] を準備する。
2. 先頭の数(初期値)を設定する。………………… [数] ←2
3. ２番目を計算する。……………………………… [数] ← [数] +2
4. ３番目を計算する。……………………………… [数] ← [数] +2
5. ４番目を計算する。……………………………… [数] ← [数] +2
6. ４番目に対応する数 [数] を答える。

作成するPythonプログラムの全体像と結果

Pythonではkazu (数)に数列計算の途中経過を入れていきます。

手順書の「2」
```
[1] kazu = 2
```

手順書の「3」
```
[2] kazu = kazu +2
```

手順書の「4」
```
[3] kazu = kazu + 2
```

手順書の「5」
```
[4] kazu = kazu + 2
```

手順書の「6」
```
[5] kazu
```
```
8
```

とても簡単なので、各行の意味を日本語で書きませんでした。簡単なプログラムですが、計算結果の記録場所を節約することはとても重要です。理由が思い出せない人は、「5.2.3　節約の効果」(194ページ)を読み返しておきましょう。

5・2・4 手順書の節約化

第３章で学んだ数列の $\overset{\text{前から}}{\square}_{\text{番目}}$ を求める手順書は、繰り返しを含む無駄遣い手順書でした。偶数列を題材に、この無駄遣い手順書を節約化してみたいと思います。この手順書では、数列の計算過程は $\square_{\overset{\text{前から}}{\square}_{\text{番目}}}$ で表されています。

$\overset{\text{前から}}{\square}_{\text{番目}}$ を答える無駄遣い手順書

1. $\square_1 \leftarrow 2$ （先頭の計算式）
2. $i \leftarrow 2$ （位置を表すiを2にする）
3. $i \leq \overset{\text{前から}}{\square}_{\text{番目}}$ の間、以下の手順を実行する。
   (1) $\square_i \leftarrow \square_{i-1} + 2$ （i 番目の計算式）
   (2) $i \leftarrow i + 1$ （i に１を足す。つまり次の位置に移動する）
4. $\square_{\overset{\text{前から}}{\square}_{\text{番目}}}$ を答える。

1 節約の方針

節約をするためには、計算途上の数列全体は捨てて、最新の計算結果だけを残しておくことになります。最新の計算結果を $\overset{\text{最新}}{\square}$ と書くと、節約手順書は、次のようになります。

$\overset{\text{前から}}{\square}_{\text{番目}}$ を答える節約手順書

1. $\overset{\text{最新}}{\square} \leftarrow 2$ （先頭の計算式）
2. $i \leftarrow 2$ （位置を表すiを2にする）
3. $i \leq \overset{\text{前から}}{\square}_{\text{番目}}$ の間、以下の手順を実行する。
   (1) $\overset{\text{最新}}{\square} \leftarrow \overset{\text{最新}}{\square} + 2$ （i 番目の計算式）
   (2) $i \leftarrow i + 1$ （i に１を足す。つまり次の位置に移動する）
4. $\overset{\text{最新}}{\square}$ を答える。

無駄遣い手順書の「3」－(1)の $\square_i$ と $\square_{i-1}$ が $\overset{\text{最新}}{\square}$ で置き換わりました。添字がなくなったおかげで見た目がとてもスッキリしています。

2　動作の確認

2つの手順書の動作確認により節約具合を確認しましょう。前から3番目を計算しています。

手順	動作	iの値	前から3番目	無駄遣い手順書	節約手順書
手順書の「1」	数列最初の数を設定	-	3	2	最新 2
手順書の「2」	iを設定	2	3	2	最新 2
手順書の「3」	$i \leq$ 前から3番目 だから、	2	3	2	最新 2
手順書の「3」ー(1)	i番目(2番目)を計算	2	3	2 4	最新 4
手順書の「3」ー(2)	iに1を加える	3	3	2 4	最新 4
手順書の「3」	$i \leq$ 前から3番目 だから、	3	3	2 4	最新 4
手順書の「3」ー(1)	i番目(3番目)を計算	3	3	2 4 6	最新 6
手順書の「3」ー(2)	iに1を加える	4	3	2 4 6	最新 6
手順書の「3」	$i \leq$ 前から3番目 ではない	4	3	2 4 6	最新 6
手順書の「4」	前から3番目 最新□ の数を答える	4	3	2 4 6	最新 6

ほんの少し手を加えるだけで、無駄使いを減らすことができました。めでたし、めでたし。

5-2-5 節約手順書のメリットとデメリット

前節で作成した節約手順書のメリット(長所)とデメリット(短所)についてお話ししたいと思います。2つの手順書を比較しやすいよう、本ページに無駄遣い手順書を、次ページに節約手順書を見開きで示します。2つの手順書を見比べながら読み進めてください。

無駄遣い手順書は数列を使うため、変数を表す□に場所を表す添字がついています。一方、節約手順書の変数には添字がありません。添字がないということは、添字を理解している必要がないということでもあります。その分だけ節約手順書は初心者にとって優しい手順書だと言えるでしょう。

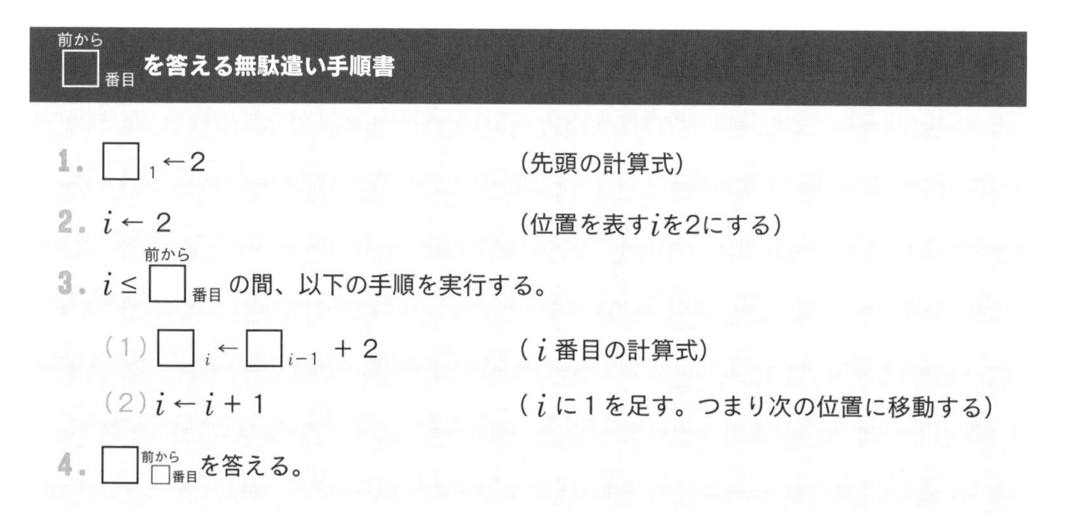

□(前から)(番目)を答える無駄遣い手順書

1. $\square_1 \leftarrow 2$ （先頭の計算式）
2. $i \leftarrow 2$ （位置を表すiを2にする）
3. $i \leq$ □(前から)(番目) の間、以下の手順を実行する。
   (1) $\square_i \leftarrow \square_{i-1} + 2$ （i番目の計算式）
   (2) $i \leftarrow i + 1$ （iに1を足す。つまり次の位置に移動する）
4. $\square_{\text{前から}\square\text{番目}}$ を答える。

節約手順書は、計算場所も少なくて済み、添字がないためスッキリしていて、さらに添字を知らなくてもいい。3つも良い所があります。そのため、多くのプログラミング入門書では節約手順書が使われています。しかし、節約手順書にもデメリットはあります。手順書の全体で何をしているのか分かりにくいことです。計算過程の中身を比較した下の表「計算過程の比較」を見てください。

計算過程の比較

無駄遣い手順書	節約手順書
2	最新 2
2 4	最新 4
2 4 6	最新 6
2 4 6 8	最新 8

無駄遣い手順書は、計算過程が全て残っています。そのため、この手順書では偶数列を扱っていることがすぐ分かります。一方、節約手順書は最新の計算結果しかありません。ある時点では例えば［最新］6 としか分かりません。そのため［最新］を過去にさかのぼって調べなければ偶数列であることが分からないのです。

自分で手順書を作成する場合、いつも正しい手順書を作成できるとは限りません。テストで100点満点を取るのが難しいように、間違えることが当たり前だと言えます。その場合間違った場所を探して修正する必要があります。しかし、節約手順書は無駄遣い手順書に比べて使える情報が少ないため、間違えた場所を見つけにくく、結果的に修正が難しくなります。

他の問題へ応用が容易なのも、計算過程が残っているという無駄遣い手順書のメリットです。間違い探しと同じで、どこを変更すればよいのかが分かりやすいのです。

［前から］番目 を答える節約手順書

1. ［最新］← 2　　（先頭の計算式）
2. i ← 2　　（位置を表すiを2にする）
3. i ≤ ［前から］番目 の間、以下の手順を実行する。
   (1) ［最新］←［最新］+ 2　　（i 番目の計算式）
   (2) i ← i + 1　　（i に1を足す。つまり次の位置に移動する）
4. ［最新］を答える。

メリットとデメリットを下の表にまとておきます。

メリットとデメリット

項目	無駄遣い手順書	節約手順書
計算場所	× 多い	○ 少ない
見た目	× 複雑	○ スッキリ
添字	× 使う	○ 使わない
何をしているか	○ 分かりやすい	× 分かりにくい
間違い	○ 見つけやすい	× 見つけにくい
応用	○ しやすい	× しにくい

5・3 数の並びの再帰

5・3・1 何人並んでいますか

これまで図形や数は１列に並んでいましたが、次にピラミッドやトーナメント表のような形で並んだ数字を扱いたいと思います。

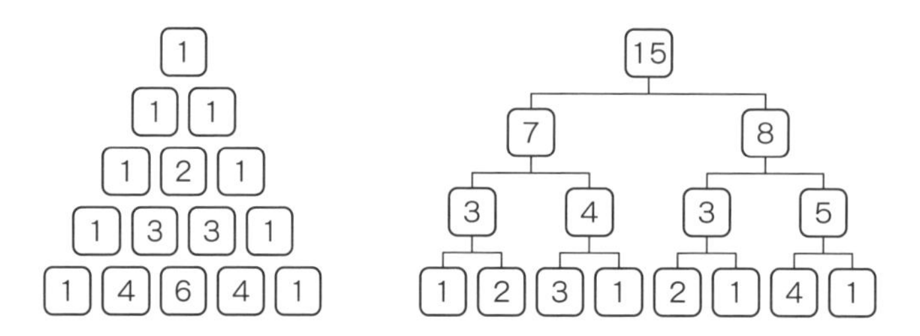

ピラミッドやトーナメント表のように並んだ数字を扱うためにはコツがあります。まずは、そのコツを１列の並びを使って学びましょう。

小学生が１列に並んでいます。何人いるでしょうか。２種類の数え方を考えましょう。

方法１ 先生が前から順番に数えていく数え方

方法２ 生徒が先頭から順番に１、２、３と声をだす数え方

どちらの数え方も経験したことがあるのではないでしょうか。この２つの数え方に対応する方法が数列を扱う手順書(プログラミング)にも存在します。これを説明するため、列を数える問題を数列の問題に変更します。先頭から順に１、２、３と数えると数は、１ずつ増える数列になります。

1 2 3 4 5 6

この数列の６番目の数を求める手順書は、求めたい場所を表す変数を 前から[6]番目 として次のようになります。

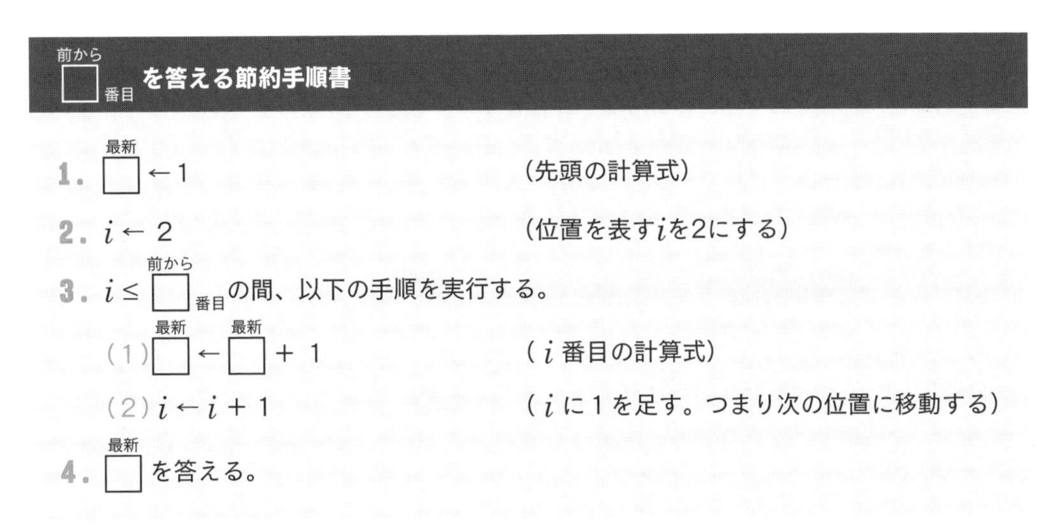

前から[ ]番目 を答える節約手順書

1. 最新[ ] ← 1　　(先頭の計算式)
2. i ← 2　　(位置を表すiを2にする)
3. i ≦ 前から[ ]番目 の間、以下の手順を実行する。
   (1) 最新[ ] ← 最新[ ] ＋ 1　　(i番目の計算式)
   (2) i ← i ＋ 1　　(iに１を足す。つまり次の位置に移動する)
4. 最新[ ] を答える。

この手順書は、方法１の「先生が前から順番に数えていく数え方」で作られています。先生役をしているのは、変数のiです。iが順番に１ずつ増えていきますが、このiは先生が何番目の生徒の横にいるかを示します。そして、最新[ ] が生徒数を数える先生の声になります。

手順書ではiは２から始まるため厳密に一緒ではありません。ただ、iと言う先生役が順番に後方に移動し、移動しながら数列を計算していくイメージを持ってください。

5·3·2 生徒の自主性(数列の再帰)

1 前から始める

1列に並んだ小学生の人数の数え方、方法2について話をしましょう。

方法2 生徒が先頭から順番に1、2、3と声をだす数え方

この数え方の場合、先生のように仕切ってくれる人はいません。そのため、生徒が各自で考えて自分の番号を言う必要があります。前の生徒が「3」と言ったら、3に1を加えて「4」と大声で言います。ただし、先頭だけは「1」と言うことに決まっています。

各生徒の行動を行動書(手順書)としてまとめると次のようになります。

各生徒の行動書

1. もし先頭なら、「1」と言う。
2. 先頭でないなら、前の生徒が言った数に1を加えた数を言う。

では、列に並んだ生徒の行動を見ていきましょう。

1. 先頭の生徒が「1」と言います。
2. それを聞いた2番目の生徒は1＋1＝2で「2」と言います。
3. さらにそれを聞いた3番目の生徒は2＋1＝3で「3」と言います。
4. …
5. 最後の生徒が数を言ったら終わりです。

生徒の自主性に任せても人数を数える仕組みができました。あとは、先頭の人がいつ、どのタイミングで「1」と言うかです。

次は、この始まりの合図をどうするかについて考えていきましょう。

2 始まりの合図は後ろから

一番前の生徒は、前を向いているし背も低いため、後ろの生徒が全員、並び終えたか確認することができません。そこで始まりの合図は、一番後ろの生徒が出すことにしたいと思います。

まず、一番後ろの生徒が「始めるよー」と合図します。その合図を聞いた後ろから２番目の生徒は、３番目の生徒に「始めるよー」と合図します。「始めるよー」の伝言が先頭まで伝わったら、先頭の生徒は「１」と数え始めます。

では、先頭の生徒の行動書(手順書)を記します。

各生徒の行動書(先頭の生徒)

1. 後ろから「始めるよー」の声が聞こえるまで待つ。
2. 「1」と言う。

それでは人数を数え始めたいと思います。最後尾の人が「始めるよー」と前の人に声をかけるところから始まります。そして、その声が前の方へと伝わっていきます。

「始めるよー」の伝言が先頭にたどり着きました。先頭は「１」と答えます。

3　前から数が戻ってくる

先頭が「１」と言いました。それを聞いた２番目の生徒は、行動書に従い「１」に１を加えた数「２」と言います。

では、先頭以外の生徒の行動書(手順書)を記します。

各生徒の行動書(先頭以外の生徒)

1. 後ろから「始めるよー」の声が聞こえるまで待つ。
2. 前の人に「始めるよー」と声をかける。
3. 前の人が数を言うのを待つ。
4. 前の人が言った数に１を加えた数を言う。

その後は順に「３」「４」「５」と答えていき、最後尾の生徒が「６」と答えたら終わりです。

生徒全体の行動を右ページに記します。一番後ろの生徒の「始めるよー」がきっかけとなり、「始めるよー」の波が先頭に向かって進みます。「始めるよー」が先頭に到達したら、今度は前から１、２、３と言う数の波が後方に戻ってきました。図を見ると、この流れがよくわかると思います。

一番後ろの女の子から始まる言葉「始めるよー」の波が先頭の男の子まで伝わり、今度は先頭から一番後ろへと数字の波が帰ってくる。この情報伝達の波をプログラミングの専門用語で再帰と言います。

上記の行動書では、一番後ろの生徒が「始めるよー」と言うためには、さらに後ろから「始めるよー」の合図が必要になります。今回は、一番後ろの生徒の耳元でだれかが「始めるよー」とささやいたと想像してください。

始めるよー
6
始めるよー
5
始めるよー
4
始めるよー
3
始めるよー
2
1

5·3·3 再帰の手順書

後ろから前に指令を出していき、前から後ろへと数が戻ってくる再帰という考え方の手順書を作りましょう。この手順書は前ページの例での一人一人の行動書に該当します。対象は、偶数列 [2][4][6][8] …とします。

前から[ ]番目の偶数を計算する再帰手順書

1. もし先頭(前から[ ]番目 =1)だったら、2と答えて、手順書を終える。

2. (前から[ ]番目 −1)の偶数を計算する再帰手順書を実行する。…… 前の人に「始めるよー」と合図する

3. 2. で実行した手順書が答えるまで待つ。………………………… 前の人が数を言うのを待つ

4. 2. で実行した手順書の答え+2を答える。

ここまでに習ってきた手順書では、偶数列を1つの手順書で求めました。一方、この手順書の場合、4番目の偶数を求めるのに、手順書のコピーが4つ必要になります。つまり、並んでいる生徒一人につき、1つの行動書(手順書)を使います。先頭の人は 前から[1]番目 の偶数を計算する再帰手順書を、2番目の人は 前から[2]番目 の偶数を計算する再帰手順書をそれぞれ使います。

それでは、動作確認をしましょう。今回は偶数列の4番目の数を求めます。求めるには、前から[4]番目 の偶数を計算する再帰手順書を実行します。これ以降、「偶数を計算する再帰」を省略し、「前から[4]番目 の手順書」のように書くことにします。

1. 前から[4]番目 の手順書を実行します。

   右の図では4番目の女の子で表現しています。女の子の下の 前から[4]番目 が偶数列の位置(前から4番目)を表しています。

2. 前から[4]番目 の手順書(女の子)が手順書の「1」を実行します。

   女の子は先頭ではないため、手順書の「2」に移ります。手順書の「2」では 前から[4]番目 −1 、すなわち 前から[3]番目 の手順書を実行します。実行により 前から[4]番目 の女の子の前に、 前から[3]番目 の男の子が現れました。 前から[4]番目 の手順書(女の子)は、手順書の「3」に従い 前から[3]番目 の手順書(男の子)の答えを待ちます。

3．前から3番目の手順書（男の子）が手順書の「1」を実行します。
前から3番目の手順書（男の子）は先頭ではないため、手順書の「2」で前から2番目の手順書（女の子）を実行し、前から2番目の答えを待ちます。

4．前から2番目の手順書（女の子）が手順書の「1」を実行します。
前から2番目の手順書（女の子）は先頭ではないため、手順書の「2」で前から1番目の手順書（男の子）を実行し、前から1番目の答えを待ちます。

5．前から1番目の手順書（男の子）が手順書の「1」を実行します。
前から1番目の手順書（男の子）は先頭（前から1番目＝1）です。そこで手順書の「1」に従い、「2」と答えます。

6．前から1番目の手順書が終了します。

男の子が消えて答えだけが残っています。そして、前から1番目の答えを待っていた前から2番目の手順書（女の子）が動き出します。

7．前から2番目の手順書（女の子）が手順書の「4」を実行します。
前から2番目の手順書（女の子）は手順書の「4」に従い、前から1番目の答え「２」に２を足した「４」を答えます。

8．前から2番目の手順書が終了します。

女の子が消えました。そして、前から2番目の答えを待っていた前から3番目の手順書（男の子）が動き出し、４＋２の計算結果「６」を答えます。続いて前から4番目の手順書（女の子）も６＋２の計算結果「８」を答えます。

9．最後に前から4番目の手順書（女の子）が終了します。
前から4番目の手順書の答え「８」が求めたかった数、４番目の偶数になります。

Scratch で手順書をプログラミングする

再帰をする手順書を使ってScratchでプログラミングしてみましょう。実装する手順書(行動書)は、次の通りです。

このSctarch プログラムは複雑です。関数定義、スプライト、クローンに関する知識が必要になります。慣れていない人は、QRコード先のScratchを参照し、実行してください。ScratchではなくPythonのプログラムは、214ページに移動してください。

各生徒の行動書(先頭の生徒)

1. 後ろから「始めるよー」の声が聞こえるまで待つ。
2. 「1」と言う。

各生徒の行動書(先頭以外の生徒)

1. 後ろから「始めるよー」の声が聞こえるまで待つ。
2. 前の人に「始めるよー」と声をかける。
3. 前の人が数を言うのを待つ。
4. 前の人が言った数に1を加えた数を言う。

変数を作成する

再帰をScratchで扱うのはとても大変ですが、Scratchが得意な人には興味深い題材です。最初の準備として、3つ変数を作成します。子供を何人並べるかを示す「列の長さ」、子供の声が響いている場所として「運動場の音」、そして、それぞれの子供の場所を表す「前から何番目」です。

「前から何番目」だけは、変数を作成するとき「このスプライトのみ」を選択してください。

最後にネコを右端に移動させましょう。

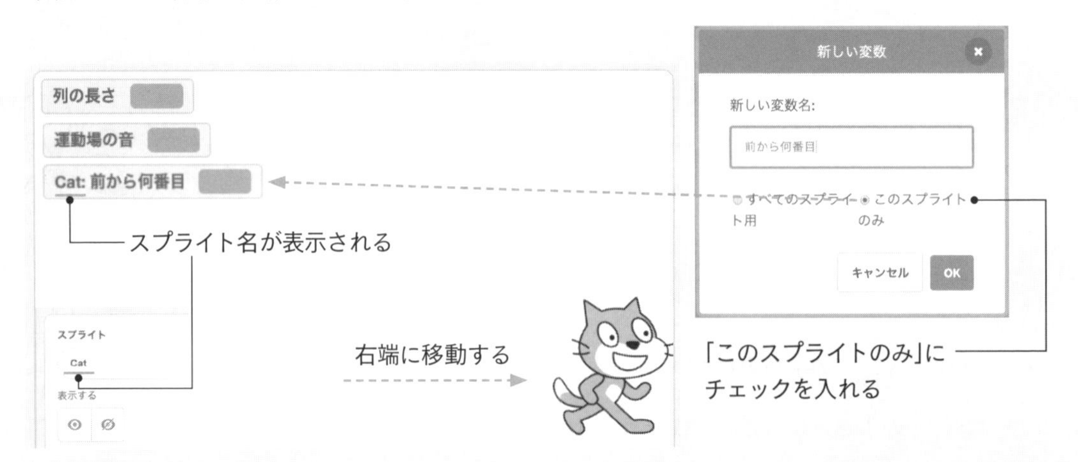

Scratchで列を生成する

クローンを使って生徒の列を作成します。画面が小さいので列に並ぶのは4人にします。また、最初のネコは号令をかける先生役にします。子供と先生役を区別するため、先生ネコには上下ひっくりかえってもらうことにしましょう。

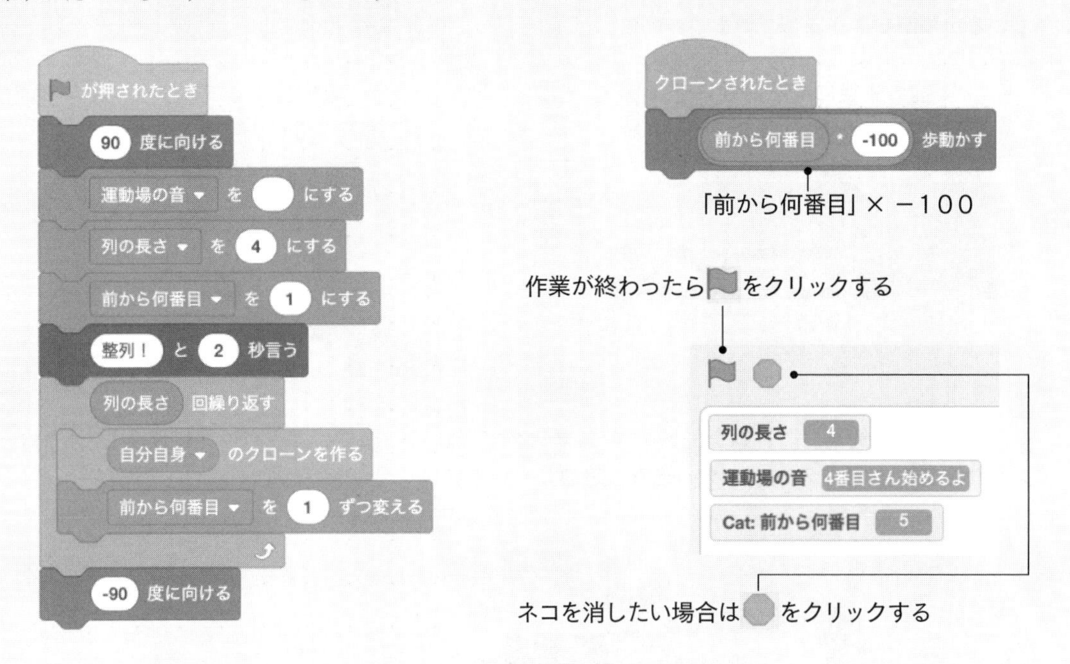

できあがったら をクリックして4匹の生徒ネコを整列させます。

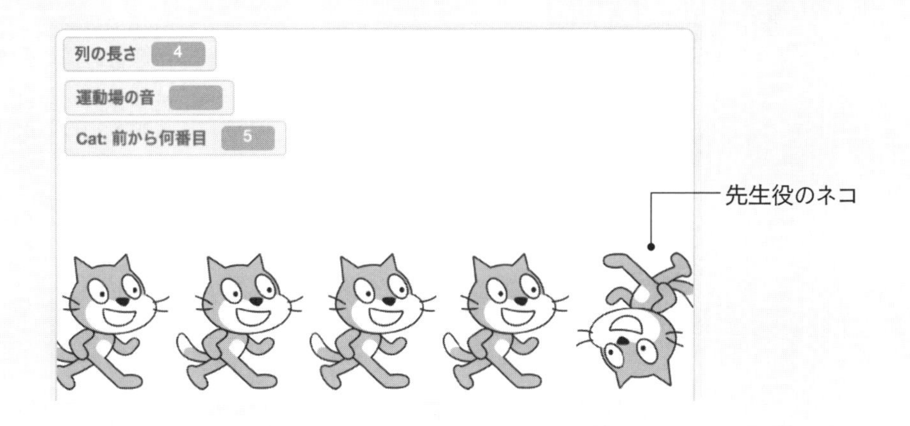

ネコが5匹になり、右端のネコがひっくり返ったら成功です。

ブロックを定義する

次に、前の生徒に声をかけるブロックと、数を答えるブロックを定義します。

手順書では前の生徒だけに声をかけることができましたが、Scratchでは全員に聞こえる大声を出します。そして、大声は変数「運動場の音」にも書き出すことにします。その際、だれが大声をだしているかわかるようにしています。

前の生徒に声をかけるブロック

定義 何番目 に始めるよーと言う
運動場の音 を 何番目 と 番目さん始めるよ にする
何番目 と 番目さん始めるよ と 2 秒言う

数を答えるブロック

定義 返事 名前 です。数は 数 です。
運動場の音 を 名前 と です。数は にする
1 秒待つ
運動場の音 を 数 にする
数 と 1 秒言う

それでは、生徒ネコの行動をScratchのブロックで表していきましょう。最初に作成した「クローンされたとき」で始まるブロックの後ろに追加していきます。

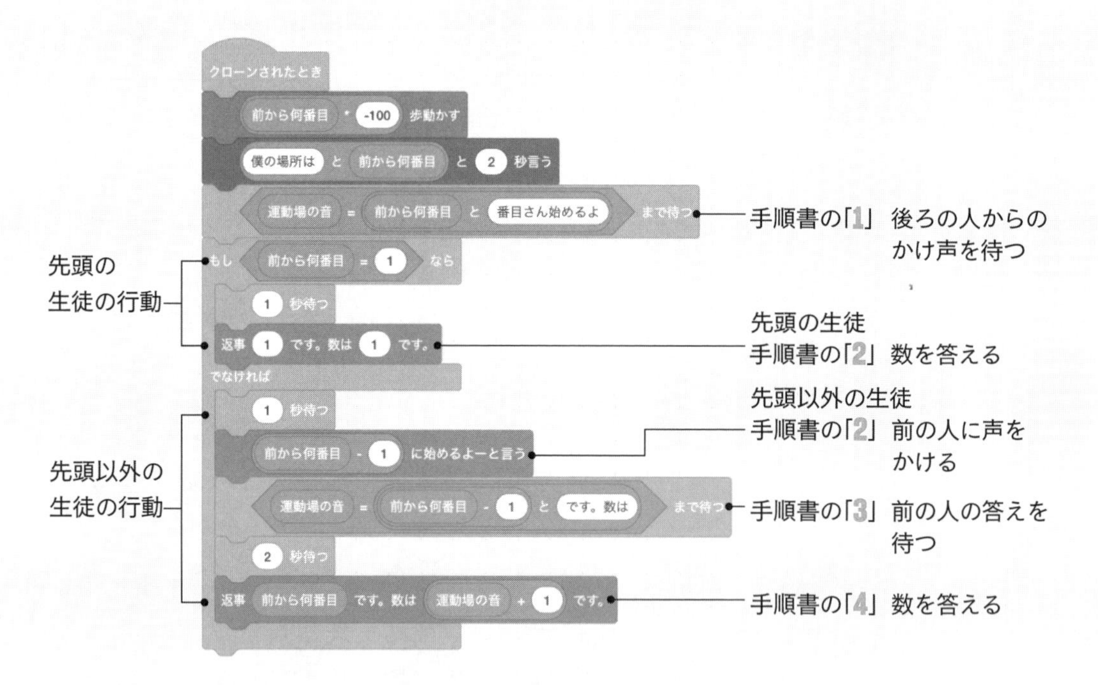

それでは、最後尾の生徒に声をかけるブロックを作成しましょう。

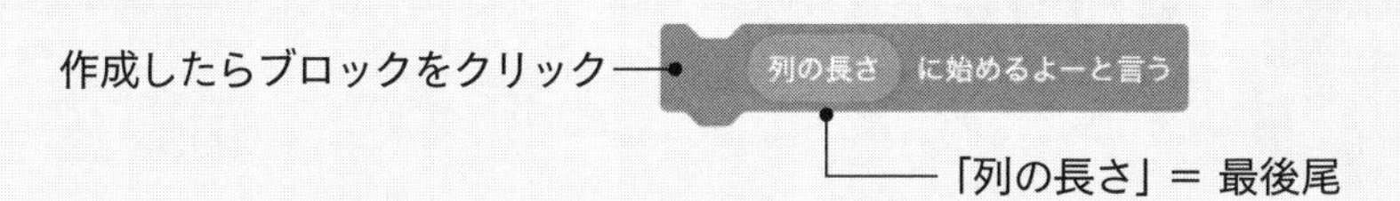

作成したブロックをクリックすると、再帰手順書が始まります。先生ネコが「４番目さん始めるよ」と言い、後ろから号令が前へと伝わります。その後、数が後ろへと帰ってきます。

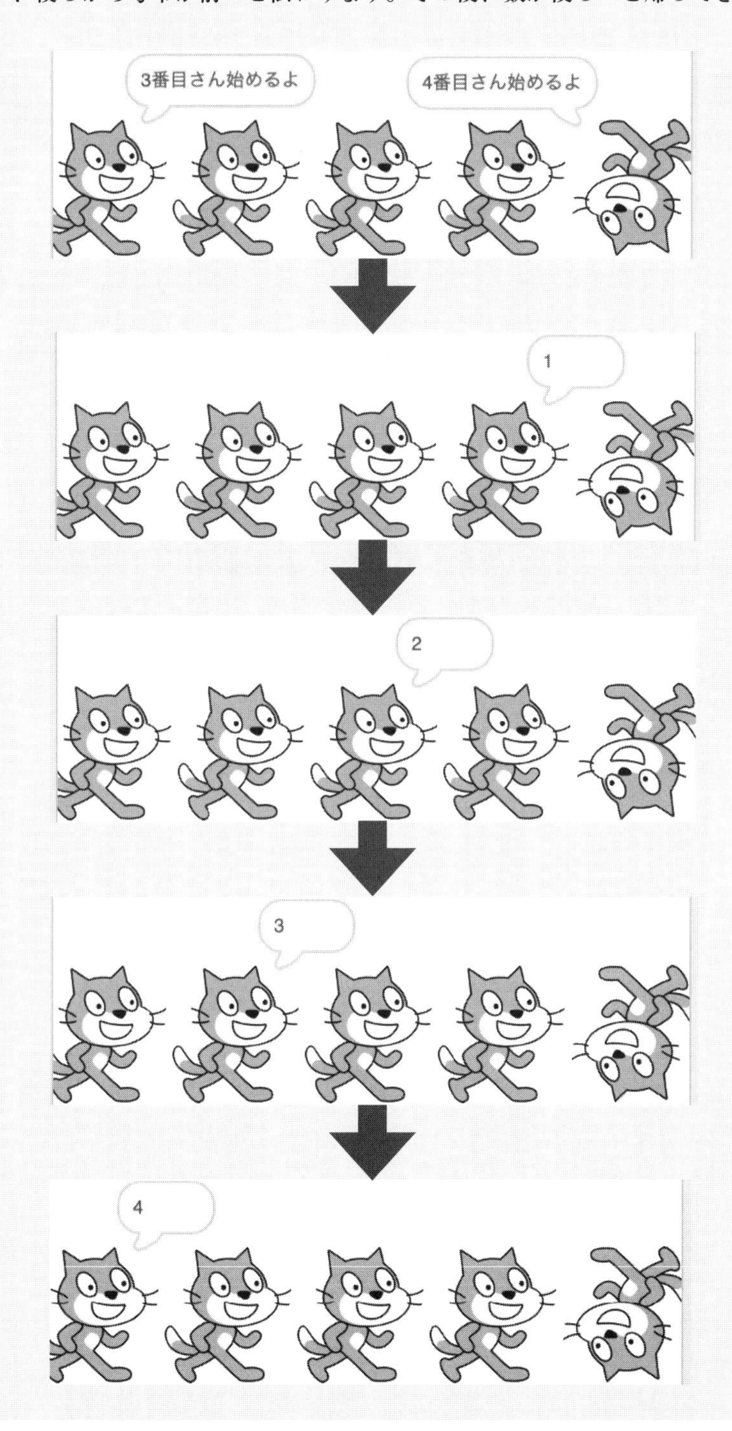

Python で手順書をプログラミングする

再帰をする手順書を使ってPythonでプログラミングしてみましょう。実装する手順書は、次の通りです。

完成したPythonプログラムは、ページ上のQRコード先から確認することができます。

前から□番目の偶数を計算する再帰手順書

1. もし先頭(前から□番目＝1)だったら、2と答えて、手順書を終える。
2. [前から□番目－1]の偶数を計算する再帰手順書を実行する。……前の人に「始めるよー」と合図する
3. 2.で実行した手順書が答えるまで待つ。…………………………前の人が数を言うのを待つ
4. 2.で実行した手順書の答え＋2を答える。

まず、プログラムの全体像を示します。

作成するPythonプログラムの全体像

```
[1]  def tejunsyo( maekara ):
       if maekara == 1:
         return(2)
       else:
         mae = tejunsyo( maekara -1)
         return ( mae + 2)


[2]  tejunsyo( 4 )

     8
```

Pythonで再帰は関数を使って実現します。関数を作成する命令defを使い、再帰手順書全体を1つの関数tejunsyo(手順書)として定義します。そして、関数tejunsyoに最後尾の位置を与えて実行します。

それでは、1行ずつ解説していきます。

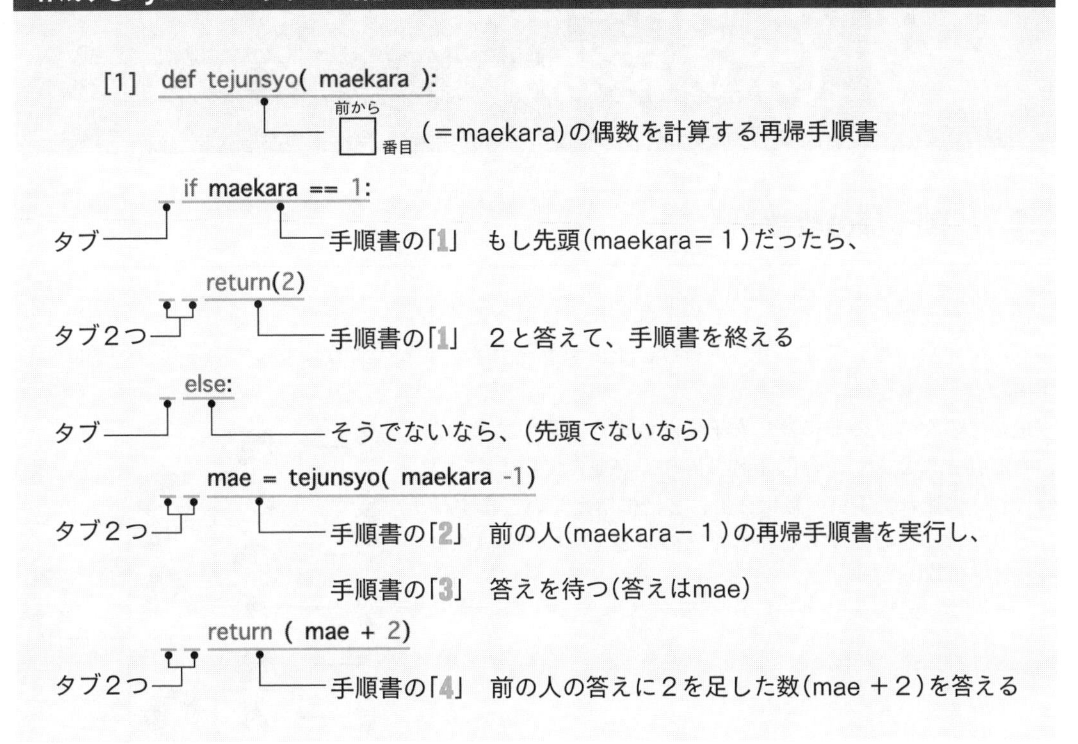

あとは、定義した関数tejunsyoに4を与えて呼び出せば、偶数列の4番目の数である8が計算されます。

```
[2] tejunsyo( 4 )
    8
```

tejunsyo(4) ― 手順書の位置を4にして計算する

練習問題 作成したPythonのプログラムを使って次の問題を解くことで確認を行いましょう。

問題(1) 偶数列の10番目を計算してみましょう。

問題(2) 3から始まる奇数列(3, 5, 7, 9, 11)を計算するように関数tejunsyoを1箇所変更しましょう。そして15番目の値を計算しましょう。

問題(3) 下の漸化式に示す「前の数×前の数の数列」を計算する関数nijyou(二乗)を作成し、10番目の値を計算しましょう。

$$\begin{cases} \square_i \leftarrow \square_{i-1} \times \square_{i-1} & (i \geq 2) \\ \square_1 \leftarrow 2 & \end{cases}$$

※解答は右のQRコードのリンク先に記載しています。

5・4 葉っぱは全部で何まい？（木の再帰）

1 葉っぱの枚数

後方から先頭に伝言を送り、またそれが後方に帰ってくる再帰ですが、真価を発揮するのは１列に並んでいない場合です。具体的には、子供がトーナメント表のように並んでいる場合が挙げられます。

最後尾の女の子の前には２人子供がいます。その２人の前にもそれぞれ２人ずつ合計４名の男の子が並んでいます。先頭に行くに連れて子供の数は２倍、２倍に増えていきます。

それでは、この並び方を使った次の問題を解いてみましょう。

問題 葉っぱを拾った子供がトーナメントの形で並んでいます。全員合わせて何枚拾ったでしょうか。

持っている葉っぱの数を全員分たしたら答えは出ます。今回の場合は５＋３＋１＋２＋４＋２＋３＝20で、答えは20枚です。

では、この計算をする手順書はどうやって作ればよいでしょうか。以前と違って１列に並んでいないので、前から順番に数をたしていくことはできません。

ここで登場するのが再帰です。再帰を使って枚数を数えるための各生徒の行動書を作成していきましょう。

2 再帰による数え方

再帰を使ってどのように葉っぱの枚数を数えるのでしょうか。簡単に言えば、最前列の子から後方へと順に葉っぱを渡していくだけです。それでは、もうすこし細かく各生徒の行動を見ていきましょう。

1．最前列の生徒が後ろの生徒に葉っぱを渡します。
後ろの生徒なら誰でもいいわけではなく、トーナメント表で右側にいる生徒に渡します。

2．葉っぱを渡された生徒は自分の葉っぱと合算します。
上の男の子は葉っぱを５＋３＝８枚受け取りました。自分の持つ４枚を合わせ、合計12枚の葉っぱを持っています。下の女の子は１＋２＋２＝５で、合計５枚の葉っぱを持っています。

3．真ん中の列の生徒が一番後ろの生徒に葉っぱを渡します。
受け取った女の子は、自分の葉っぱと合わせて20枚になりました。全員分の葉っぱが集まったので、全部で「20」枚だと報告します。

あとは葉っぱを渡し始める合図を一番後ろの女の子から伝達していけば再帰が完成します。

3　行動書と動作確認

生徒の振る舞いを行動書に書き起こすと次のようになります。

各生徒の行動書(先頭の生徒)

1. 後ろから「始めるよー」の声が聞こえるまで待つ。
2. 自分の持っている葉っぱの枚数を答える。

各生徒の行動書(先頭以外の生徒)

1. 後ろから「始めるよー」の声が聞こえるまで待つ。
2. 前の２人に「始めるよー」と声をかける。
3. 前の２人が答えを言うのを待つ。
4. ２人の答えと自分の持っている葉っぱの合計を答える。

それでは行動書を参照しながら、動作確認をしていきましょう。７人の生徒は全員、それぞれの行動書を持っています。そして、行動書の手順「1」より、後ろからの合図「始めるよー」を待っています。それでは、一番後ろの女の子に「始めるよー」と声をかけ、再帰の波をスタートしてもらいましょう。

1．一番後ろの生徒が先頭以外の生徒の行動書の手順「2」を実行します。

一番後ろの女の子は始まりの合図「始めるよー」の声を聞いたので、行動書の手順「1」の待機を終わり、次に進みます。そして、行動書の手順「2」に従い、前の２人に「始めるよー」と声をかけます。

声をかけた後は、行動書の手順「3」により前の２人が答えを言うまで待ちます。そして、行動書の手順「2」に従い、前の２人に「始めるよー」と声をかけます。

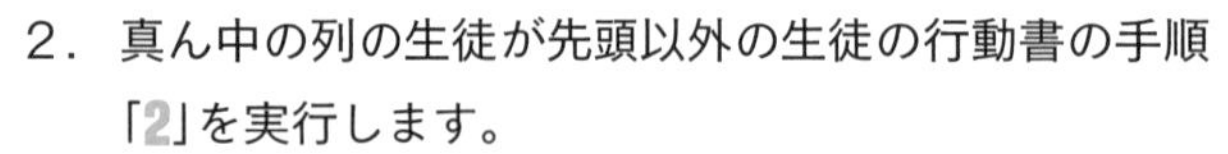
2．真ん中の列の生徒が先頭以外の生徒の行動書の手順「2」を実行します。

真ん中の２人は、行動書の手順「1」により、一番後ろの女の子からの合図「始めるよー」を待っていました。いま、一番後ろの女の子からの合図が聞こえたので、行動書の手順「1」の待機を終え、次に進みます。行動書の手順「2」に従い、一番前の２人にそれぞれ「始めるよー」と声をかけます。

声をかけた後は、行動書の手順「3」により、前の人からの答えを待ちます。

3．先頭の生徒が先頭の生徒の行動書の手順「2」を実行します。

行動書の手順「1」に従い待機していた先頭の4人は、後ろからの「合図」を聞き、行動書の手順「2」へと進みます。行動書の手順「2」に従い、自分の持っている葉っぱの枚数をそれぞれ答えます。先頭の人の手順書はこれで終了です。

先頭からの答えを聞いた真ん中の2人は、手順「3」の待機を終えます。

そして行動書の手順「4」の計算［葉っぱの枚数を合計する］を行っています。

4．真ん中の列の生徒が先頭以外の生徒の行動書の手順「4」を実行します。

真ん中の2人が計算結果をそれぞれ答えています。行動書の手順「4」まで終えたので、真ん中の2人の行動書はこれで終了です。

5．一番後ろの生徒が先頭以外の生徒の行動書の手順「4」を実行します。

行動書の手順「3」で待機していた一番後ろの女の子は、真ん中の2人が答えたので行動書の手順「4」に進みます。行動書の手順「4」に従い、葉っぱの枚数12＋5＋3＝20を計算し、「20」と答えました。

最後尾から始まり最前列にいき、また最後尾に戻ってくる。一列でもトーナメント表の形でもこの往復運動は同じです。そしてこの流れの理解が一番重要なポイントです。

トーナメント表形式のことを専門用語で木構造と言います。木構造の再帰をプログラミングする方法は何種類もあり、それぞれとても難しいです。そこで本書で手順書を示すことはやめ、各プログラミング言語に特化した専門書に譲りたいと思います。

Scratchで手順書をプログラミングする

木構造の再帰をする手順書を使ってScratchでプログラミングしてみましょう。実装する木構造の再帰をするScratchの行動書(手順書)は、次の通りです。

このSctarchプログラムは複雑です。関数定義、スプライト、クローンに関する知識が必要になります。慣れていない人は、QRコード先のScratchを参照し、実行してください。ScratchではなくPythonのプログラムは、226ページに移動してください。

各生徒の行動書(最前列の生徒)

1. 後ろから「始めるよー」の声が聞こえるまで待つ。
2. 自分の持っている葉っぱの枚数を答える。

各生徒の行動書(最前列以外の生徒)

1. 後ろから「始めるよー」の声が聞こえるまで待つ。
2. 前の２人に「始めるよー」と声をかける。
3. 前の２人が答えを言うのを待つ。
4. ２人の答えと自分の持っている葉っぱの合計を答える。

変数を作成する

最初に５つ変数を作成します。先頭まで子供が何列並んでいるかを示す「木の高さ」、子供の声が響いている場所として「運動場の音」、計算の途中結果を覚えておくための「メモ」、それぞれの子供の場所を示す「生徒の場所」、生徒が拾った葉っぱの枚数「拾った葉っぱ」です。

「生徒の場所」「拾った葉っぱ」「メモ」は変数を作成するとき「このスプライトのみ」を選択してください。また、今回はネコがたくさん出てくるので、ネコの大きさを小さくしておきましょう。

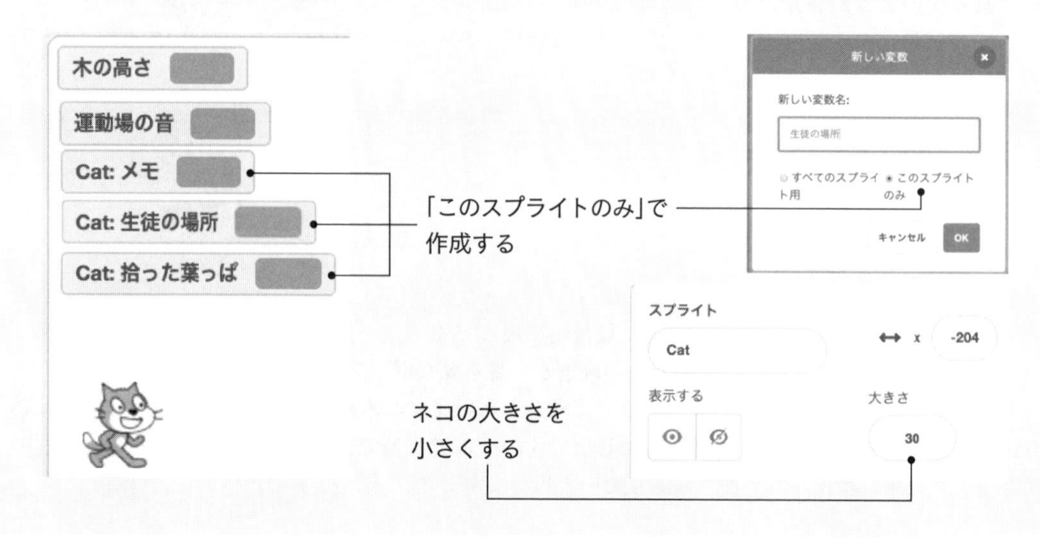

生徒ネコの名前を付ける

クローンを使って生徒を木の形に整列させます。画面が小さいので木の高さは3とし、合計7人に並んでもらいましょう。210ページに記した1列の再帰プログラムと同じように、最初のネコは号令をかける先生役にします。また、並ぶ際に各生徒は葉っぱを1枚～10枚拾い、拾った枚数を答えます。

スクラッチの前に整列した状態と、各ネコの名前を図示します。ネコの名前は最後尾を「後」とし、前に並んでいるネコ2匹には「上」「下」の文字を名前に追加して「上後」「下後」のように名付けます。

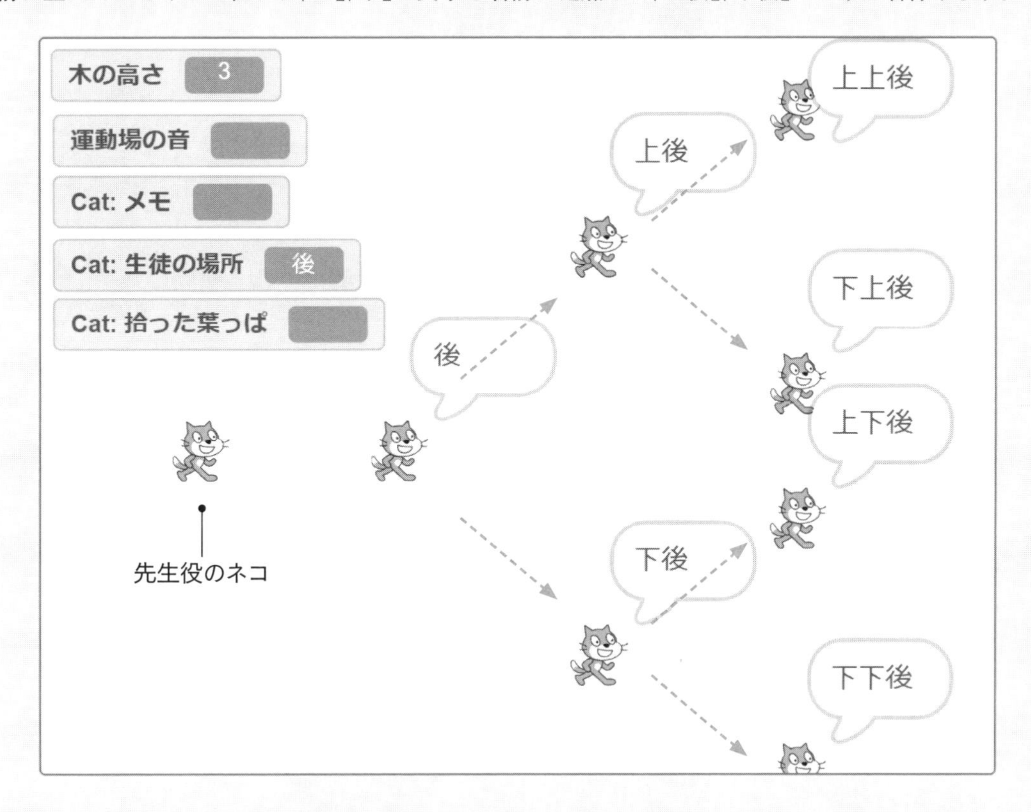

Scratchで生徒を作成する

それでは、クローン機能を使ってネコを木の形に整列させます。ブロックは3つあります。順に作成していきましょう。

先生ネコの動作

```
が押されたとき
運動場の音 ▼ を ( ) にする
木の高さ ▼ を (3) にする
生徒の場所 ▼ を (後) にする
(整列！) と (2) 秒言う
(自分自身 ▼) のクローンを作る
```

ネコを整列させるブロック定義

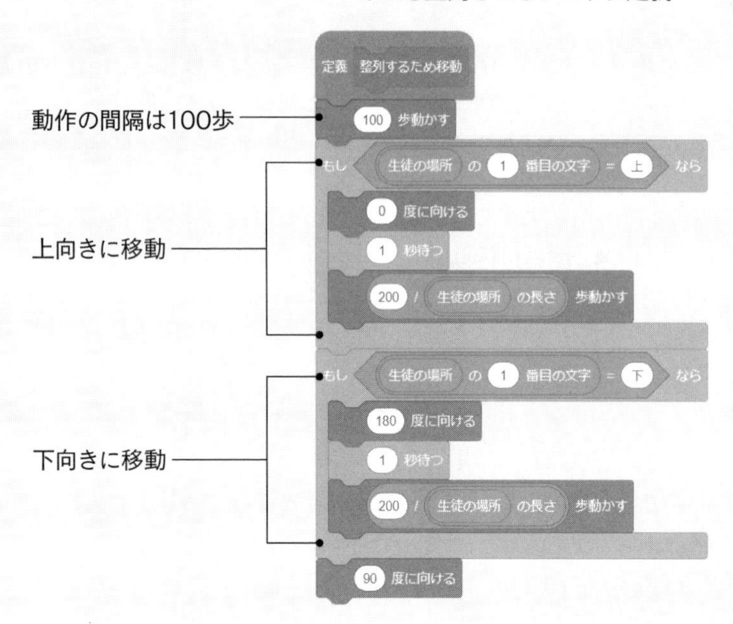

生徒ネコの動作

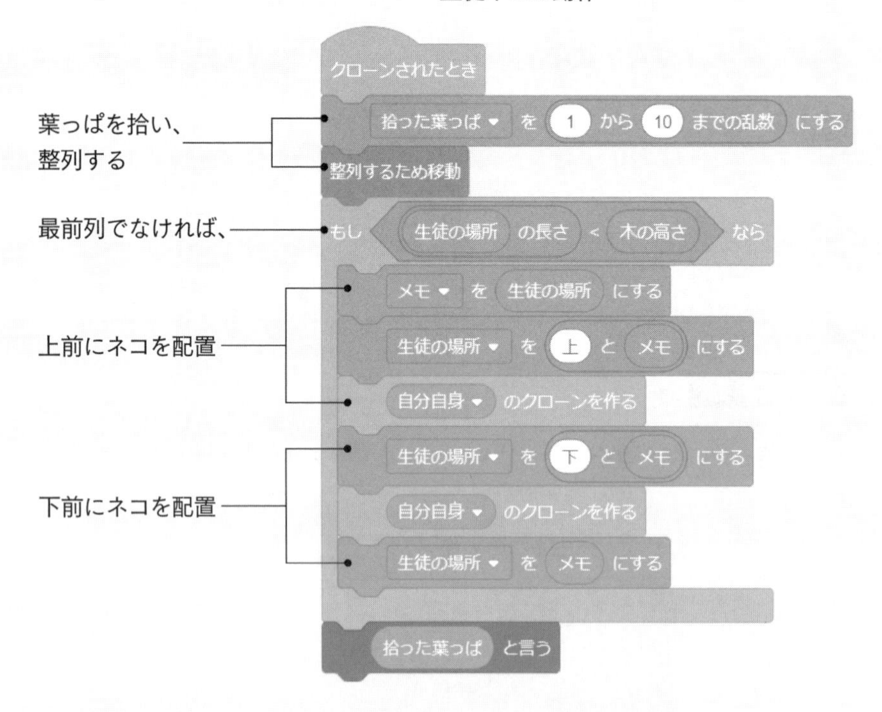

できあがったら🏳をクリックして7匹の生徒ネコを整列させましょう。前ページの図のように木状に並べば成功です。並んだ生徒ネコは拾った葉っぱの枚数を答えます。

拾う葉っぱの枚数は毎回ちがうため、生徒ネコの数字も毎回異なります。

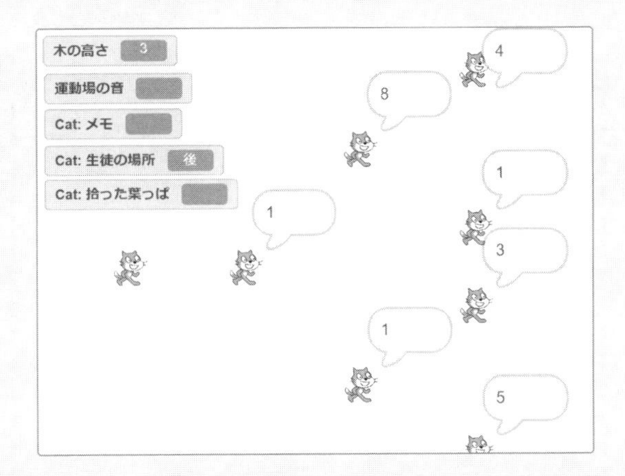

ブロックを作成する

次は、前のネコに声をかけるブロックと葉っぱの数を答えるブロックを作成します。

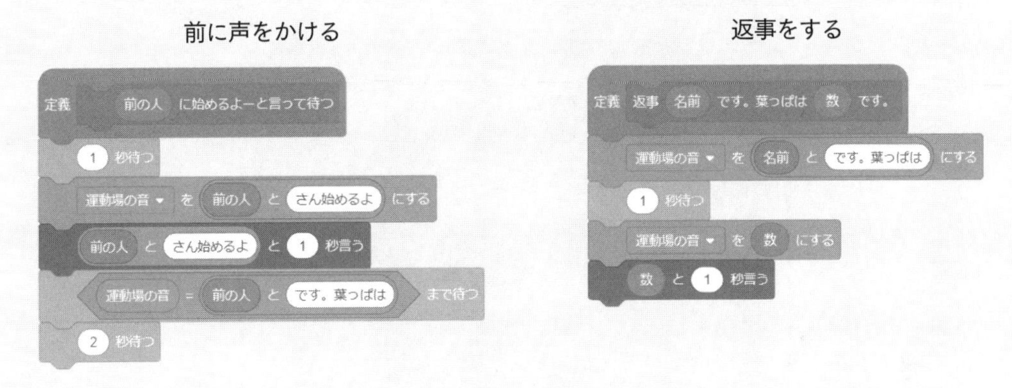

準備が終わりましたので、手順書のブロックを構築しましょう。

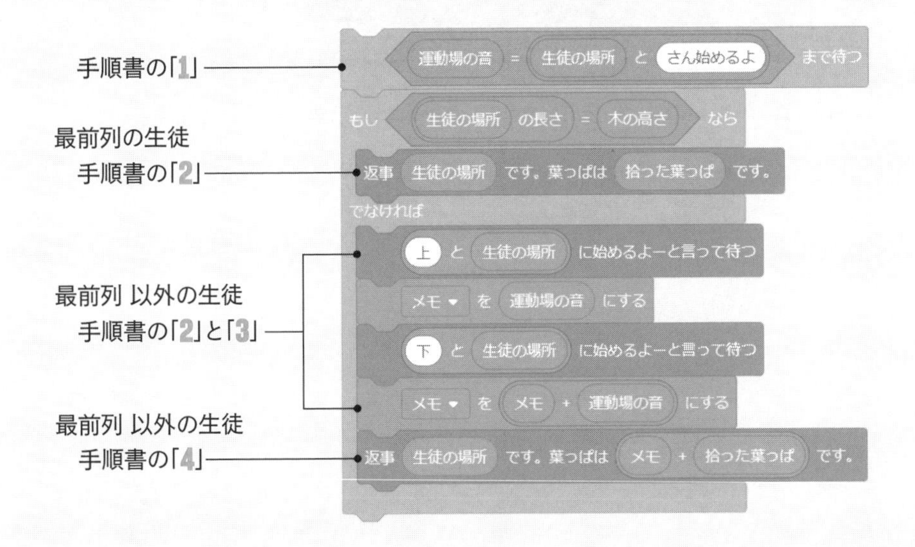

構築した手順書のブロックは、生徒ネコの動作のブロックとつなげて1つの大きなブロックにします。

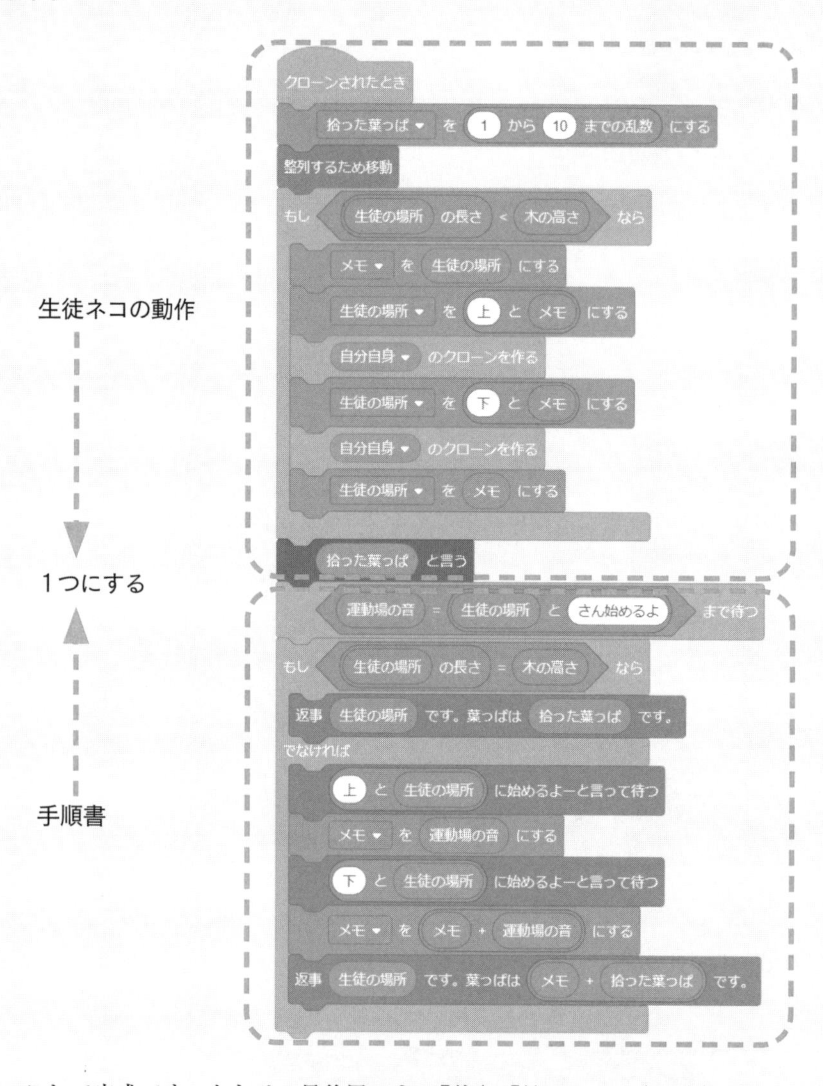

これで完成です。あとは、最後尾のネコ「後」に「始めるよー」と言えば動きはじめます。

次のような画面になれば完成です。

を押す

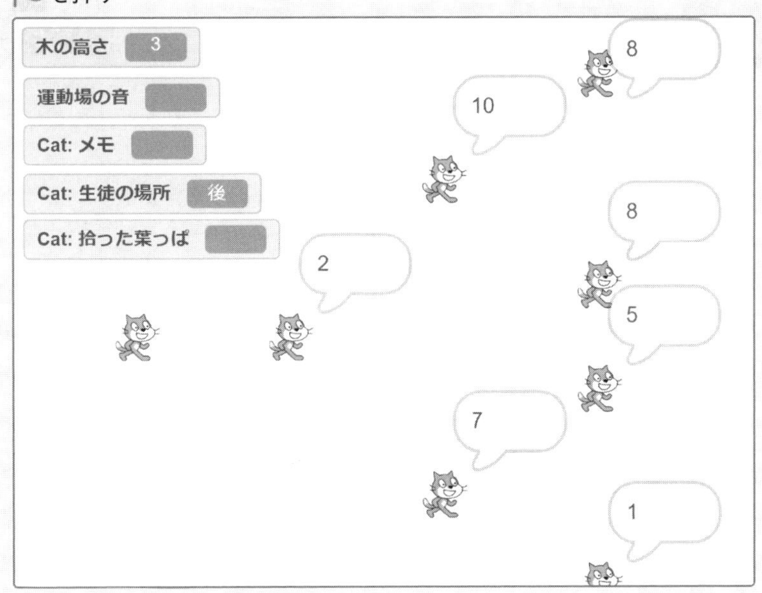

を押す

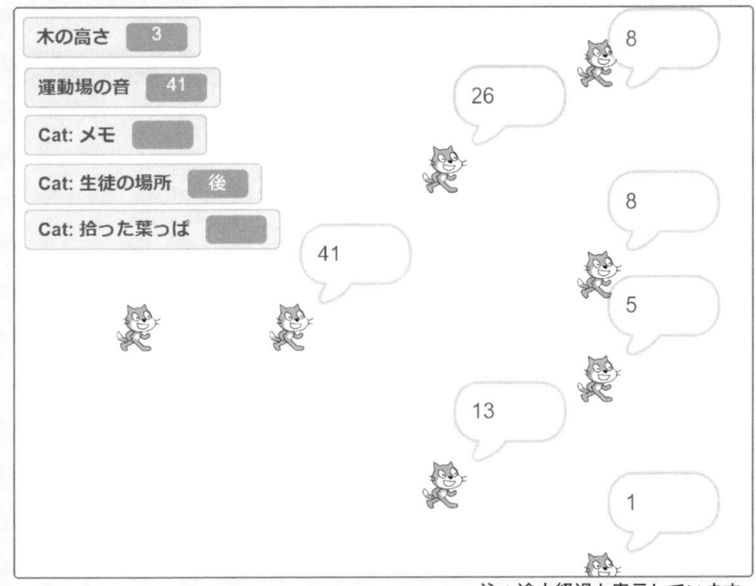

注：途中経過も表示しています

葉っぱの数は実行ごとに変わりますので、葉っぱの合計枚数も毎回変化します。上図では葉っぱ計算の途中経過を表示していますが、作成したスクラッチでは1秒後に消えます。また、葉っぱの合計枚数は、変数「運動場の音」に計算後も残ります。

Pythonで手順書をプログラミングする

再帰をする手順書を使ってPythonでプログラミングしてみましょう。実装する木構造の再帰をするPythonの行動所(手順書)は、次の通りです。

完成したPythonプログラムは、ページ上のQRコード先から確認することができます。

各生徒の行動書(最前列の生徒)

1. 後ろから「始めるよー」の声が聞こえるまで待つ。
2. 自分の持っている葉っぱの枚数を答える。

各生徒の行動書(最前列以外の生徒)

1. 後ろから「始めるよー」の声が聞こえるまで待つ。
2. 前の２人に「始めるよー」と声をかける。
3. 前の２人が答えを言うのを待つ。
4. ２人の答えと自分の持っている葉っぱの合計を答える。

作成するPythonプログラムの全体像

```
[1]  import random


[2]  def tejunsyo( takasa ):
       happa = random.randint( 5, 10)
       print( happa, end=" ")
       if takasa == 1 :
         return( happa )
       else:
         ue_happa    = tejunsyo( takasa - 1 )
         shita_happa = tejunsyo( takasa - 1 )
         return( happa + ue_happa + shita_happa )
```

Pythonで再帰は関数を使って実現します。関数を作成する命令defを使い、再帰手順書全体を１つの関数tejunsyo（手順書）として定義します。そして、関数tejunsyoに木の高さ（今回は３）を与えて実行します。

このプログラムでは、ひろった葉っぱを乱数(random)で決めています。この乱数を計算するためにrandomというライブラリを［１］で導入(import)しています。

作成するPythonプログラムの解説

[1]

```
import random
```

- import：導入
- random：乱数

[2]

```
def tejunsyo( takasa ) :
	happa = random.randint( 5, 10 )
	print( happa , end = " " )
	if takasa == 1 :
		return( happa )
	else:
		ue_happa = tejunsyo( takasa - 1)
		shita_happa = tejunsyo ( takasa - 1)
		return( happa + ue_happa + shita_happa )
```

- def tejunsyo(takasa) :：手順書(高さ＝自分の場所)：後ろから声をかけられたときの動作
- happa = random.randint(5, 10)：タブ／葉っぱを拾う(枚数は5枚から10枚)
- print(happa , end = " ")：タブ／葉っぱの枚数を画面に表示
- if takasa == 1 :：タブ／もし、最前列なら
- return(happa)：タブ2つ／葉っぱの枚数を答える
- else:：タブ／最前列ではないなら
- ue_happa = tejunsyo(takasa - 1)：タブ2つ／上前の人に声をかけ、葉っぱの枚数を聞く
- shita_happa = tejunsyo (takasa - 1)：タブ2つ／下前の人に声をかけ、葉っぱの枚数を聞く
- return(happa + ue_happa + shita_happa)：タブ2つ／上前＋下前＋自分の葉っぱの枚数を答える

あとは、定義した関数tejunsyoに３を与えて呼び出すと、高さ３段に並んだ合計７人が拾った葉っぱの枚数を教えてくれます。

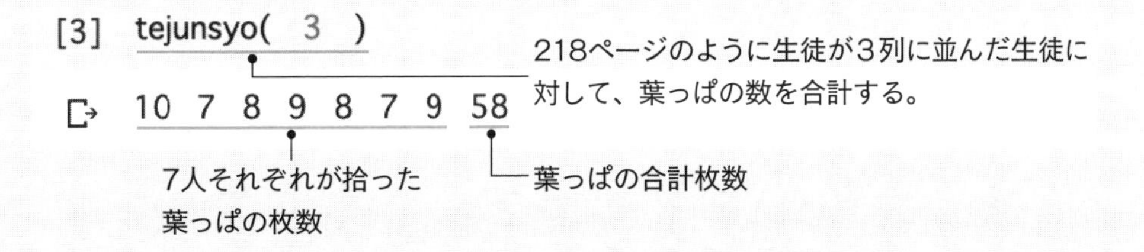

5・5 どこまで分けられる？

1 細かく細かく（機能分解）

手順書を作るとき、どこまで細かく説明すればいいのでしょうか。
まずは、次の問題を解いてください。

問題 **年少さんが朝、パジャマから外服に着替える手順書を作ってください。ただし、手順数が5つ以上となるようにしてください。**

いかがでしょうか。パジャマを脱ぐ、きれいにたたむ、というような手順を作ることができましたか？私なら次のように答えます。

パジャマから外服に着替える手順書

1. 外服を準備する。
2. パジャマの上着を脱ぐ。
3. 外服のシャツを着る。
4. パジャマのズボンを脱ぐ
5. 外服のズボンをはく。
6. パジャマをきれいにたたむ。

ここで1点、覚えておいてほしいことがあります。
上の例は、みなさんと同じである必要はありません。答える人によって違う手順書になってもいいのです。違ってもいいということを理解することがとってもとっても重要です。これは答えがただ1つではない問題なのです。みんな違って、みんないいのです。それにみなさんが育った環境によって手順は異なっているのは当然です。それどころか、季節によって、あるいはその日の気分によってパジャマを着替える手順は変わってきてもよいのです。

作成する人や環境によって手順書は変わってくる。

このことはプログラムやアプリを作成する際、とても重要な意味を持ちます。何らかの作業をするプログラムを作るとき、作る人によって中身の手順が異なってくることを意味するからです。唯一の正解がないのです。

みなさんは国語や算数、数学などのテストで答えがたった1つであることに慣れています。数学では別解といって正規の解答法以外にも許されるときもありますが、何通りも別解があるわけではありません。一方、プログラムは作る人によって千差万別。上手なプログラム、下手なプログラムという区別はありますが、とてもたくさんの正解があるのです。このことを心の片隅に留めておいてください。

すこし脱線しましたが、もとの話題に戻りましょう。着替えるという一言がどのような手順で成り立っているのかについて考えてもらいました。この細かく分ける能力は、プログラミングをするためにとても大切な能力なのです。例として、「亀さんの絵を左に1歩動かしてね」という作業をプログラミングする場合を考えてみましょう。

対応する手順書は、以下ようになります。

亀さんを左に一歩動かす手順書

1. 今ある亀さんの絵を消す。
2. 1歩先がどこか、場所の計算をする。
3. 計算した場所に、亀さんの絵を描く。

このように、亀の絵を動かす作業は3つの手順に分けてあげる必要があります。大まかで複雑な仕事を、小さく単純な作業で分割する能力は、プログラミング能力へと一直線に結びついているのです。

2 とことん細かく(チューリングマシン)

手を洗ったり、服を脱いだりといった手順をもっと細かくしてみたいと思います。先ほどの手順書にあった「パジャマの上着を脱ぐ。」をより詳しく見ていきましょう。

問題 **「パジャマの上着を脱ぐ。」の手順書を作ってください。ただし、手順数が3つ以上となるようにしてください。**

解答としては例えば以下のようになります。

パジャマの上着を脱ぐ手順書

1. パジャマの上着のボタンを全部外す。
2. パジャマの左袖を左腕から抜く。
3. パジャマの左袖を背中側から右側にもっていく。
4. 右腕をパジャマから抜く。

元は1つの手順であった「パジャマの上着を脱ぐ手順」が4つの手順に分割できました。同じように「パジャマのズボンを脱ぐ。」を細かい手順にすることもできます。そして、それぞれの手順をもっともっと細かくすることもできます。

試しに手順書の「4」『右腕をパジャマから抜く。』をもっと細かい手順に分けてみましょう。

4. 右腕をパジャマから抜く。
(1)左手でパジャマのそで先をつかむ。
(2)パジャマのそで先を引っ張る。
(3)右手をそでから外にだす。

まだまだ細かくすることもできます。例えば、4.ー(1)「左手でパジャマのそで先をつかむ。」という手順は、次のように分けることができます。

1. 左手の親指と中指を少しひらく。
2. 左手と右腕のそで先を近づける。
3. 左手の親指と中指を閉じる。

さらに細かい動作に着目することにより、もっともっと手順を細かくすることができます。それでは、いったいどこまで細かくできるのでしょう。

人の動作をどこまで細かく分けていけるのかは私にもわかりません。しかし、プログラムは細かく分けることができる限界があります。違う言い方をすると、プログラムは一番細かい手順、すなわちこれ以上細かく分けることのできない命令が決まっているのです。

すべてのコンピュータの動作は、とても単純なコンピュータの動作で表すことができます。この簡単な仕組みのコンピュータのことを「チューリングマシン」と言います。イギリスの数学者、アラン・チューリングさんが考えたのでチューリング・マシン。中身はとても単純なのですが、数学者が考えただけあって数学を使ってとても厳密に定義されています。そのため、中身の説明は大学で学ぶ情報科学に譲りたいと思います。知っておいて欲しかったのは、プログラムは際限なく分けなくてもいいんだよ、という事実です。

第6章

数学的な書き方

　ここまで学んできた図形の並びや数の並びというのは、高校の数学で学ぶ内容です。ではこの本の数の並びと高校の数学は何が違うのでしょうか。一番の違いは書き方です。一例を挙げるなら「３と４をたすと７です」と書くか、「３＋４＝７」と書くかの違いです。

　せっかくここまで数の並びを学んできたので、数の並びを数学的に書く方法をお伝えしたいと思います。数学的に書く、というと難しく感じられますが、そんなことはありません。ここまで学んできたことを数学の言葉で言い換えるだけです。

6・1 数の並びの書き方

ここまで数の並び、つまり数列を次のように□を使って表現してきました。

$$\underset{}{\overset{\text{数列}}{\square}}_1 \quad \overset{\text{数列}}{\square}_2 \quad \overset{\text{数列}}{\square}_3 \quad \cdots \quad \overset{\text{数列}}{\square}_{10}$$

数学では□を使わず、小文字のx（エックス）を使って書きます。具体的には、$\overset{\text{数列}}{\square}$ をxに書き換えるだけです。

$$x_1 \quad x_2 \quad x_3 \quad \ldots \quad x_{10}$$

ただし、数の並びの名前を「数列」から次のように「すうれつ」に変えても意味が同じように、

$$\overset{\text{すうれつ}}{\square}_1 \quad \overset{\text{すうれつ}}{\square}_2 \quad \overset{\text{すうれつ}}{\square}_3 \quad \cdots \quad \overset{\text{すうれつ}}{\square}_{10}$$

xではなく、yや a、bにしても同じように数列を表します。

$$b_1 \quad b_2 \quad b_3 \quad \ldots \quad b_{10}$$

このままではx_1やx_2にどのような数が入っているかわかりません。中身が2，4，6という偶数の場合、次のように書きます。

$$x_1 = 2 \quad x_2 = 4 \quad x_3 = 6 \quad \cdots \quad x_{10} = 20$$

またはiを使って次のように書くこともできます。

$$x_i = 2 \times i \quad (1 \leq i \leq 10)$$

$x_i = 2 \times i$ という式の右側にある$(1 \leq i \leq 10)$によって数列の範囲を表しています。

練習問題　1から始まる長さ8の奇数列1，3，5，7，9，11，13，15をy_iを使って上式のように書いてみましょう。

練習問題の解答　$y_1 = 1 \quad y_2 = 3 \quad y_3 = 5 \cdots y_8 = 15$　または $y_i = 2 \times i - 1$

6・2 数列を全部たす

数の並びの計算で覚えておくと便利なのは、たし算とかけ算です。
では、ここで問題です。

問題 **子供が5人います。校庭でそれぞれ葉っぱを拾いました。拾った葉っぱの数はそれぞれ、2枚、4枚、6枚、8枚，10枚でした。拾った葉っぱの数は全部で何枚でしょう。**

計算式と答えは、次のようになります。

2 + 4 + 6 + 8 + 10 = 30　全部で30枚

この問題を $\square_i$（すうれつ）と x_i を使って抽象化してみましょう。
数列 $\square_i$（すうれつ）と x_i は次のようになります。

$$\square_1 = 2 \quad \square_2 = 4 \quad \square_3 = 6 \quad \square_4 = 8 \quad \square_1 = 10$$

（各 $\square$ には「すうれつ」のふりがな）

$$x_1 = 2 \quad x_2 = 4 \quad x_3 = 6 \quad x_4 = 8 \quad x_5 = 10$$

すると数列を合計する計算式はそれぞれ次のようになります。

$$\square_1 + \square_2 + \square_3 + \square_4 + \square_5$$

（各 $\square$ には「すうれつ」のふりがな）

$$x_1 + x_2 + x_3 + x_4 + x_5$$

どちらの式も葉っぱの枚数で置き換えると

2 + 4 + 6 + 8 + 10

になります。あとは、計算するだけです。2 + 4 + 6 + 8 + 10 = 30で葉っぱは、合計30枚。5人分ならすぐに計算できますね。

それでは、もし子供が5人ではなく、1学年3クラス分の100人、あるいは全校生徒1,000人が拾った葉っぱの数ならどうでしょう？

$\square_i$（すうれつ）を使うと1人目の葉っぱの数は $\square_1$（すうれつ）枚、2人目は $\square_2$（すうれつ）枚。そして100人目は $\square_{100}$（すうれつ）枚と表されます。

同じようにx_iを使うと１人目の葉っぱの数はx_1枚、２人目はx_2枚、そして100人目はx_{100}枚になります。

$$\overset{すうれつ}{\square}_1 + \overset{すうれつ}{\square}_2 + \overset{すうれつ}{\square}_3 + \cdots + \overset{すうれつ}{\square}_{100}$$

$$x_1 + x_2 + x_3 + \cdots + x_{100}$$

１人目の葉っぱの枚数は $\overset{すうれつ}{\square}_1$、あるいは$x_1$と書いてあるだけです。そのため、$\overset{すうれつ}{\square}_1$が３枚なのか、それとも10枚なのか分かりません。そのため上式の $\overset{すうれつ}{\square}_{100}$や$x_{100}$の右側に＝３＋５＋…のような具体的な計算式を書くことはできません。しかし、100人分の葉っぱを合計するということは分かります。

この式のままでもよいのですが、７＋７＋７＋７＋７のような書き方では少し見づらいです。そのため７＋７＋７＋７＋７をかけ算を使って７×５と書くように、数列を足す記号があります。

それがΣ（シグマ）で、次のように書きます。

$$\overset{すうれつ}{\square}_1 + \overset{すうれつ}{\square}_2 + \overset{すうれつ}{\square}_3 + \cdots + \overset{すうれつ}{\square}_{100} = \sum_{i=1}^{100} \overset{すうれつ}{\square}_i$$

$$x_1 + x_2 + x_3 + \cdots + x_{100} = \sum_{i=1}^{100} x_i$$

Σの上に100という数字が、下にはi＝１という式が書かれています。これは「iが１から100まで変わっていくので、Σの右側に書いてある $\overset{すうれつ}{\square}_i$ やx_iを１から100まで順に足してください」という意味になります。

1番目から５番目まで $\overset{すうれつ}{\square}_i$ を合計する式は、次のようになります。

$$\overset{すうれつ}{\square}_1 + \overset{すうれつ}{\square}_2 + \overset{すうれつ}{\square}_3 + \overset{すうれつ}{\square}_4 + \overset{すうれつ}{\square}_5 = \sum_{i=1}^{5} \overset{すうれつ}{\square}_i$$

１番から順番に足すのではなく、途中からたし始めることもできます。10番目から20番目までx_iを足す式は次のようになります。

$$x_{10} + x_{11} + x_{12} + \cdots + x_{20} = \sum_{i=10}^{20} x_i$$

Σの下に書いてある式がi＝10になっています。これが10番目から足し始めることを表しています。

それでは、なぜΣのような記号が必要なのでしょう？別にΣを使わなくても…を使って$x_1+x_2+x_3+\cdots+x_{100}$のよう書けばよいと思いませんか？

ここで小学校２年生で習うかけ算を思い出してみましょう。７を５回足す７＋７＋７＋７＋７を７×５と書くのがかけ算でしたね。５回くらいならたし算だけの式でもよいですが、同じ数を100回足す式を書くのは面倒ですね。だからかけ算があります。

数列を全て足し合わせる記号Σも同じです。プログラミングやコンピュータサイエンス、そしてデータサイエンスや人工知能を学習するときには、数列を全部足す計算や、10番目から20番目といった一部分だけを足す計算がたくさん出てきます。だからΣを知っておく必要があるのです。

6・3 数列を全部かける

たし算の次はかけ算です。数列の全部の数をかけることをΠ(パイ)という記号で表します。このΠは、円周率のπ(パイ)の大文字にあたります。見た目は違うのに読み方が同じなのは紛らわしいですが、大文字のAも小文字のaも同じ"エー"と呼ぶことを思い出してもらえば、少しは納得するでしょうか。

さて、このΠを使って数列 $\square_i$ と x_i をそれぞれ5番目までのかけ算は、次のように表します。

$$\square_1 \times \square_2 \times \square_3 \times \square_4 \times \square_5 = \prod_{i=1}^{5} \square_i$$

$$x_1 \times x_2 \times x_3 \times x_4 \times x_5 = \prod_{i=1}^{5} x_i$$

全部をかけ算する記号ΠもΣと同じで、プログラミングやコンピュータサイエンス、データサイエンスと人工知能を学ぶときに出てきます。その中でも統計学を応用する際や確率の計算が必要なときに何度も出てきます。そのときになって驚かずに済むよう、Πの記号を頭の片隅に残しておいてくださいね。

付録

付録A　Scratchの動作環境

付録B　Pythonの動作環境

本書では、プログラムを「① 日本語で書いた手順書」「② Scratchでプログラミング」「③ Pythonでプログラミング」の３種類の方法で説明します。

Scratchは、ネコなどのアニメーションを使ってプログラミングをするWebサイト、アプリです。初めてプログラミングを試してみる人におすすめです。

Pythonは、入門に適したプログラミング言語です。入門用なのに最新の機械学習や人工知能を使うことのできる優れものです。

ScratchもPythonも無料で使うことができます。本書はScratchやPythonの入門書ではありませんが、プログラミングを使って内容を理解してもらうため、少しだけ説明をしたいと思います。

付録A Scratchの動作環境

1 Scratch ってなに?

Scratchは、楽しみながらプログラミングを学ぶことのできるプログラミング環境です。

右図のネコを動かすことを通じてプログラムを学んでいくことができます。「習うより慣れろ」と言いますので、早速使ってみましょう。

ChromeやSafariなどのブラウザを使って、次のURLにアクセスしてください。

https://scratch.mit.edu/

ブラウザのアドレスバーにURLを打ち込んでください。打ち込みが苦手な人は、ブラウザのアドレスバーで「スクラッチ」と検索してください。右のＱＲコードを使ってもアクセスできます。

最初の画面を確認する

ScratchのWebサイトは下のような画面になっています。画面の上の方にある **作る** をクリックしましょう。

[作る]をクリックする

プログラミングのスタート画面が出てきました。Scratchの操作が初めての方は、チュートリアルの動画をまずは見てください。

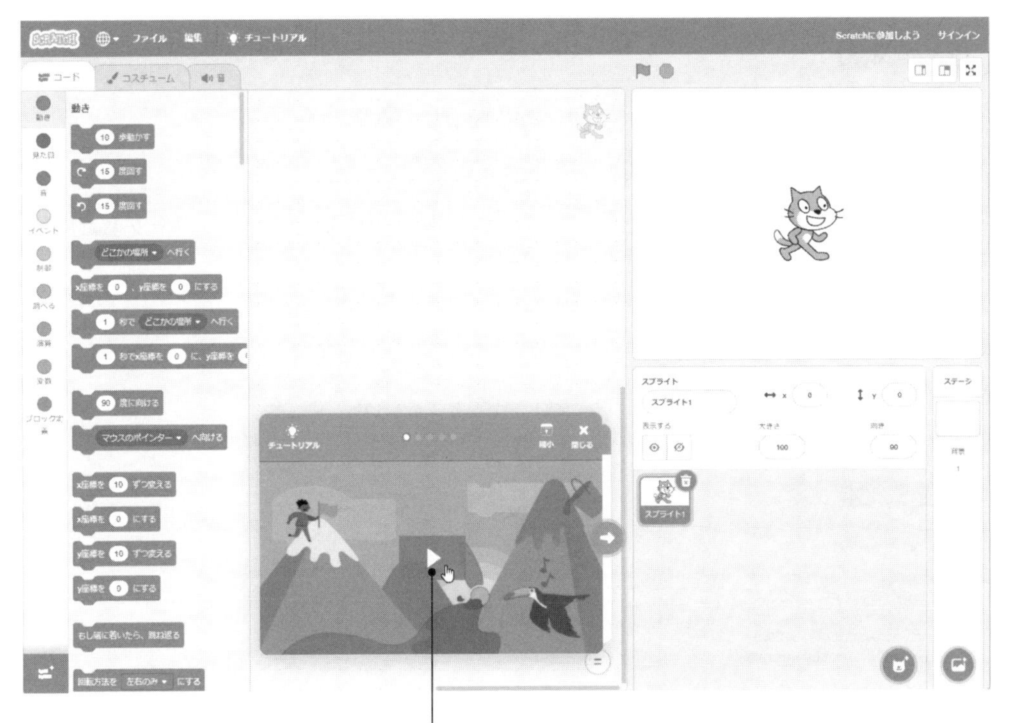

クリックするとチュートリアルの動画がはじまる

▶先生！画面が英語になっています

Scratchの画面が英語になっている場合があります。その場合、プログラミングのスタート画面左上の地球儀アイコンをクリックしてください。言語の設定をすることができます。

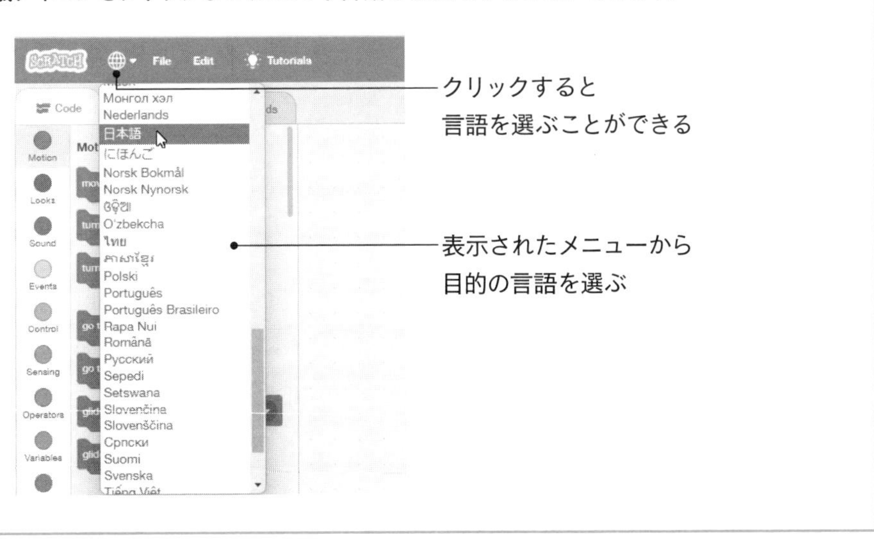

2 | Scratchでプログラミングをするための基礎知識

ネコを動かす

チュートリアルの動画を見終わったら、さっそく動かしてみましょう。

左の方にある[動き]と書かれた場所にある［10 歩動かす］をクリック(スマホ、トラックパッドの場合はタップ)してみましょう。すると、右の方のネコが前へ少し動きます。クリックした回数だけ前へと進みます。

クリックする

クリックした回数だけ前へと進む

画面の端まで進むと、それ以上は進みません。ネコをドラッグして元の場所に戻しましょう。

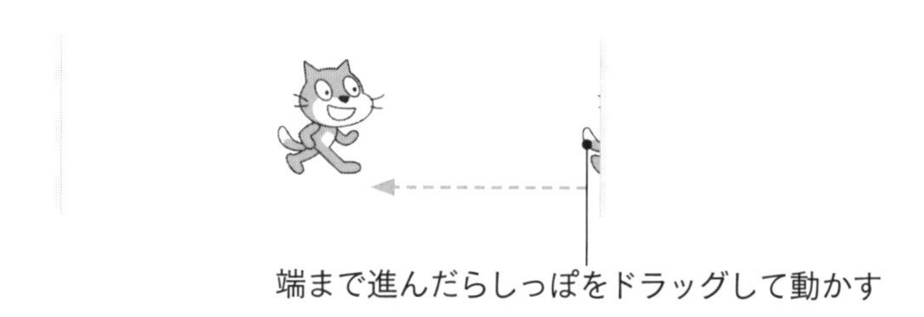

いろいろ試してみる

ネコは他にもいろいろな動きができます。用意されたボタンをいろいろ試してみてください。例えば［15 度回す］をクリックすると右に回ります。

動き以外にも、見た目をかえたり、音をならしたりすることもできます。左端の［見た目］や［音］をクリックしてみましょう。

［こんにちは! と 2 秒言う］をクリックすると、ネコが「こんにちは」と2秒間言います。

［ニャー の音を鳴らす］をクリックするとネコの鳴き声が聞こえます。

他にもいろいろと試してみてくださいね。

各領域の機能と名称を確認する

画面を構成する3つの領域についてそれぞれの名称と機能を紹介します。

- ブロックパレット　　ネコを動かす部品がおいてあります。
- スクリプトエリア　　ブロックを組み合わせてプログラミングをするところです。
- ステージ　　　　　　ネコが動きまわる舞台です。

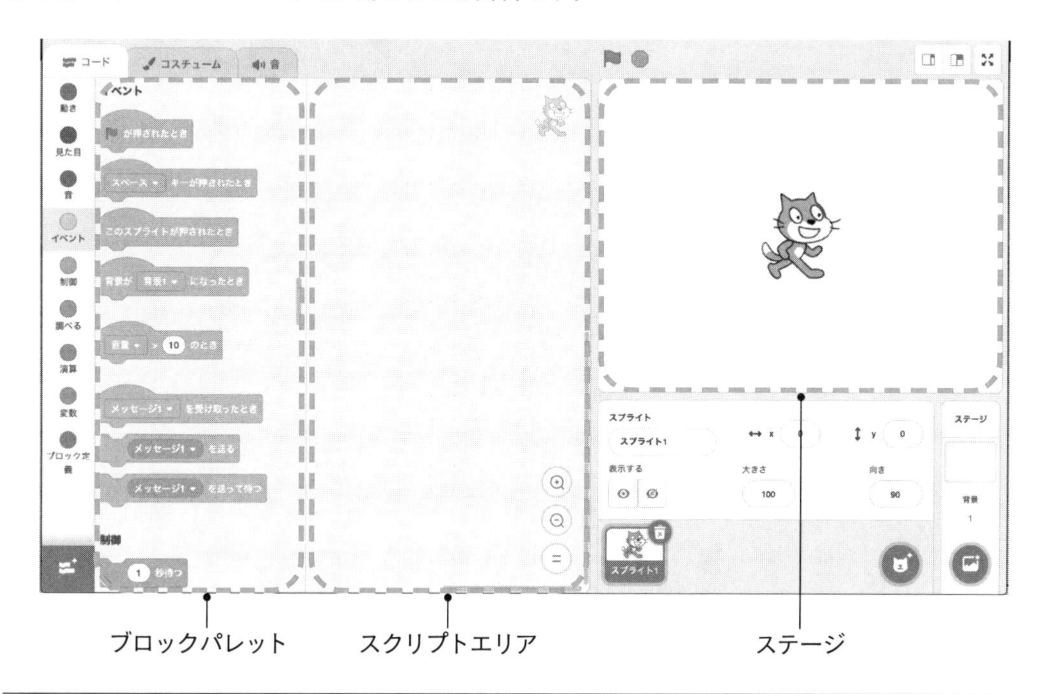

3 プログラミングを始めよう

10 歩動かす と 15 度回す を使ってネコがぐるぐる回るプログラムを作ります。

① ブロックパレットから 10 歩動かす を画面真ん中のスクリプトエリアにドラッグします。
ブロックパレットにあるブロックをスクリプトエリアにドラッグすることでプログラミングを開始します。

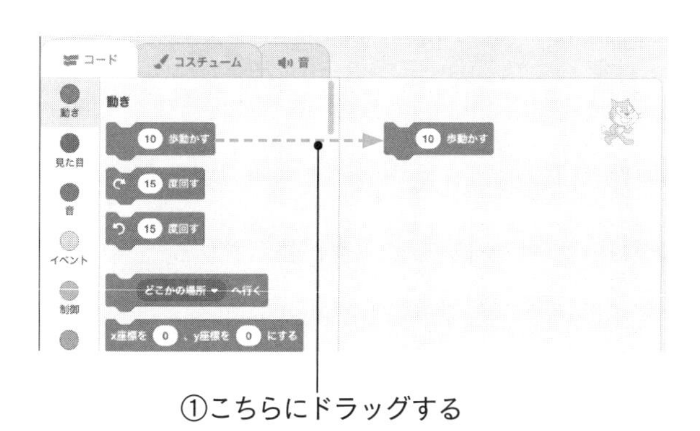

② 15 度回す をドラッグして、 10 歩動かす の下にくっつけます。

ブロックを複数重ねることで複数の動きをするプログラムを作成することができます。

②重なるようにドラッグする

③ 1つになったブロック 10 歩動かす 15 度回す をクリックします。

作成したブロックをクリックすることでプログラムを実行することができます。

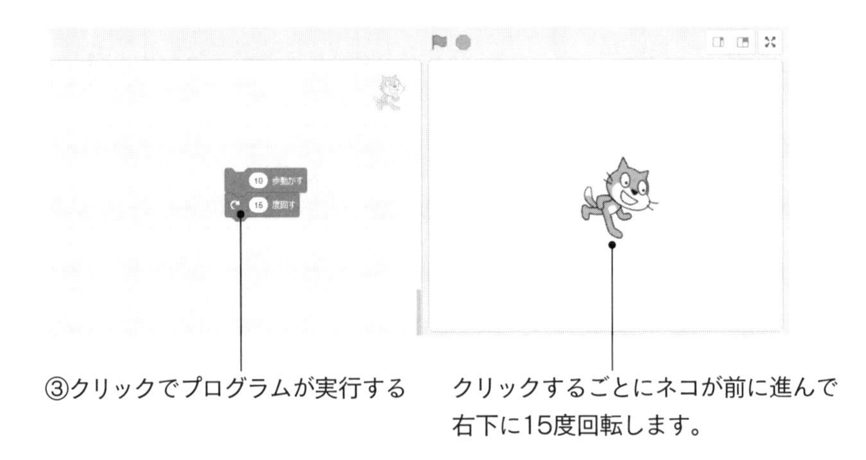

何度もクリックするのは面倒なので、クリック１回で回り続けるように変更します。

④ ブロックパレットにある[制御]をクリックします。

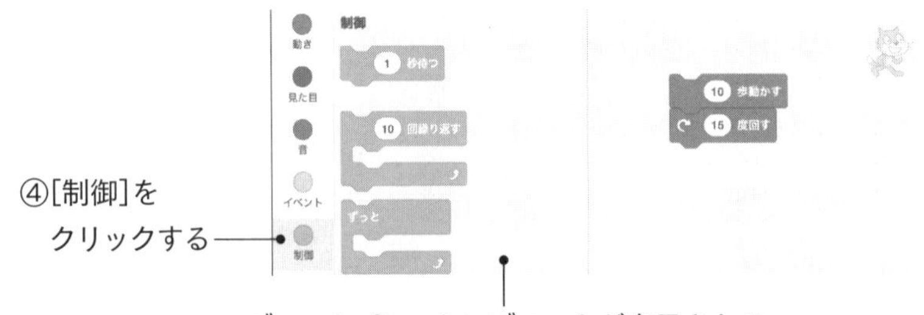

ブロックパレットにブロックが表示される

⑤ [ずっと] を [10 歩動かす / 15 度回す] の上にドラッグし、１つのブロックにします。

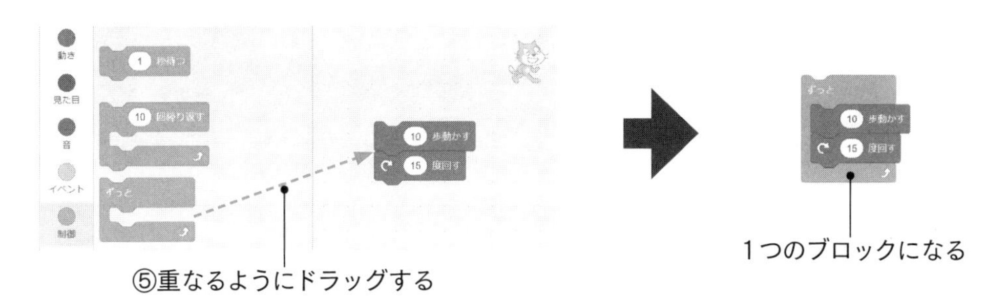

⑥ １つになったブロックをクリックします。

⑦ ステージ上の赤い八角形 をクリックしてネコを止めます。

4 もっと詳しく知る

画面の上の方にチュートリアルのボタン [チュートリアル] があります。これをクリックするとチュートリアル動画がたくさん出てきます。Scratchの使い方をもっと詳しく知りたい人はこの動画を見ましょう。

また、インターネットを検索するとScratchの使い方を紹介したWebページがたくさん見つかります。こちらも参考にしてください。

先ほどはWebサイトでScratchを使ってみました。WebサイトのScratchはタブレットやスマホからだと少し使いづらいです。そのため、アプリ版のScratchも用意されています。

Androidでは、Google Playからインストールすることができます。Google Play を起動し、「スクラッチ」と検索してください。オレンジ色をしたスクラッチのアイコン が出てきますので、インストールしてください。本書ではWeb版のスクラッチを使いますが、基本的な使い方は同じです。

iOS用のScratchアプリはありません。しかし、ブラウザでは使いづらいという人のため、スクラッチ専用のブラウザがあります。App Storeをタップし、"ネコミミ"と検索し、 をインストールしてください。こちらも使い方は同じです。

付録B Pythonの動作環境

1 Python ってなに？

Pythonは、コンピュータに命令を伝えるプログラミング言語の1つです。プログラムが読みやすく、初学者からプロまで幅広く使われています。

本書では、Google ColaboratoryでPythonを学びます。ブラウザで次のURLにアクセスしてください。右のQRコードを使ってもアクセスできます。

https://colab.research.google.com

「Google Colaboratory」で検索してもすぐ見つかります。アクセスすると次のような画面が出てきます。

「ノートブック」を新規作成する

Pythonのプログラムを書いていく場所を「ノートブック」と言います。

このノートブックを新規作成しましょう。画面右上の[ファイル]、次に[ノートブックを新規作成]をクリックしてください。

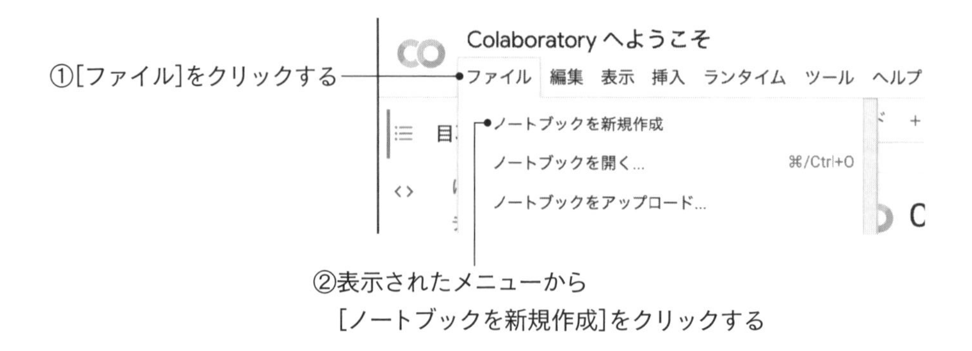

Google Colaboratoryは、Googleが提供するサービスのため、Googleアカウントでログインする必要があります。ログインしていない場合、次のような画面がでてきますので、[ＯＫ]をクリックし、ログインしてください。

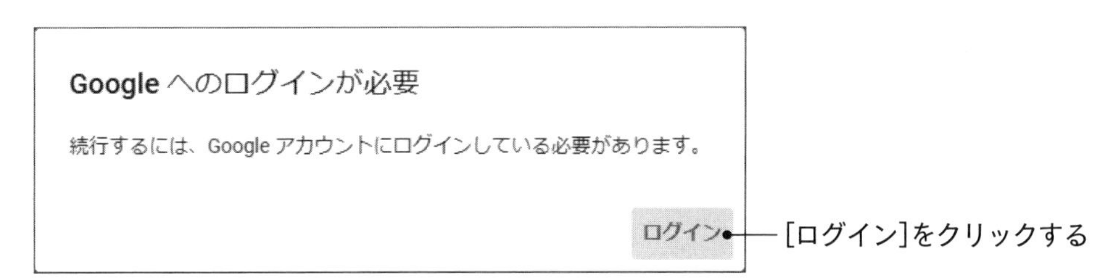

ログインをしていた場合には、次のような「ノートブック」が開きます。

これでPythonのプログラミングをする準備ができました。

2 Pythonでプログラミングをするための基礎知識

かな漢字変換を使わない

早速、Pythonを使いたいですが、その前に大事な約束があります。

かな漢字変換を使わない

プログラミングをするとき、漢字変換を行うとプログラムが動かなくなります。プログラムに慣れるまで漢字変換を使わないでください。

初心者、初学者がプログラミングで挫折する理由の１つが、全角アルファベット、全角スペース、全角記号です。漢字変換を使わなければ、この理由で挫折しなくてすみます。

下表に半角と全角のアルファベット、スペース、記号の表を載せました。違いはわかりますか？見た目はほとんど一緒ですね。しかし、Pythonは全く別の文字として扱います。

全角文字を使うと「プログラム（の見た目）は間違っていないのに動かない」ことになるのです。

	半角	全角
アルファベット	ABCabc	ＡＢＣａｂｃ
スペース	_	＿
記号	=+-*/""	＝＋－＊／“”

プログラミングを始める

最初は簡単な計算からはじめましょう。

① の右側に「1＋1」と入力します。

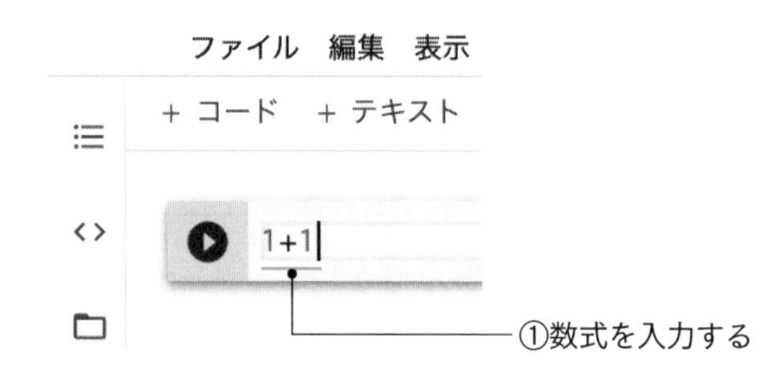

② 入力が終わったら、 をクリックします。

③ 少し時間をおいて「1＋1」の答え「2」が表示されます。

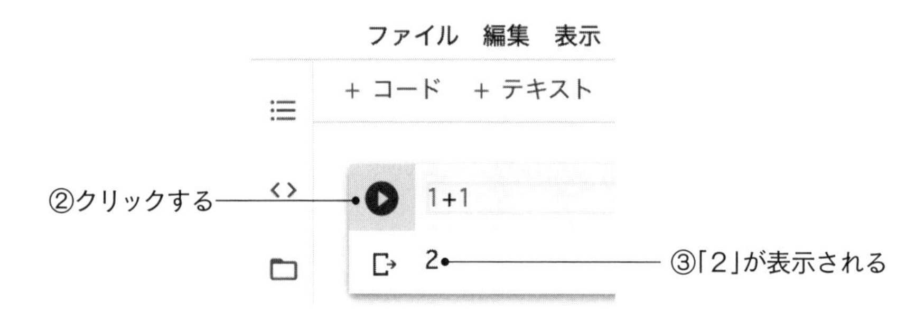

をクリックすると の右側に書かれたプログラムが実行されると覚えてください。

▶全角を使ってしまうとどうなる？

「1+1」を計算する、とても簡単な最初のプログラミングですが、ここで挫折する人もいます。試しに、たし算記号「+」を全角「＋」で入力してみると次のようになります。英語で怒られている気がしてしまいます。落ち着いて日本語に訳してみると、何を間違えたのか分かります。

間違っている場所を「^」で教えてくれている。今回は「＋」が間違い

間違っている場所を教えてくれている。今回は「1行目」に間違いがある

```
[1] 1＋1

File "<ipython-input-1-dfeaf55bd3c4>", line 1
  1＋1
   ^
SyntaxError: invalid character in identifier
```

何を間違えたかを教えてくれている。今回は「構文（文法）の間違い」

どんな間違いかを教えてくれている。今回は「間違った文字を使っている」

セルを追加する

それでは、もっと複雑な計算をしてみましょう。

画面左上の[＋コード]をクリックすると、新しくプログラミングを書く場所が現れます。プログラミングを書く場所のことを「セル」と言います。

① [＋コード]をクリックします。
② 新しいセルが追加されます。

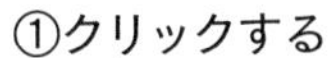

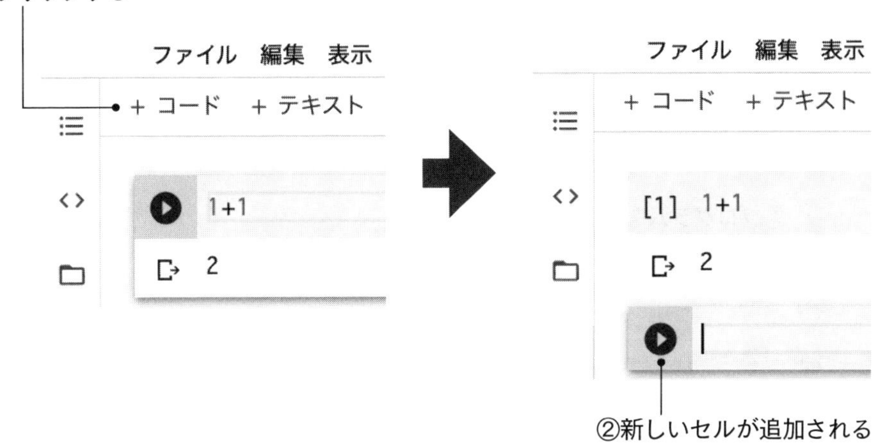

追加したセルで3×20÷5を計算してみましょう。Pythonではかけ算に「*」(アスタリスク)を、わり算に「/」(スラッシュ)を使います。

「3＊20／5」と書き、をクリックして実行すると、計算結果「12.0」が表示されます。

③ 数式を入力します。
④ 入力が終わったら、をクリックします。
⑤ 計算結果が表示されます。

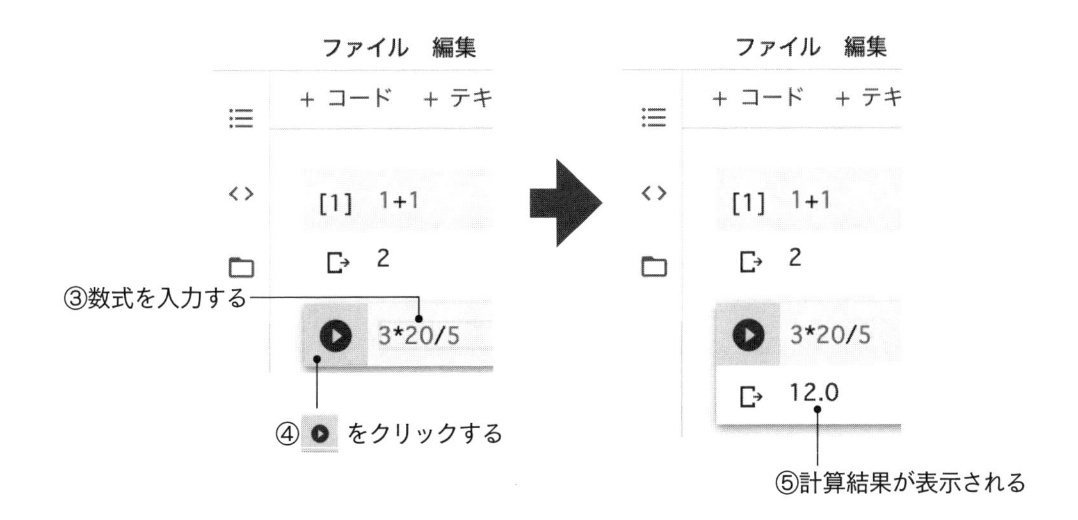

画面に書き出す(出力する)

最後に「Hello Python」と画面に書き出す(出力する)プログラムを書いてみます。

画面に書き出す命令は「print」を使います。英語で「印刷」するという意味です。画面に印刷する、というイメージですね。

［＋コード］をクリックして新しいセルを追加しましょう。出現した新しいセルに「print ("Hello Python")」と入力し、 をクリックして実行しましょう。

「Hello Python」をかっことダブルクォーテーションで("Hello Python")のように囲むことを忘れないように注意してください。また表示された出力結果には、かっことダブルクォーテーションが含まれていないことにも注意しましょう。

① プログラムを入力します。
② 入力が終わったら、 をクリックします。
③ 「Hello Python」と表示されます。

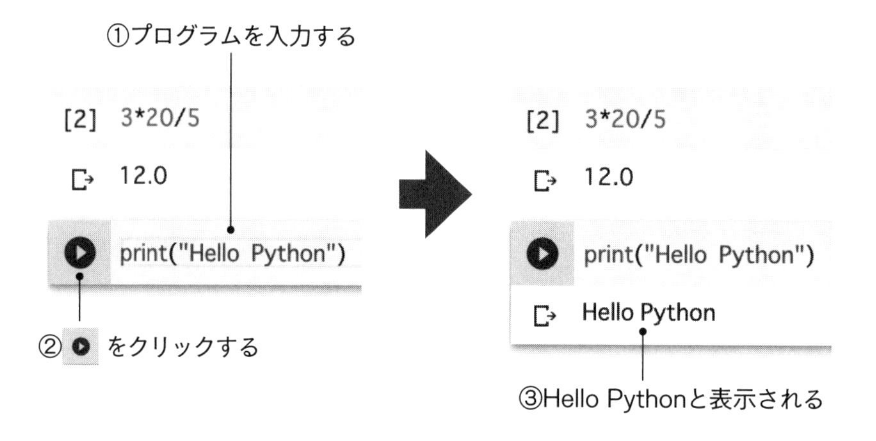

▶セルの左の数字

[+コード] をクリックしてセルを追加すると、実行したプログラムに番号が付きます。これはプログラムを実行した順番を表しています。手順書での手順番号になります。

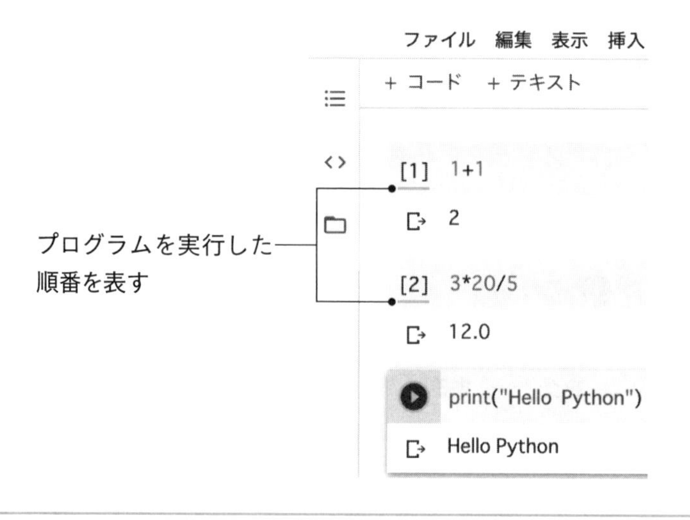

プログラムを保存する

作成したプログラムを保存しておく方法を覚えておきましょう。

画面左上の[ファイル]をクリックし、表示されたメニューから[保存]をクリックするとプログラムが保存されます。

① [ファイル]をクリックします。
② [保存]をクリックします。

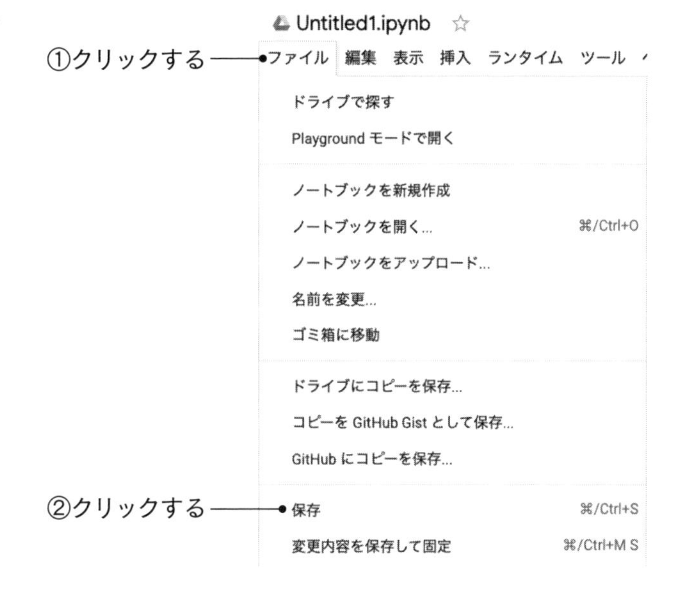

保存したファイルは「Untitled1.ipynb」という名前になっています。せっかくなので好きな名前に変えてみましょう。

画面左上のファイル名 Untitled1.ipynb ☆ をクリックし、ファイル名を FirstPython.ipynb ☆ のように変更しましょう。

①ファイル名をクリックします。
②任意のファイル名を入力します。

3 もっと詳しく知る

Pythonについてより詳しく知りたい場合は、「Python入門」のような題名の本を読むとよいでしょう。Web上にも多数の入門サイトがありますので検索するのもよいと思います。

Google Colaboratoryについて詳しく知りたい場合は、「Jupyter Notebook入門」のような題名の本や、Webサイトを調べてみてください。

索引

🅢はScratchに関する用語、🅟はPythonに関する用語をあらわしています。

－教育者・指導者の皆様へ－

学生への教育、後輩や部下への指導をする際、大きな壁として立ちふさがるのがいわゆる「何がわからないか、わからない」という現象です。

教育者、指導者の方も最初は右も左もわからない初心者だったはずです。しかし、よく学び、知識を自分のものにしていくうちに知らなかった時の頃を忘れてしまいます。忘れてしまうほど、知識が自分のものになったとも言えます。しかしその半面、初心者だった頃の記憶がおぼろげになってしまうと人に教えることが難しくなってしまいます。

何が難しかったのか、何が理解できなかったか。そして、どうやったら理解できたのか。全て記憶の片隅に押し込められています。さらに、教育者や指導者の人は、その分野に対する適正があったから教育者や指導者になったのだと思います。そのため、学習に苦労した記憶や経験が比較的少なかったこともあり、飲み込みの悪い学生や後輩に対して次のように感じるものです。

「なぜこんなこともわからないのか」
「なぜ前に説明したことを何度も何度も何度も説明し直さないといけないのか」

このように感じるのは自然なことだと思います。先ほども書きましたが、初学者だった頃の記憶が薄れていますし、指導される側にその科目の適正があるとは限らないからです。そのため、学生や指導される人が何を理解していて、何を理解していないのかを我々教育者や指導者が知ることはとても難しいのだと思います。

しかし、難しいからといって諦めるわけにはいきませんし、諦めたくもありません。そこで我々は考えました。どうしてプログラミングが得意な人がいて、プログラミングが苦手な人がいるのだろうか。その答えの一つが抽象化能力と具体化能力にあるのではないかと思い至りました。

プログラミングでは様々な抽象化概念が出現します。例えば、配列Aの i 番目の要素をA_iと書きます。この一つ前の要素はA_{i-1}と書きます。プログラミングに慣れた人ならA_{i-1}を見れば、配列Aにおいて着目している場所 i の一つ前だと刹那の間に認識できます。

しかし、プログラミングが苦手な人はこの概念をすぐには理解できないのです。

・A_iは配列Aの要素の一つ。ただし場所は決まっていない。

ここまでは理解できます。しかし、A_{i-1}の理解は困難を極めます。例えば、ある人はA_{i-1}が何かについて次のような命題だと捉え、哲学的、あるいはゼノンのパラドックスのように答えを導き出しました。

命題　どこか決まっていない場所の一つ前とは何か。

解答例１　A_iはどこか決まっていない場所である。したがって一つ前のA_{i-1}も決まった場所ではない。

解答例２　決まっていない場所の一つ前もどこか決まっていない場所でしょ？ということは、A_iとA_{i-1}は同じ場所じゃないの？

今でこそ笑い話ですが、このような答に初めて接したとき、私の頭はパニック状態に陥りました。「この人は一体何をいっているんだ？」「どう考えたらそんな答えが出るの？」「もっと簡単に単純に考えてよ」といった具合です。同じ言葉を話しているはずなのに、まったく常識の異なる異世界人と会話をしている気分を味わえます。

では、この認識の齟齬はどこで生じているのでしょうか。それは、抽象概念の具象化にあります。

A_iの i は配列Aの先頭から i 番目を指しています。これは先頭からの位置を i で抽象化していることになります。ではこれを具象化してみましょう。

決まっていないどこか１箇所なので、理解するために場所を決めて具体化します。つまり、i に具体的な数を入れてやればいいのです。i に３を入れてやればA_iはA_3になります。A_3は配列Aの３番目になります。同じように i が３の時、A_{i-1}はA_2になります。A_2は配列Aの２番目ですね。

一つ具体化しただけでは分からなければ、もっと具体例を増やせばいいのです。iが４だったらどうなる？ iが５なら？ iが100なら？これが具象化です。

具象化は抽象化された概念の理解を手助けしてくれます。逆の言い方をすると、具象化できなければ、抽象化された概念だけで理解しなければなりません。その結果、自分の持っている言葉だけで解釈することになり、禅問答のような哲学的な答えが返ってくるのです。

では、具象化は簡単なのでしょうか。私はそう思いません。これは幼稚園、小学生で算数を学ぶ過程の訓練で得られる技能だと考えています。これを理解するために、まず抽象化の難しさについてみていきましょう。小学１年生の文章題です。解いてみてください。

りんご２個とみかん３個を合わせると幾つになりますか？

答えは５個ですか？どうして５個なのですか？りんご２個とみかん３個を同じかごに入れても、りんご２個とみかん３個であることには変わりません。では、何が５個なのでしょう。５個あるのは果物ですね。りんごとみかんを果物に抽象化したからこそ合わせて数えることが出来るのです。この抽象化を理解出来るようになるか、または、何も考えず「合わせて」の合言葉が出てきたら「たしざんをする」ことを覚えるのが小学１年生の算数です。

抽象化しているか、何も考えていないかを知るためには、次のような問題を解こうとすればわかります。

サラダ２個とドレッシング３個をあわせると幾つになりますか？
あり２匹と地球３個をあわせると幾つになりますか？

答えを出そうとして困惑しませんでしたか？「ドレッシングはサラダにかけるものだろ？」と意味を考えてしまったり、「あり」と「地球」ではスケールが違いすぎるから同じ１個として抽象化してもいいのかと悩んだりするわけです。もちろん、地球が３個もあるわけないだろう？と戸惑ってしまった人もいるでしょう。

これと同じ困惑を、りんごとみかんは味も見た目も違う別物だと感じている小学一年生は感じています。そして、A_{i-1}が何かについて初めて考える人にとっても同種の困惑を体験しているのだと思います。

抽象化の難しさについて説明をしましたので、次に具象化の難しさについても述べていきましょう。次の文の具体的なイメージを思い浮かべてください。

（1） 私はおやつに果物を５個食べました。
（2） 私は100個見ました。
（3） 10個並んでいます。

（1）では、どんな果物が浮かびましたか？りんごやみかん、メロンでしょうか。ぶどう５粒とか、スイカ５玉とかを思い浮かべる人は少数です。なぜなら、問題文に引っ張られておやつとして５個食べれるような果物として具体化したからです。この意味で（1）は100人いても多くの人が共通したイメージの浮かぶことのできる問題です。では問題文中に具象化のヒントが少ない（2）や（3）はどうなっていくでしょう。

（2）は夜空の星ですか？通学路で見つけた看板の数ですか？（3）に至ってはヒントがまるでありません。100人に共通する具体化されたイメージを期待することはできなさそうです。

しかし、（3）の問題文を少し変えて「長さ10の配列」といった途端、プログラミングの得意な人は共通のイメージが浮かびます。なんでも入れることができる箱が10個ひとかたまりになって並んでいます。

箱というと具体的なイメージのようですが、中身はりんごでもアリでも地球でもなく何でも入ってしまう非常に高度に抽象化された箱です。

具体的でもあり抽象的でもあるこの「箱」という概念の理解は、アリ３匹と地球２個を合わせることと同じくらい難しいことなのだと思います。

しかし、具体化と抽象化という概念がいかに難しかったとしても、何度も具体化と抽象化をいったり来たりすることで誰もが、特に数学を苦手とする方であったとしても克服できます。今のプログラミング教育、情報技術教育は抽象概念での説明に偏重しており、抽象概念の具体化と、具体的な事例の抽象化の説明が不足していると感じています。この不足分を補い、プログラミングに対する苦手意識の克服を手助けするために本書を書きました。教育者、指導者の皆様にとって本書が後進を育成する一助となりましたら幸いです。

〇本書の参考資料

情報科学分野で「具象」と言うとまず浮かぶのが、名著「Concrete Mathematics: A Fundation for Computer Science」（邦題：コンピュータの数学；意訳：具象数学）です。この本は、アメリカ・スタンフォード大学の大学院で1970年から続いている同名の講義に基づいて作成された教科書です。抽象的な数学ではなく、より具体的な数式の操作が大切であると説くこの本の精神に本書は強く影響を受けています。もちろん、「Concrete Mathematics」が情報科学を専攻する大学院生を対象とするのに対し、本書は高校生や文系の大学生、仕事上の必要でプログラムを習い始める初学者を対象としています。初学者の参考資料とはなりませんが、本書を使って後進を指導する方にとってこの本は、有意義な知識をもたらしてくれると思いますのでここに紹介しておきます。

〇本書の学習範囲

本書はAI・データサイエンス教育に必要な数学のうち、数列を扱っています。数列は高校数学Bでの学習範囲ですが、そのうちプログラミングに必要な部分のみを扱っています。文系大学生がプログラミングに必要な数学力を補うためのリメディアル教育に使えるように構成しています。

あとがき

あなたはプログラミングが好きですか？プログラミングを習った多くの人が嫌い、あるいは大っ嫌いと答えると思います。当然だと思います。理由は簡単。プログラミングを学び始める最初の一歩が面白くないんです。

「好きこそものの上手なれ」ということわざがあります。好きなことには熱心に取り組むので上手になる、という意味です。プログラミングの場合、多くの人が最初の一歩で嫌いになるから、上手になるわけがありません。ではどうすればよいのでしょう。

最初の一歩で好きになってもらうため、最近のプログラミング教育はすごい工夫がされています。例えば、かわいいネコを動かすScratchや、カメさんを動かすPythonなどがあります。ネコやカメが画面上で自分の思い通りに動くのを見たら楽しいです。しかし、実社会との関わりが見えてきません。

そこで、本書では別のアプローチとして図形や数字の並びを使っています。図形の並びは天気予報ですし、数の並びは児童の点呼やカーナビです。そこから発展させ、完全無欠の100点満点のプログラムは作れないことを示しています。そして、100点でないプログラムが銀行システムや原子力発電所、最近では自動運転車にも使われています。実社会との関わりを示すことで、少しでもプログラミングに興味を持ち、好きになってもらえたら幸いです。

末筆となりますが、本書の企画を通し、編集を担当いただきました技術評論社の加藤博様、松井竜馬様、デザインを担当いただきました有限会社エレメネッツの松崎徹朗様、イラストを描いていただきましたスズキトモコ様、イシカワジュンコ様に厚く御礼申し上げます。

竹中要一・熊野ヘネ

著者略歴

竹中 要一(たけなか・よういち)
関西大学 総合情報学部　教授
大阪大学　大学院医学系研究科 招聘教授
博士(工学)
本書では、技術的内容を担当

熊野 ヘネ(くまの・へね)
児童英会話講師
本書では、難易度調整及び平易化を担当

●カバー・本文デザイン　松崎徹郎(有限会社エレメネッツ)
●カバーイラスト　スズキトモコ
●本文イラスト　イシカワジュンコ

図形と数の並びで学ぶプログラミング基礎

2022年3月11日　初版　第1刷発行

著者	竹中 要一／熊野 ヘネ
発行者	片岡　巖
発行所	株式会社 技術評論社 東京都新宿区市谷左内町21-13
電話	03-3513-6150　販売促進部 03-3513-6166　書籍編集部
印刷・製本	昭和情報プロセス株式会社

定価はカバーに表示してあります。

ISBN978-4-297-12659-9 C3055

お問い合わせについて

- 本書に関するご質問については、本書に記載されている内容に関するもののみとさせていただきます。本書の内容と関係のないご質問につきましては、一切お答えできませんので、ご了承ください。
- 本書に関するご質問は、FAXか書面にてお願いいたします。電話でのご質問にはお答えできません。
- 下記のWebサイトでも質問用フォームを用意しておりますので、ご利用ください。
- お送りいただいたご質問には、できる限り迅速にお答えできるよう努力いたしておりますが、場合によってはお答えするまでに時間がかかることがあります。また、回答の期日をご指定なさっても、ご希望にお応えできるとは限りません。
- ご質問の際に記載いただいた個人情報は、質問の返答以外には使用いたしません。また返答後は速やかに削除させていただきます。

お問い合わせ先

〒162-0846
東京都新宿区市谷左内町21-13
株式会社技術評論社　書籍編集部
「図形と数の並びで学ぶプログラミング基礎」係
FAX：03-3513-6183
Webサイト：https://gihyo.jp/book/2022/978-4-297-12659-9